高等职业教育大数据技术与应用系列教材

# Excel 2019 数据分析技术与实践

陈清华　施莉莉　主　编
田启明　邵剑集　陈立建　翁正秋　副主编

電子工業出版社
Publishing House of Electronics Industry
北京•BEIJING

## 内 容 简 介

Excel 是微软公司推出的一款电子表格软件。其因强大的数据处理、分析功能及友好的界面、简便的操作，被广泛地应用到各行各业和日常生活中。本书从其典型应用出发，详细介绍了 Excel 2019 在数据分析方面的常用功能，包括数据采集、数据分类与处理、数据统计、数据分析、数据报表制作及 VBA 编程等知识。本书配备丰富的案例，第 1～12 章每章均提供了练习题，供读者巩固所学技能。

本书内容翔实、结构合理、案例丰富、实用性强，适合作为应用型本科及高职院校大数据分析技术与应用专业、财会专业、电子商务专业的数据分析课程的教材，也适合作为各公司数据处理与分析岗位工作人员学习 Excel 相关知识与技能的参考书。



**图书在版编目（CIP）数据**

Excel 2019 数据分析技术与实践 / 陈清华，施莉莉主编. —北京：电子工业出版社，2021.3

ISBN 978-7-121-40661-4

Ⅰ. ①E… Ⅱ. ①陈… ②施… Ⅲ. ①表处理软件Ⅳ. ①TP391.13

中国版本图书馆 CIP 数据核字（2021）第 037848 号

责任编辑：徐建军　　　特约编辑：田学清
印　　刷：涿州市般润文化传播有限公司
装　　订：涿州市般润文化传播有限公司
出版发行：电子工业出版社
　　　　　北京市海淀区万寿路 173 信箱　　　邮编：100036
开　　本：787×1 092　1/16　印张：15.5　字数：416.7 千字
版　　次：2021 年 3 月第 1 版
印　　次：2024 年 12 月第 6 次印刷
定　　价：49.00 元

凡所购买电子工业出版社图书有缺损问题，请向购买书店调换。若书店售缺，请与本社发行部联系，联系及邮购电话：（010）88254888，88258888。

质量投诉请发邮件至 zlts@phei.com.cn，盗版侵权举报请发邮件至 dbqq@phei.com.cn。

本书咨询联系方式：（010）88254570，xujj@phei.com.cn。

# 前言

Excel 作为微软 Office 家族的重要成员之一，在电子商务、企业财务管理、人力资源管理、办公自动化等诸多领域得到了广泛应用。本书从 Excel 数据分析的典型应用场景出发，详细介绍了 Excel 2019 在数据分析方面的常用功能，包括数据采集、数据分类与处理、数据统计、数据分析、数据报表制作及 VBA 编程等方面的知识。同时，为巩固、加深学生对相关知识点的理解，本书以案例的形式对知识点做了深入的讲解，并且第 1～12 章每章配有相应的练习题，第 2～12 章每章配有相应的拓展实训，最后 3 章为综合实训项目。总体上，对本书的学习可以分为三个阶段。

第一阶段，主要学习 Excel 的基本使用，即使用 Excel 进行数据采集、数据分类与处理、数据统计、数据分析及数据报表制作等，让学生掌握工作簿与工作表的基本操作、条件格式、文档保护、数据导入、数据填充、数据校验、分类汇总、数据筛选与排序、常用公式、汇总统计、数据图表等，建议 21 学时。

第二阶段，主要学习 VBA 编程，实现数据批量处理与自动化办公，具体知识点包括 VBA 编程的基本语法、Excel 对象使用基础、Excel 常用对象、VBA 控件及宏等内容，建议 15 学时。

第三阶段是综合实训阶段。在掌握 Excel 基础理论与基本操作技能的前提下，辅以融合各章知识点与技能点的基于实际应用场景的实训项目，包括人力资源管理、财务会计应用、电商数据分析等，建议 15 学时。

本书的特色可以概括如下。

（1）案例简单，图文并茂，可读性好。本书尽量使用简化后的案例，对案例中涉及的知识点进行逐步深入的讲解，使读者能够快速掌握 Excel 软件在数据分析领域应用的基本技能与方法。具体讲解时，配有图片，可读性好。

（2）注重应用，配备实训。本书选用经典案例数据，结合相应的知识与技能体系来解决各类实际应用中的问题，从实践中总结知识点，做到理论联系实际。本书精选了练习题和实训题，有助于加深理解相关方法的应用。

（3）精选案例，引导学生边学边练。以应用为出发点，精心选择案例，使学生边学边练，从而掌握相关操作技能。

（4）提供数字资源及电子课件。

本书由温州职业技术学院信息技术系大数据技术与应用教研团队编写完成，其中，第 1、5、7~15 章由陈清华、田启明、陈立建编写，第 2、4、6 章由施莉莉、翁正秋编写，第 3 章由邵剑集编写。本书经集体讨论、修改，由陈清华统稿，计伟建审核。此外，参与部分内容编写工作的还有池万乐、龚大丰、施郁文等。同时，特别感谢杨宇涛同学在本书的编排、校对及代码验证工作中提供的支持，感谢温州职业技术学院大数据 2017 级学生在毕业设计过程中对最后一章案例提供的数据支持。参加本书编写的教师，不仅教学经验丰富，还有多年的企业实战经验。本书还得到了 2020 年温州职业技术学院重大项目（WZY2020005）、浙江省教育厅访工项目（FG2020075）、温州市科技局项目（G2020017）的支持。本书在编写过程中参考了相关文献中的部分内容，谨在此向作者致以衷心的感谢！

为了方便教师教学，本书配有电子课件及相关资源，请有此需要的教师登录华信教育资源网（www.hxedu.com.cn）免费注册后进行下载。如有问题可在网站留言板留言或与电子工业出版社联系（E-mail: hxedu@phei.com.cn），还可与本书编者联系（E-mail: kegully@qq.com）。

教材建设是一项系统工程，需要在实践中不断加以完善及改进。同时由于时间仓促、编者水平有限，书中难免存在疏漏和不足之处，敬请同行专家和广大读者批评和指正。

编　者

# 目 录

## 第一篇 Excel 技术基础

第 1 章 Excel 在不同业务领域中的应用 …… 2
1.1 Excel 的基本功能 …… 2
1.2 Excel 的发展历程 …… 4
1.3 Excel 在企业管理中的应用 …… 5
1.4 Excel 在企业财务管理中的应用 …… 6
1.5 Excel 在电子商务数据分析中的应用 …… 8
1.6 Excel 在办公自动化中的应用 …… 9
1.7 练习题 …… 11
第 2 章 Excel 的基础知识 …… 12
2.1 Excel 2019 的功能及工作界面 …… 12
2.1.1 Excel 2019 的功能 …… 12
2.1.2 Excel 2019 的工作界面 …… 13
2.2 Excel 基本设置 …… 16
2.2.1 自动保存 …… 16
2.2.2 模板的使用 …… 16
2.2.3 新建工作表默认数的设置 …… 17
2.3 工作簿与工作表的基本操作 …… 18
2.3.1 打开 Excel 工作簿的方式 …… 18
2.3.2 设置工作表标签的颜色 …… 18
2.3.3 窗口拆分与冻结 …… 19
2.3.4 快速设置表格样式 …… 20
2.4 Excel 条件格式 …… 20
2.4.1 用“突出显示单元格规则”显示单元格效果 …… 21
2.4.2 用“最前/最后规则”标示销售业绩 …… 22
2.4.3 用“数据条”规则标示销售业绩数据高低 …… 24
2.4.4 用“色阶”规则标示销售业绩数据高低 …… 25
2.4.5 用“图标集”规则标示学生成绩 …… 25
2.5 保护 Excel 文档 …… 26
2.5.1 加密工作簿 …… 26
2.5.2 保护工作表 …… 26
2.5.3 保护工作簿 …… 27
2.5.4 保护共享工作簿 …… 27

2.5.5 隐藏公式……28
2.5.6 隐藏工作簿……28
2.6 拓展实训：标示物品领用记录……29
2.7 练习题……29
**第 3 章 数据采集**……30
3.1 外部数据导入……30
3.1.1 获取外部数据……30
3.1.2 从文本/CSV 文件导入……31
3.1.3 自网站导入……33
3.1.4 自数据库导入……34
3.1.5 刷新数据……34
3.2 数据填充……34
3.2.1 序列填充……34
3.2.2 在不同单元格中输入相同的数据……37
3.2.3 填充至同组工作表……37
3.2.4 记忆式输入……37
3.2.5 分数的输入……37
3.3 数据校验……38
3.3.1 数据有效性……38
3.3.2 下拉列表的实现……38
3.3.3 数据唯一性校验……39
3.3.4 圈释无效数据……40
3.4 拓展实训：数据采集相关应用……40
3.4.1 值班表的制作……40
3.4.2 差旅报销单的制作……40
3.4.3 汽车销售数据表的制作……41
3.4.4 汽车购置税的计算……42
3.5 练习题……43
**第 4 章 数据分类与处理**……44
4.1 数据排序与筛选……44
4.1.1 对数据进行排序……44
4.1.2 对数据进行筛选……47
4.2 数据的分类汇总……51
4.2.1 创建简单分类汇总……51
4.2.2 创建多重分类汇总……53
4.3 数据透视表……55
4.4 数据计算：公式……63
4.4.1 公式……64

4.4.2 单元格引用 ........ 67
4.4.3 名称管理器 ........ 68
4.5 数据计算：函数 ........ 71
4.5.1 函数 ........ 71
4.5.2 数值计算函数 ........ 72
4.5.3 文本函数 ........ 74
4.5.4 日期与时间函数 ........ 76
4.5.5 查找与引用函数 ........ 78
4.6 拓展实训：固定资产管理 ........ 87
4.7 练习题 ........ 87
**第 5 章 数据统计** ........ 89
5.1 汇总统计 ........ 89
5.2 计数统计 ........ 91
5.3 均值统计 ........ 92
5.4 排名统计 ........ 93
5.5 最值计算 ........ 94
5.6 拓展实训：销售数据统计 ........ 94
5.7 练习题 ........ 95
**第 6 章 数据分析** ........ 97
6.1 描述性统计分析 ........ 97
6.1.1 认识描述性统计量 ........ 97
6.1.2 数据的描述性统计分析 ........ 98
6.2 趋势分析 ........ 101
6.2.1 图表趋势预测分析 ........ 101
6.2.2 时间序列预测分析 ........ 105
6.3 对比分析 ........ 111
6.3.1 同比分析 ........ 112
6.3.2 环比分析 ........ 114
6.4 其他分析方法 ........ 116
6.4.1 频数与频数分析法 ........ 116
6.4.2 分组分析法 ........ 119
6.4.3 结构分析法 ........ 121
6.4.4 平均分析法 ........ 121
6.4.5 交叉分析法 ........ 122
6.4.6 漏斗图分析法 ........ 124
6.5 拓展实训：漏斗图分析法的应用 ........ 126
6.6 练习题 ........ 126
**第 7 章 数据报表制作** ........ 128
7.1 数据图表 ........ 128

7.1.1 快速布局 133
7.1.2 快速样式 134
7.1.3 图表的修改 134
7.2 迷你图 136
7.3 数据透视图 137
7.4 切片器 137
7.5 数据报表 138
7.6 拓展实训：销售数据可视化 139
7.7 练习题 140

## 第二篇 Excel 技术提高

第 8 章 VBA 编程基础 142
8.1 VBA 概述 142
8.2 我的第一个程序 145
8.3 VBA 基本语法 147
8.3.1 标识符 147
8.3.2 运算符 147
8.3.3 数据类型 147
8.3.4 变量与常量 148
8.3.5 数组 148
8.3.6 注释和赋值语句 149
8.3.7 书写规范 149
8.3.8 练习：求圆的面积 149
8.4 VBA 程序结构 150
8.4.1 分支结构 152
8.4.2 循环结构 155
8.4.3 练习：成绩查找与计算 156
8.5 其他类语句和错误语句的处理 157
8.5.1 其他类语句的处理 157
8.5.2 错误语句的处理 157
8.6 拓展实训：使用 VBA 实现无纸化考试系统 158
8.7 练习题 159
第 9 章 VBA 对象使用基础 161
9.1 VBA 对象 162
9.1.1 VBA 对象的基本概念 162
9.1.2 VBA 对象的基本操作 163
9.2 VBA 对象的结构 165
9.3 VBA 对象使用示例：Range 166

9.3.1 Range 对象的常用属性 166
9.3.2 Range 对象的常用方法 168
9.3.3 练习：VBA 应用于数据计算 169
9.4 拓展实训：成绩查找与警示 171
9.5 练习题 172
第 10 章 Excel 常用对象 173
10.1 Application 对象 173
10.1.1 Application 对象的使用 173
10.1.2 Application 对象的应用实例 176
10.2 Workbooks 及 Workbook 对象 176
10.2.1 Workbooks 对象 177
10.2.2 Workbook 对象 177
10.3 Worksheets 对象及 Worksheet 对象 179
10.3.1 Worksheets 对象 179
10.3.2 Worksheet 对象 179
10.4 Cells 属性 181
10.5 Charts、Chart 及其他图表相关对象 183
10.5.1 普通图表工作表 183
10.5.2 嵌入式图表 184
10.5.3 迷你图及 SparklineGroups 对象 185
10.5.4 图表对象的使用 186
10.6 拓展实训：拆分总表产生新表 187
10.7 练习题 189
第 11 章 控件 190
11.1 表单控件 190
11.2 ActiveX 控件 192
11.3 VBA 用户窗体 195
11.4 拓展实训：学生成绩异常查找界面设计 198
11.5 练习题 199
第 12 章 宏与宏录制 200
12.1 宏录制 200
12.2 拓展实训：考场座位表的制作 203
12.3 练习题 205

## 第三篇 Excel 综合实训项目

第 13 章 人力资源管理 208
13.1 员工基本信息处理 208
13.2 员工出勤管理 209
13.3 绩效管理 210

13.4 薪酬管理……211
13.4.1 工资计算……211
13.4.2 税费计算……212
13.4.3 工资查询……213
13.4.4 薪资数据分析……213
13.4.5 工资条的制作……214
**第 14 章 财务会计应用**……215
14.1 Excel 财务系统设计……215
14.2 会计凭证的录入与打印……216
14.3 余额表与分类账……218
14.4 财务报表制作……219
14.5 财务函数……221
14.5.1 财务分析……221
14.5.2 年金现值计算……222
14.5.3 等额还本付息计算……224
14.5.4 等额分期存款计算……225
**第 15 章 电商数据分析**……226
15.1 二手车数据源准备……226
15.2 二手车基本信息分析……227
15.2.1 二手车品牌分析……227
15.2.2 二手车里程分析……227
15.2.3 二手车车龄分析……228
15.2.4 二手车品牌在不同城市的占比分析……228
15.2.5 二手车地理位置分布分析……229
15.3 二手车数据相关性分析……229
15.3.1 车龄与里程数的关系分析……229
15.3.2 里程数与价格的关系分析……230
15.3.3 里程数、车龄对价格的影响分析……230
15.4 二手车主观数据分析……231
15.4.1 二手车购买预算分析……231
15.4.2 购买二手车关注程度分析……231
15.4.3 二手车电商平台市场发展的建议分析……231
15.5 二手车数据分析总结……232
**附录 A 练习题参考答案**……233
**参考文献**……238

# 第一篇

# Excel 技术基础

# 第1章

# Excel 在不同业务领域中的应用

Excel 是微软公司推出的一款电子表格软件。因其强大的数据处理、分析功能及友好的界面、简便的操作，Excel 一经推出就大受欢迎。Excel 现被广泛地应用到各类生产经营管理活动和日常生活中，如股票走势分析、资金影响分析、企业发展战略、产品质量管理、市场研究、财务分析、经济预测、人力资源管理等。Excel 已然成为提高工作效率的必备利器。通过本章的学习，要求学生掌握以下知识点：

1）Excel 的基本功能；

2）Excel 的发展历程；

3）Excel 的重要性；

4）Excel 在不同业务领域的应用。

## 1.1 Excel 的基本功能

Excel 直观的界面、出色的计算功能和图表工具，再加上成功的市场营销，使其成为流行的个人计算机数据处理软件。从 1985 年第一个版本的 Excel 算起，Excel 至今已经有 30 多年的发展历程。在 1993 年，作为 Microsoft Office 的组件发布了 5.0 版之后，Excel 就开始成为所适用操作平台上很受欢迎的电子表格软件。Excel 的主要功能就是进行数据处理。其实，人类自古以来就有处理数据的需求，文明程度越高，需要处理的数据就越多越复杂，而且对处理的要求也越高，处理速度必须越来越快。因此，我们不断改善所借助的工具来完成数据处理需求。当信息时代来临时，我们频繁地与数据打交道，Excel 也就应运而生。它作为数据处理的工具，拥有强大的计算、分析、传递和共享功能，可以帮助我们将繁杂的数据转化为信息。Excel 的基本功能有以下几个方面。

（1）数据记录与存储

孤立的数据包含的信息量很少，而过多的数据又难以理清头绪，因此将数据制作成表格是数据管理的重要手段。在 Excel 文件中可以存储许多独立的表格，可把一些不同类型但有关联的数据存储到 Excel 文件中，这样不仅可以方便地整理数据，还可以方便地查找和应用数据。以后还可以对具有相似表格框架、相同性质的数据进行合并汇总工作。

在收集数据时，可以通过手工录入完成数据的收集。在 Excel 中，利用条件格式、自动填充等功能，可降低数据录入的错误，提高数据录入的效率。也可以使用外部数据，将来自网站、文件及数据库的数据导入，完成数据采集。Excel 可将这些数据以数据表的形式呈现，利用查找功能快速定位到需要查看的数据；可以使用条件格式功能快速标示出表格中具有指定特征的数据，而不必用肉眼逐行识别；也可以使用数据有效性功能限制单元格中可以输入的内容的范围；对于复杂的数据，还可以使用分级显示功能调整表格的阅读方式，既能查看明细数据，又可获得汇总数据。

（2）数据处理与计算

Excel 可对数据表中的数据进行各类处理与加工。收集来的数据可能存在一些“脏”数据，可使用数据校验、圈释无效数据、筛选等功能完成数据的检查、清洗与筛选。同时，我们还可以使用 Excel 的“函数”与“公式”对数据进行复杂的处理与初步的计算。

（3）数据统计与分析

要从大量的数据中获得有用的信息，仅仅依靠上述功能是远远不够的，还需要用户沿着某种思路运用对应的技巧和方法进行科学的分析，展示需要的结果。

数据分析是指通过分析手段、方法和技巧对准备好的数据进行探索、分析，从中发现因果关系、内部联系和业务规律，为商业决策提供参考。

Excel 的排序、筛选、分类汇总是最简单、也是最常见的数据分析工具，使用它们能对表格中的数据进行进一步的归类与统计。例如，在 Excel 中对销售数据进行各方面的汇总，对销售业绩进行排序；根据不同条件对各销售业绩情况进行分析；根据不同条件对各商品的销售情况进行分析；根据分析结果对未来数据的变化情况进行模拟，调整计划或进行决策等。

Excel 提供基于行、列的各类统计分析函数和公式，简化了数据统计与分析。例如，每个月我们可以利用统计函数和公式核对当月的考勤情况、核算当月的工资、计算销售数据等。

此外，数据透视图表也是分析数据的一大利器，只需几步操作便能灵活透视数据的不同特征，变换出各种类型的报表。我们还可以使用其中的图表分析工具，发现不同数据之间的关系。

（4）数据可视化与报表制作

密密麻麻的数据展现在人眼前时，总是会让人觉得头晕眼花。所以，我们在向别人展示数据或者分析数据的时候，为了使数据更加清晰、易懂，常常会将其图形化。例如，想要表现一组数据的变化过程，可用一条折线或曲线；想要表现多个数据的占比情况，可用多个大小不同的扇形来构成一个圆形；想比较一系列数据并关注其变化过程，可用多个柱形图来表示。Excel 内置了大量的统计图表，包括饼图、柱形图、折线图、散点图等，可实现数据的可视化呈现。使用透视图可更加快速地实现动态分类结果的可视化展现。透视图中的各类图形让数据的展现更具吸引力，可以帮助用户更好地理解数据。透视图的使用也相当便捷，通过单击即可轻松地创建透视图，以实现预测和趋势分析。

（5）信息传递与共享

在 Excel 中使用对象链接和嵌入功能可以将其他软件制作的图形插入 Excel 的工作表中。链接的对象可以是工作簿、工作表、图表、网页、图片、电子邮件地址或声音文件、视频文件等。还可以与其他人共享 Excel 工作簿，并始终使用最新版本的 Excel 文件，以实现实时协作，从而更快地完成工作。借助 Microsoft 365，可在手机、台式机、平板电脑上处理 Excel 文件。

（6）宏与 VAB 实现自动化办公

Excel 软件的功能远不止上述五个方面，比如利用 VBA 可以在 Excel 内轻松开发出功能强大、适合自己的自动化解决方案，模拟人工操作，完成一些烦琐的工作。同时，还可以使用宏语言将经常要执行的操作过程记录下来，并将此过程用一个快捷键保存起来。在下一次进行相同的操作时，只需按下相应的快捷键即可，而不必重复整个过程。

## 1.2 Excel 的发展历程

Excel 2019 是 Excel 的较新版本，先前版本包括 Excel 2016、Excel 2013、Excel 2010、Excel 2007 和 Excel 2003 等（见图 1.1）。相比于以前的版本，新版本都伴随功能的改进或增加。

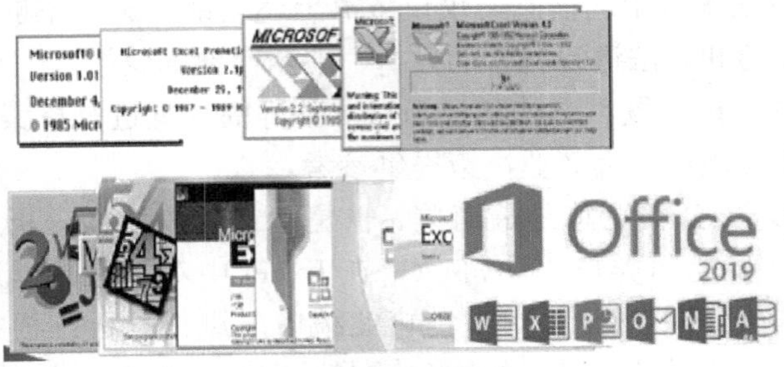


图 1.1　Excel 版本的变迁

比如，Excel 2010 的函数功能在 Excel 2007 版本的基础上更加充分地考虑了兼容性问题，为了保证文件中包含的函数可以在更早版本中使用，在新的函数功能中添加了“兼容性”函数菜单。“迷你图”是在 Excel 2010 中新增加的一项功能。使用迷你图功能，可以在一个单元格内直观、快速地显示一组数据的变化趋势。对于股票信息的呈现等，这种数据表现形式将会非常适用。Excel 2010 增加了数学公式编辑功能，在“插入”选项卡中我们便能看到新增加的“公式”按钮，单击该按钮，Excel 2010 便会进入公式编辑界面，其中有二项式定理、傅里叶级数等专业的数学公式。同时，它还提供了包括积分、矩阵、大型运算符等在内的单项数学符号，可满足专业用户的录入需要。此外，Excel 2010 中增加了新的条件格式，在“数据条”选项卡下新增了“实心填充”功能，进行实心填充之后，数据条的长度表示单元格中值的大小。在效果上，“渐变填充”也与老版本有所不同。在易用性方面，Excel 2010 比老版本有着更多优势。

从 Office 2013 开始，微软公司就实现了计算机端与手机移动端的协作，用户可以随时随地实现移动办公。随着 Office 2016 版本的推出，迎来了办公时代的新潮流，它的功能更加智能化。Excel 2016 中的图表类型更加丰富，新增 6 种曲线图类型，如树状图、直方图、瀑布图、漏斗图、箱形图、旭日图等，它们在数据分析行业用得非常普遍。

Excel 2016 可以实现二维地图功能，当数据含有地理区域（最小单位为省）时，只需在 Excel 表中输入地区和对应的销售数据，然后单击“插入”→“图表”→“地图”就可插入地图，各区域销售情况就清晰地呈现在地图上，一目了然。

而在 Office 2019 中，微软公司强化了 Office 的跨平台应用，用户可以在很多电子设备上审阅、编辑、分析和演示文档。Office 2019 还增加了很多界面特效动画，其中标签动画便是其中最吸引人的一个。当我们单击 Ribbon 面板时，Office 就会自动弹出一个动画特效。当然，Excel 的图表制作也加入了类似设计。Excel 2019 提供更出色的缩放功能、全新的图表类型，旨在利用数据发现数据间的关系、数据变化的趋势，洞见数据蕴含的机会，同时结合更多元素使数据的展现方式更丰富。此外，可视化图表类型 TimeLine 可以帮助用户跟随时间的线性演进，按时间顺序展示一系列事件。当使用 IF 函数实现多层条件嵌套时，会让人头昏眼花。Excel 2019 新增的 IFS（加个 S 表示多条件）函数使用起来更简单且直观。此外，Excel 2019 新增了用于文本连接的 CONCAT 函数和 TEXTJOIN 函数。

在后续的章节中，本书将介绍 Office 2019 版本中的 Excel 的相关内容。当然，如果读者使用的是 Excel 2016 或 Excel 2010 等版本，对 Excel 学习并无本质影响。

## 1.3　Excel 在企业管理中的应用

小微企业是目前我国社会经济中颇具活力的部分，对国民经济发展做出了重大贡献，在科技创新、增加就业等方面都有重要意义。但是，小微企业在日常业务管理、人员配置和资金方面与大型企业有着较大差距。缺乏信息化支持，工作效率低下，制约了小微企业的进一步发展。比如，进销存业务是日常经营活动的核心，也是企业管理的基础。小微企业进销存业务频繁，盈利能力较弱且少有专业财会人员，往往无力购买专用进销存软件，即便购买也多因业务流程简单而使软件闲置。运用 Excel 设计进销存管理系统，可轻松实现成本、收入、库存及往来业务的控制和管理，不但可以提高财务人员的工作效率，而且有利于节约管理成本，提高经济效益。

实际上，在企业管理活动中利用 Excel 进行数据处理已经相当普遍。例如，用 Excel 可以进行人事管理、考勤管理、工资管理、业绩管理、销售管理、成本核算、财务分析、筹资决策分析、投资决策分析等工作。Excel 在企业管理中的应用举不胜举，下面以 Excel 在人事管理和薪酬管理中的应用为例，展示 Excel 在企业管理中的应用思路和效果。

**1．人事管理**

企业员工信息的收集、统计、分析是人事管理中不可忽视的工作。由于企业内部人员较多且流动性大，而掌握人员信息的动态有助于企业做各项决策，因此做好人员信息数据的整理工作意义重大。在整理员工信息过程中，利用相关函数可实现员工生日、性别等有效信息的提取。例如，某位员工的身份证号码是 440402198806189066，如果要从中提取员工的出生年月日，可使用函数公式“=DATE(MID(身份证号码,7,4),MID (身份证号码,11,2),MID (身份证号码,13,2))”，便可得到“1988-6-18”；如果要从中提取员工的性别，可使用函数公式“=IF(MOD(MID(身份证号码,17,1),2)=0,"女", "男")”。该公式是根据身份证号码的特点（第 17 位顺序码为奇数分配给男性，为偶数分配给女性）得到的。上述函数公式的结果为“女”，因为身份证号码第 17 位为“6”，能被 2 整除，余数为 0，为偶数，分配给女性。在整理员工的信息过程中，还可以统计不同年龄段员工的信息，分析员工的学历水平等。不同年龄段员工信息的统计，人事管理员可以借助 Excel 里的统计函数 COUNTIF，先统计最大年龄段也就是 50 岁以上的人数，公式为“=COUNTIF (F3:F12, ">50")”（假设在 I5 单元格中输入），统计大于 40 岁也就是 40～50 岁年龄段的人数，公式为“=COUNTIF(F3:F12, ">40")-I5”，以此类推，把其他年龄段的人数也统计出来。另外，人事管理员可以借助 Excel 里的数据透视表和数据透视图来分析员工的学历水平。对人事信息表中的数据进行分析，建立数据透视表与数据透视图，就可以一目了然，清晰地知道员工的学历水平。

**2．薪酬管理**

工资是固定工作关系里的员工所得的薪酬，是雇主或者法定用人单位依据法律规定或行业规定，或根据与员工的约定，以货币形式对员工的劳动所支付的报酬。付给员工的薪酬属于应付职工薪酬科目，是负债类账户，主要包括工资、奖金和补贴等内容。员工薪酬核算关系到员工的利益，更是企业成本核算的重要因素之一。有效的薪酬管理能够激励每一位员工，调动员工的工作积极性，有效降低工资成本，更好地实现经济效益。然而，传统的手工核算方法不仅需要占用大量的人力和时间，且数据出错概率大，降低了薪酬管理的工作效率。采用 Excel 来进行薪酬管理，可以简化每个月都要重复进行的统计工作，确保薪酬核算的准确性，提高薪酬管理的效率，为企业薪酬管理提供有效的保障。

采用 Excel 进行薪酬管理，主要应用的是 Excel 函数的数据录入、自动计算功能，实现工资表数据的自动生成。薪酬管理的一般流程包括系统初始设置、日常业务数据的录入、工资的计算与汇总、工资数据的输出等。

（1）薪酬管理的流程

1）系统初始设置。首先需要在 Excel 中建立工作表并进行系统初始设置，主要是设置薪酬管理系统必不可少的各种编码信息和初始数据。具体工作就是记录人员的基本信息、建立工资明细项目、设置所需工资项目，包括员工所在部门及对应编号、职位工资、津贴标准、考勤扣款标准、绩效登记和奖金标准等。

2）日常业务数据的录入。录入日常业务数据，也就是录入人员当月考勤、产量、工时等每月变动的工资数据，作为工资核算的依据。同时，人员变动或工资数据的变动也在此环节中处理。

3）薪酬计算与汇总。将员工的基本工资、岗位津贴、加班费用、缺勤扣除、各类社会保险、福利费等内容填入表格中，并根据标准将其与员工信息建立起运算关系，计算出应发工资，再根据《中华人民共和国个人所得税法实施条例》对个人所得税的规定计算出个人应交所得税，最后求得实发工资。

4）工资数据的输出。此环节包括工资数据的查询、工资汇总、工资条的制作等，主要工作是工资条的制作。工资条是根据本月工资表的数据生成的，制作工资条的主要目的是方便员工核对工资数据正确与否。可以使用 VLOOKUP 函数或利用排序功能来完成工资条的制作。

（2）工资管理中用到的函数

在使用 Excel 建立工资管理表格的过程中需要用到的函数包括 VLOOKUP、LEFT、VALUE、IF、ROUND 等。比如计算个人所得税，就需要使用 ROUND 和 IF 嵌套函数等。

这里只介绍了 Excel 在企业管理中的部分应用，由此可以看出，Excel 能更高效地处理薪酬管理、人事信息数据统计分析的工作，同时能及时地解决相关问题。不管你身处企业的何种岗位，如果能够熟练掌握 Excel 的操作，结合自身的工作经验，把 Excel 发挥到极致，就可成为一名出类拔萃的 Excel 高手。

## 1.4 Excel 在企业财务管理中的应用

随着世界经济的发展，企业整体的财务管理环境日益复杂，财务管理工作中应用了大量复杂的数学公式，传统的手工计算已经无法满足财务管理工作的需求。在这种情况下，各种财务软件应运而生，给财务人员带来便利，但软件本身的局限性也给企业带来一定的烦恼，如通用性差、功能不全、成本高昂等。

Excel 能克服这些弊端，帮助财务人员更高效地开展工作。Excel 强大的表格处理和数据分析能力，可帮助财务管理人员在复杂多变的环境中正确地做出决策。如图 1.2 所示，可以使用 Excel 实现财务报表的编制，为决策提供数据支持。

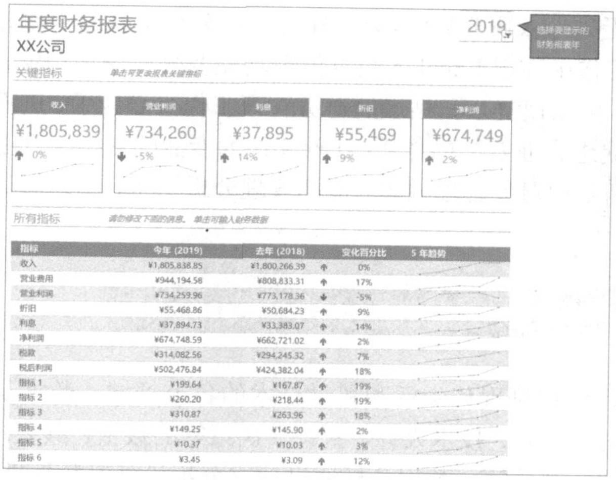


图 1.2 利用 Excel 编制的财务报表

Excel 在财务管理方面的功能如下。

1）在实现固定资产折旧时，利用 Excel 的内置函数就能快速高效地计算各年的折旧额，从而做出固定资产更新决策。也可以利用其他财务函数来计算货币的时间价值。

2）利用图表功能展现已知产量与成本总额的关系。对于非线性关系，可以利用 Excel 中的图形功能来确定变量之间的函数式，以减轻计算工作量。

3）利用数据分析工具，如“数据”菜单下的“规划求解”命令，实现已知成本总额（$y$）与产量（$x$）的关系的一元二次方程求解，简化手工计算。

4）使用各类计算与单元格引用等，实现如图 1.3 所示记账凭证的自动生成，通过单击对应的按钮，可以实现各个凭证的显示，方便输出打印。

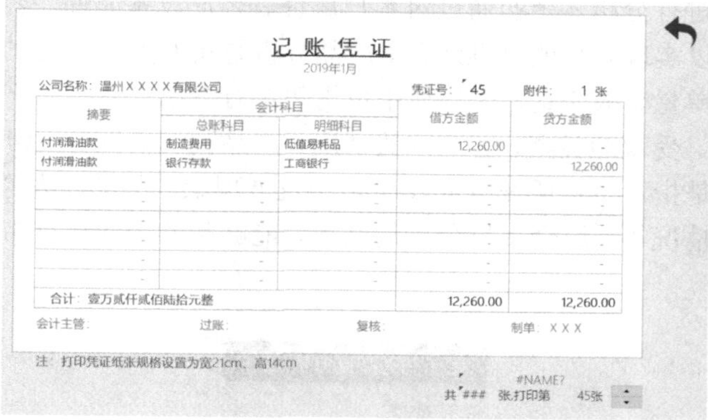


图 1.3 记账凭证示例

另外，运用 Excel 的函数、图表分析工具、数据分析工具能减轻财务人员的工作量，提高工作效率，提升信息处理的准确性和时效性。Excel 还提供了很多高级工具对业务数据进行更加深入的分析和计算。高级数据分析工具主要在 Excel 的“数据分析”加载项中，因它属于 Excel 的外挂高级函数功能模块，故需要通过加载宏操作来完成具体的工作。Excel 的高级数据分析工具主要包括线性规划分析、预测分析、回归分析、相关分析、描述统计及相关图形、各种分布的概率计算和图形、多达 7 种正态性检验方法、正态分布的异常检验、各种估计和置信区间计算、各种假设检验等，帮助企业进行投资决策、财务报表分析、筹资融资决策等。它最大的优点就是用户无须深入研究算法，只要知道这些分析工具的管理意义及分析结果的指导意义即可。财务管理工作中使用 Excel 的数据处理功能及分析统计功能，能够实现完整的财务指标体系分析和预测，可以使复杂和枯燥的财务管理工作得心应手，进而达到提高财务管理工作效率的目的和起到促进企业发展的作用。Excel 作为专业的数据处理系统，其功能是无可比拟的。它不仅能够提高企业财务管理效率，提高管理分析水平，也是对其他财务软件的一个重要补充。

## 1.5 Excel 在电子商务数据分析中的应用

数据统计与分析已渗透到现代生活和科学技术的各个领域。数据是科学实验、检验、统计等所获得的，用于科学研究、技术设计、查证、决策等的数值，其表现形式可以是符号、文字、数字、语音、图像、视频等。数据分析通过建立分析模型对数据进行核对、检查、复算、判断等操作，将数据的现实状态与理想状态进行比较，从而发现规律，得到分析结果。

电子商务数据是企业进行电子商务活动时产生的行为数据和商业数据。行为数据能够反映客户行为，如客户访问情况、客户浏览情况等。商务数据能够反映企业运营状况，如企业产品交易量、企业投资回报率等。电子商务数据分析是运用有效的方法和工具收集、处理数据并获取信息的过程。

电子商务数据分析最主要的作用是辅助决策。传统企业时期，企业运营决策多依赖于以往的经验总结。随着信息化和电子商务时代的到来，企业在经营过程中积累了大量数据，对这些数据进行分析，能够更精准、更科学地辅助企业决策。电子商务数据分析可以应用于流量分析、客户分析、产品分析及市场分析等（见图 1.4）。企业流量分析是指对企业网站或网店广告投放及对外营销推广的数据进行分析。客户分析是指对企业的目标受众群体、实际交易客户群体、潜在客户群体等进行分析。企业通过对客户属性、客户设备属性、客户流量属性、客户行为属性展开分析，可以实现客户的精准运营。产品分析是指对产品相应的指标进行分析，比如对产品的点击量、订单量、成交量、客户使用反馈等进行分析。通过对产品进行分析，能够判断产品的受欢迎程度、受欢迎类型、客户购买情况、产品利润情况等，帮助企业实现产品的升级和优化。市场分析是指对企业所在行业及市场的发展现状、发展趋势等进行分析，比如行业产品销量、行业竞争情况等。结合市场分析的结果，能够帮助企业进行市场定位、产品定位和确定发展目标等。

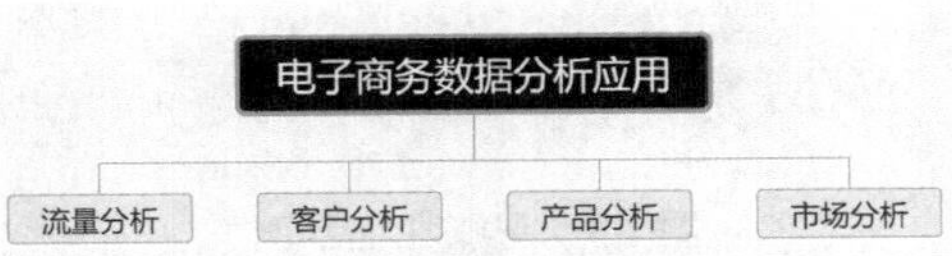


图 1.4　电子商务数据分析应用

一般地，数据分析的流程分为五个步骤：明确目的、数据获取、数据解析、数据分析、结果呈现。数据分析前根据数据分析的目的，选择需要分析的数据，明确数据分析想要达到什么样的效果。带着清晰的目的进行数据分析，才不会偏离方向，才能为企业决策者提供有意义的指导意见，这是确保数据分析过程有序进行的先决条件，也为后续的数据采集、处理、分析提供清晰的指引方向。对电子商务数据进行分析时，可用的数据分析工具包括 Excel、SPSS、SAS、Python、R 语言等，其中 Excel 涵盖了大部分数据分析功能，能够有效地对数据进行整理、加工、统计、分析及呈现。Excel 的应用可贯穿于整个电子商务数据分析的流程中，利用 Excel 就能解决大多数的电子商务数据分析问题。

如图 1.5 所示，可以使用图表对店铺在 2010—2019 年销量的变化趋势进行分析，从而预测 2020 年的销售额。表 1.1 为某店铺 2010—2019 年销售额。通过使用 Excel 的趋势线功能，可以实现指标的预测。

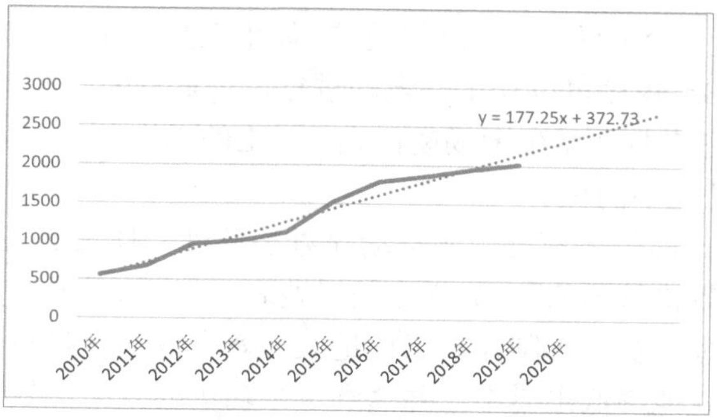


图 1.5 电子商务销售额趋势分析

**表 1.1 某店铺 2010—2019 年销售额**

| 年份 | 销售额/万元 |
|---|---|
| 2010 年 | 560 |
| 2011 年 | 680 |
| 2012 年 | 965 |
| 2013 年 | 1012 |
| 2014 年 | 1120 |
| 2015 年 | 1520 |
| 2016 年 | 1786 |
| 2017 年 | 1862 |
| 2018 年 | 1950 |
| 2019 年 | 2021 |
| 2020 年 | ？（需预测） |

不仅如此，利用 Excel 还能完成一份完整的数据分析报告，涵盖电子商务的各项分析指标，包括市场类指标、运营类指标及产品类指标等。

## 1.6 Excel 在办公自动化中的应用

Excel 以优秀的数据录入功能和强大的数据处理和分析功能深受广大办公人员的喜爱。在 Excel 中使用 VBA，能够高效率地实现数据处理的自动化，将工作人员从简单而重复的数据处理工作中解脱出来，更能通过 VBA（Visual Basic for Application）编程对 Excel 进行二次开发，实现很多高级功能，提高办公效率。

Excel 是最早支持 VBA 的组件，Excel VBA 作为一种扩展工具，在办公中得到了越来越广泛的应用。原因在于，很多实际应用中复杂的 Excel 操作都可以利用 VBA 编程得到简化。迄今为止，在 Excel 中使用 VBA 最常见的原因就是自动完成重复的工作，当然 VBA 不仅可用于重复任务，还可以构建 Excel 的新功能，如可以开发新算法来分析数据，然后使用 Excel 中的图表功能显示结果，也可以执行将 Excel 与其他 Office 应用程序集成的任务。事实上，在所有 Office 应用程序中，Excel 最常用作一个开发平台，除所有涉及数据表的数据检验、统计和分析等任务外，从数据可视化到软件原型制作的大量任务中，开发人员都可使用 VBA 对 Excel 进行二次开发。

在体育教学过程中，体育教师每年都要对学生进行体质健康测试，还要填写《国家学生体质健康标准》登记卡，上报数据。首先，体育教师按照数据表中的学生基本信息及测试成绩，打印出每个学生的登记卡。按照常规的方法，需要把第一个人的信息依次复制到要打印的表格中，然后打印，再复制下一个人的信息，以此类推。如果人数较多，这项重复性的工作很烦琐，也容易出错。而一个 VBA 程序可以让工作自动进行，将重复的、批量的工作瞬间简化，释放了劳动力。类似的应用还有打印学生考场座位表、员工的工资条等。从这些例子上，可以简单地看到 VBA 在办公自动化中的优势。

事实上，在很多工作岗位上都会用到自动化办公软件。比如教务管理岗，该工作岗位的工作内容就涉及大量的表格处理问题，如学生的缴费表、学生的成绩一览表、学生的学籍卡等。传统的做法就是教务管理人员手工制作，工作量大、效率低，且容易出错，而灵活应用 Excel 强大的表格处理功能，就能降低出错率，并达到事半功倍的效果。教务管理人员既可对 Excel 的功能及内置函数在教务管理中的应用进行深入挖掘，也可将 Excel 中的 VBA 功能运用到教务管理中。例如，通过 Excel 的 OFFSET 函数实现了准考证的批量打印，通过 VBA 实现准考证中“基本信息表”的建立和“照片信息表”的建立；也可以利用 VBA 实现成绩单、成绩通知单、学籍卡的批量打印。

在制作成绩单时，利用 Excel 函数，无论班级有多少个学生，都只需要计算第一个学生的成绩，其他学生的成绩可以利用填充柄自动填充完成。如图 1.6 所示为 Excel 实现的数据采集与管理平台，通过该平台的数据导入与导出功能可以完成对批量数据的校验，简化教务管理岗的工作。

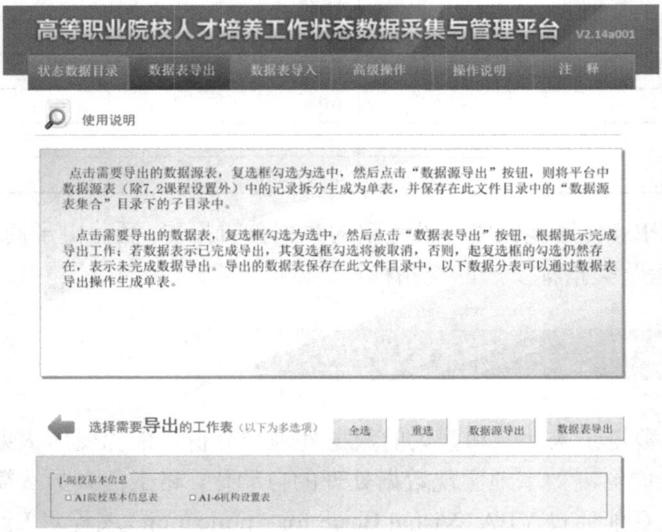


图 1.6　Excel 实现的数据采集与管理平台

由此可见，基于 Excel 的教务管理自动化对于教务管理工作具有重要意义。因此，为了进一步提高办公水平，各类工作人员应熟练掌握 Excel 软件的操作技巧。

## 1.7　练习题

1．Excel 2019 是（　　）中的一个部分。

A．Microsoft 2019　B．Office 365　C．Office 2019　D．WPS 2019

2．Excel 2019 属于哪个公司的产品（　　）。

A．IBM　B．苹果　C．微软　D．WPS

3．除本章所述的应用外，Excel 软件还可以应用在什么场合？

# 第 2 章

# Excel 的基础知识

Excel 2019 是微软公司 Office 2019 系列办公软件的一个重要组件，主要用于电子表格的制作，可以帮助用户高效地完成各种表格和图表的设计，并进行复杂的数据分析和计算。通过本章的学习，应掌握 Excel 2019 的基础知识，主要包括以下知识点：

1）Excel 2019 工作界面的组成；

2）Excel 的基本设置；

3）工作簿与工作表的基本操作；

4）Excel 条件格式；

5）保护 Excel 文档。

## 2.1 Excel 2019 的功能及工作界面

### 2.1.1 Excel 2019 的功能

Office 2019 专业增强版由微软官方正式发布，它集合了 Office 365 的新功能，可满足用户各类需求，是用户得力的办公助手。Excel 2019 有如下功能。

（1）建立电子表格

Excel 软件能够方便地制作出各种电子表格。Excel 工作簿中包含多张容量非常大的空白工作表，每张工作表由 256 列 65536 行组成，行和列的交叉处形成单元格，每个单元格可容纳 32000 个不同类型字符，可以满足大多数数据处理业务的需要。

（2）数据处理

Excel 2019 能够自动区分数字型、文本型、日期型、时间型、逻辑型等数据；可以方便地编辑表格，也可任意插入和删除表格的行、列或单元格，对数据的字体、大小、颜色和底纹等进行修饰，或者设置单元格、表格的样式。此外，使用 Excel 2019 的打印功能还可以将制作完成的数据表格打印出来。

（3）数据分析功能

在 Excel 2019 中输入数据后，可以使用其数据分析功能对输入的数据进行分析，使数据从静态变成动态，如使用排序、筛选、分类汇总和分类显示功能对数据进行简单分析。此外，使用条件格式和数据的验证功能还能提高输入效率，保证输入数据的正确性；使用数据透视表和透视图还能对数据进行深入分析。

另外，用户可以根据需求创建图表。Excel 新增了 Power Map 插件，可以以三维地图的形式编辑和动态演示数据，绘制三维地球或自定义的映射，并创建可以与其他人共享的直观漫游。

数据选项卡增加了 Power Query 工具，它支持从多种数据源导入数据，以及连接多种数据源；还增加了预测功能和预测函数，根据目前的数据信息，预测未来数据的趋势。

另外，Excel 与 Power BI 相结合，可用于访问大量的企业数据，使得数据分析功能更为强大。

（4）制作图表

Excel 提供了 15 类图表，包括柱形图、饼图、条形图、面积图、折线图及曲面图等。图表能直观地表示数据间的复杂关系，同一组数据也可以使用不同类型的图表来展示。用户可以对图表中的各种对象如标题、坐标轴、网格线、图例、数据标志和背景等进行编辑，为图表添加恰当的文字、图形或图像，能让精心设计的图表更具说服力。与之前版本相比，Excel 2019 增加了多种图表，如用户可以创建表示相互结构关系的树状图、分析数据层次占比的旭日图、判断生产是否稳定的直方图、显示一组数据分散情况的箱形图和表达数个特定数值之间的数量变化关系的瀑布图、显示业务流程中转化情况的漏斗图等。

（5）计算和函数功能

Excel 2019 提供了强大的数据计算功能，可以根据需要方便地对表格中的数据进行计算，如计算总和、差、平均值或比较数据等，还可以对输入的公式进行审核。此外，Excel 2019 提供了丰富的内置函数，函数按照应用领域可分为财务函数、日期和时间函数、数学与三角函数、统计函数、查找与引用函数、文本函数和逻辑函数等 13 类，用户可以根据需要直接调用。

（6）数据共享功能

Excel 2019 提供了强大的共享功能，用户不仅可以通过创建超链接来获取互联网上的共享数据，也可以将自己的工作簿设置成共享文件，与其他用户分享。

（7）3D 模型应用

Excel 2019 增加了 3D 模型功能，用户可以插入和编辑 3D 模型，而且可以 360° 旋转模型，也可以向上或向下旋转以显示特定的对象。

（8）跨平台应用

从 Office 2013 开始，微软公司就实现了计算机端与手机移动端的协作，用户可以随时随地实现移动办公。而 Office 2019 中，微软公司强化了 Office 的跨平台应用，从计算机、笔记本电脑到 Android 手机及平板电脑，用户可以在任何设备上审阅、编辑、分析和演示 Office 2019 文档。

## 2.1.2 Excel 2019 的工作界面

启动 Excel 2019 后将打开 Excel 的工作界面，可以看到里面的内容较多，具体如图 2.1 所示。Excel 2019 的工作界面主要由工作区、标题栏、功能区、编辑栏、状态栏、快速访问工具栏、名称框等部分组成，不再详述。下面主要介绍快速访问工具栏和名称框。

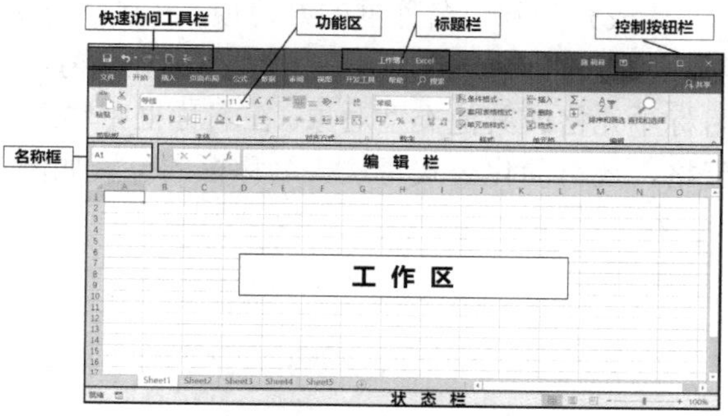


图 2.1 Excel 2019 的工作界面

### 1．快速访问工具栏

快速访问工具栏是一个可自定义的工具栏，为方便用户快速执行常用命令，将功能区的选项卡中的一个或几个命令在此区域独立显示，以减少在功能区查找命令的时间，提高工作效率。快速访问工具栏用于放置命令按钮。默认情况下，快速访问工具栏中只有数量较少的命令按钮，用户可以自定义快速访问工具栏，根据需要添加多个命令按钮。

具体操作步骤如下：单击快速访问工具栏右侧的下拉按钮，选择常用的命令，如图 2.2 所示，即可将相应的命令按钮添加至快速访问工具栏中。如果所显示的命令中没有要添加的命令，可选择“其他命令”，进入“Excel 选项”对话框，选择任一选项卡中的任一命令，单击“添加”按钮，即可使对应的命令按钮在快速访问工具栏中显示，操作过程如图 2.3 所示。

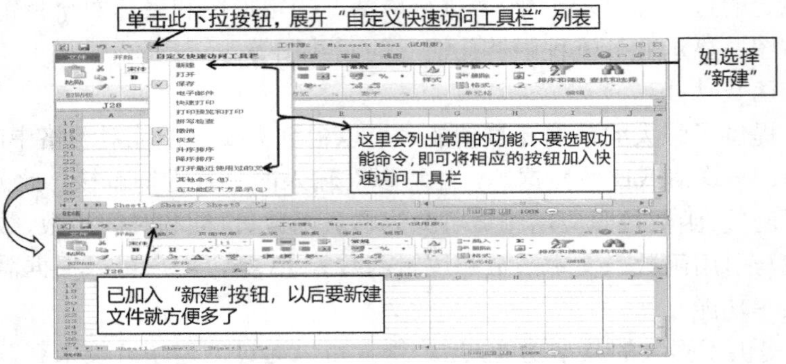


图 2.2　自定义快速访问工具栏（常用命令）

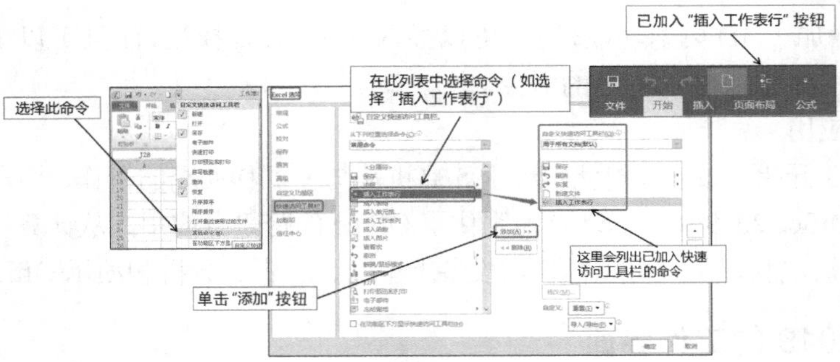


图 2.3　自定义快速访问工具栏（其他命令）

### 2．名称框

很多用户使用 Excel 往往只会使用鼠标选定单元格区域，当面对大量单元格的时候，用鼠标定位选区就比较麻烦了。养成充分利用名称框的好习惯，日常办公就会变得高效。Excel 2019 名称框能显示当前活动对象的名称信息，包括单元格的列标和行号、图表名称、表格名称等。名称框也可用于定位到目标单元格或其他类型对象。在名称框中输入单元格的列标和行号，即可快速定位到相应的单元格，还可简化公式写法。名称框的位置如图 2.4 所示。

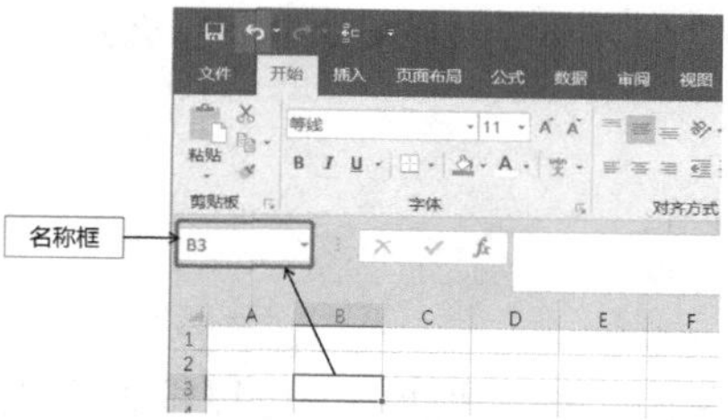


图 2.4 名称框的位置

名称框的快速定位功能体现在以下几个方面（详见图 2.5）。

1）定位到某个单元格。例如，要定位到 B100 单元格，则在名称框中输入“B100”，然后按 Enter 键，即可快速定位到 B100 单元格。

2）选中某几列，并快速定位到这几列数据。例如，要选中 A 到 K 列，可以在名称框里输入“A:K”，然后按 Enter 键。

3）选中某几行，并快速定位到这几行数据。例如，要选中 20 到 30 行，可以在名称框里输入“20:30”，然后按 Enter 键。

4）选中一个方形选区，并快速定位到该区域。例如要选中 J88 到 M95 的方形选区，则可以在名称框中输入“J88:M95”，然后按 Enter 键。

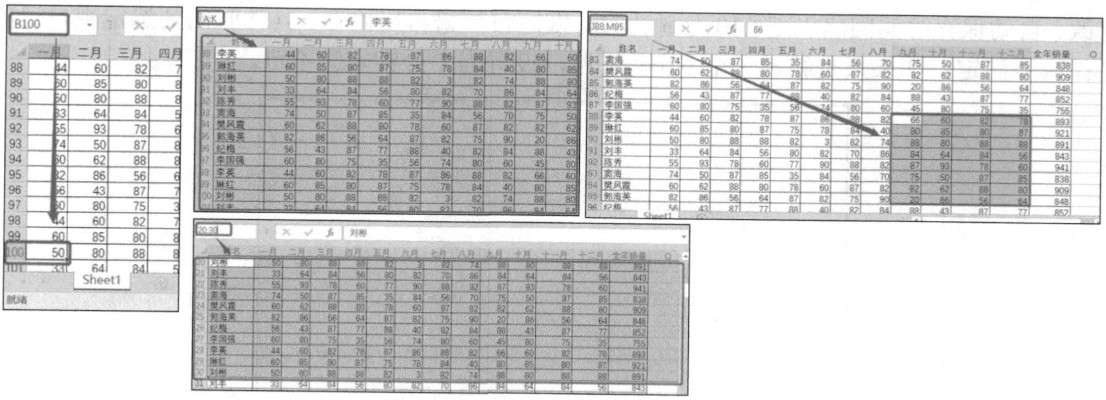


图 2.5 名称框的快速定位功能

为了方便，我们还可以给单元格自定义名称。具体做法是：选中某单元格，然后在名称框里输入自定义名称，最后按 Enter 键，即可完成自定义名称。

在定义区域时，选取工作表中的某个区域，在名称框里输入所要设置的名称，如图 2.6 中的“一季度”。而在公式中使用名称可以使公式更易理解。比如，需要对 A2:E100 单元格区域求和，可以使用公式：=SUM(A2:E100)。但在名称定义后（假定“一季度”对应于 A2:E100 区域），我们可在公式中输入“=SUM(一季度)”，公式用意更易理解。

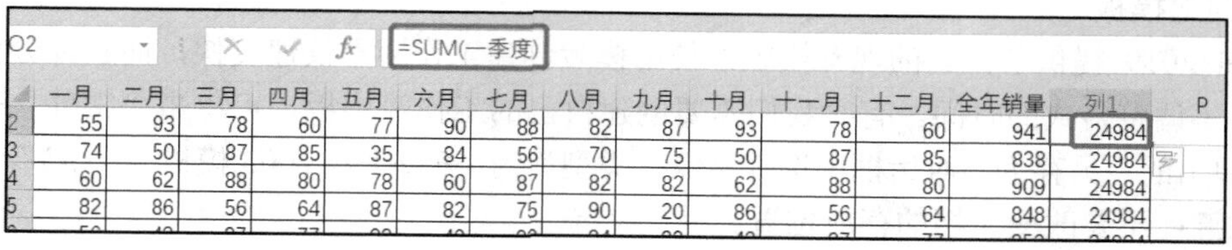


图 2.6 使用自定义名称简化公式

如果所要定义的区域是由多个不同区域组成的，那么这些区域又该如何定义？这将在后续章节中提到。

## 2.2 Excel 基本设置

在 Excel 2019“文件”菜单下的选项功能中，可以根据个人需要定制用户偏好，如设定新建工作表时单元格默认的字体、字号，自定义功能区，设置快速访问工具栏等。本节主要介绍自动保存、模板的使用、新建工作表默认数的设置。

### 2.2.1 自动保存

在使用 Excel 2019 编辑文档时为避免遇到突发事件来不及保存文档，可使用自动保存功能。通过设置“保存自动恢复信息时间间隔”，可以恢复原先未保存的.xlsx 文件。

但是，只有当 Excel 在异常情况下未保存就退出程序时，自动保存文档功能才能恢复文档。如果是在正常操作关闭程序的时候单击了“否”按钮，那么文档将无法恢复。

如果要在 Excel 2019 中设置自动保存时间，可单击“文件”→“选项”→“保存”，出现如图 2.7 所示的“Excel 选项”对话框。Excel 默认的自动保存时间间隔（“保存自动恢复信息时间间隔”）为 10 分钟，自动恢复文件的具体位置也如图 2.7 中所示，用户可以根据需要进行修改。自动保存时间间隔以 5～10 分钟为宜，太短将频繁占用内存。具体时间的选定视自己的工作内容而定，如果只是编辑一个 Excel 文档，设置为 1 分钟未尝不可。

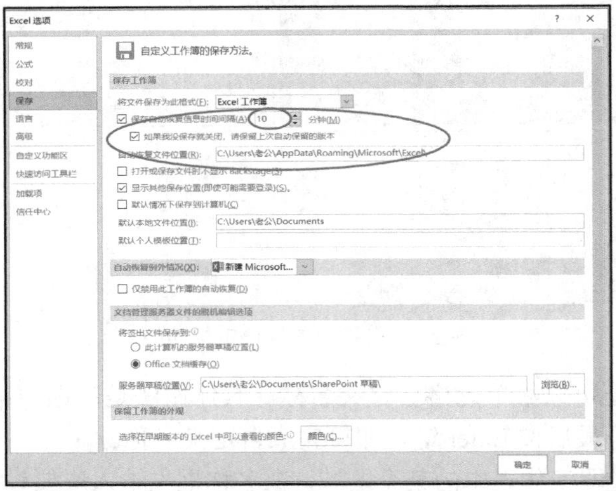


图 2.7　设置“保存自动恢复信息时间间隔”

### 2.2.2 模板的使用

#### 1. 创建模板

Excel 2019 提供了大量的现有模版，使用模版创建工作簿不仅速度快，而且部分格式已确定，省去了调整格式的时间。有时我们需要创建自己的工作簿模板，可单击“文件”→“另存为”，在弹出的“另存为”对话框中选择“保存类型”为“Excel 97-2003 模板（*.xlt）”，如图 2.8 所示。**注意：不要改变文档的存放位置。**

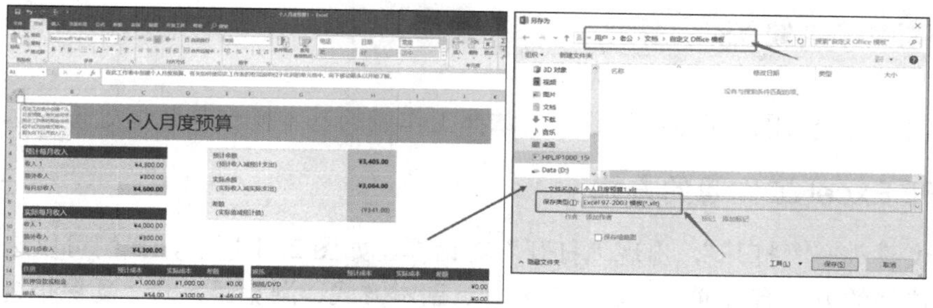

图 2.8 保存为 Excel 模板

**2. 使用模板**

在下次用到类似的模板时，即可调用。使用模板的步骤：单击“文件”→“新建”→“个人”→“个人月度预算”，如图 2.9 所示。

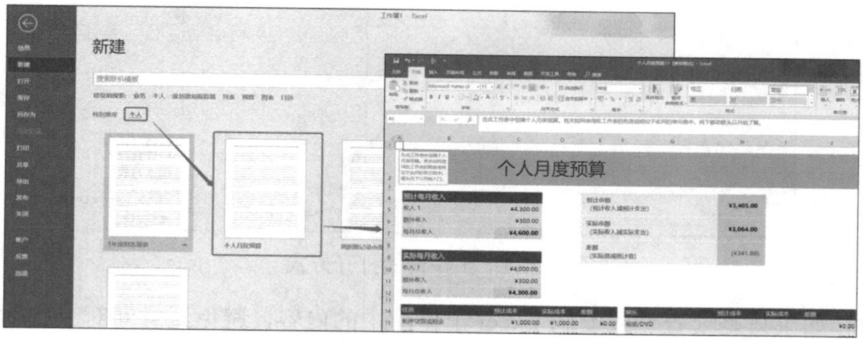

图 2.9 Excel 模板的使用

## 2.2.3 新建工作表默认数的设置

单击“文件”→“选项”→“常规”，可在“新建工作簿时”→“包含的工作表数”数值框中对新创建的工作簿中含有的工作表数量进行设置。新创建工作表数的范围为 1～255。如图 2.10 所示，“包含的工作表数”为 3，即新建工作簿时，该工作簿默认产生的工作表数为 3。当新建一个工作簿时，该设置即能体现出来。

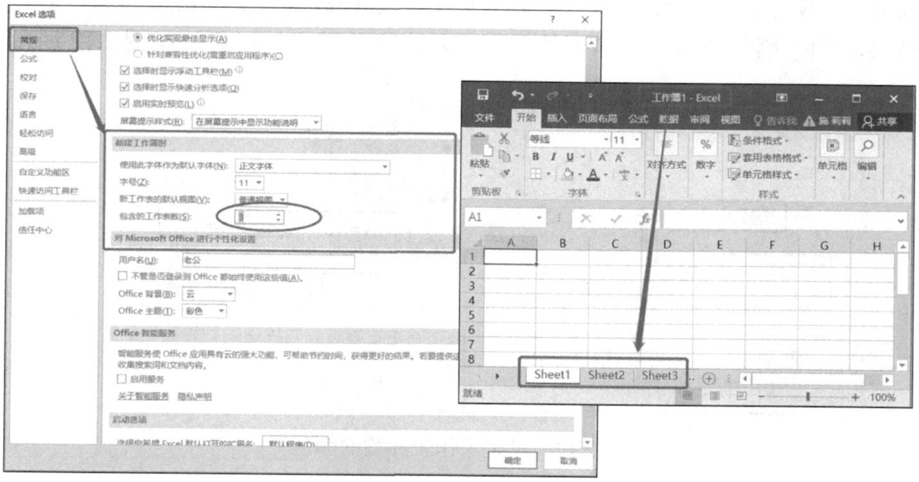

图 2.10 设置新建工作表默认数

# 2.3 工作簿与工作表的基本操作

Excel 工作表主要用来存储各种数据，掌握工作表的基本操作是数据处理的基础。

## 2.3.1 打开 Excel 工作簿的方式

单击“文件”→“打开”，出现“打开”对话框，如图 2.11 所示，我们可以选择需要的打开方式。可选择的方式有普通方式、只读方式、副本方式、浏览器方式、受保护视图方式、修复方式。

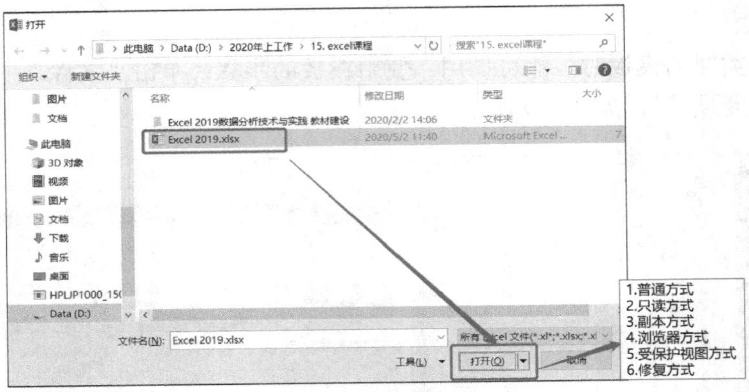


图 2.11　工作簿的打开方式

选择时，如果只是要查看或复制 Excel 工作簿中的内容，避免无意间对工作簿的修改，可以用只读方式打开工作簿。当我们对 Excel 工作簿做了一些改动后，又觉得这些改动不尽如人意，此时需要打开原始工作簿进行对比。在这种情况下，可以用副本方式打开原始工作簿，而无须将修改后的工作簿另存为其他文件名。

## 2.3.2 设置工作表标签的颜色

除了可以更改工作表的名称，工作表标签的颜色也可以自定义，这样就更容易辨识了。例如，我们将“销售数量”这个工作表标签改为红色，设置步骤如图 2.12 所示。设置好之后，“销售数量”工作表的标签会显示红色底纹，那是因为“销售数量”是当前工作表，若选取其他的工作表，就会看到“销售数量”工作表的标签显示为刚才设定的红色，如图 2.12 所示。

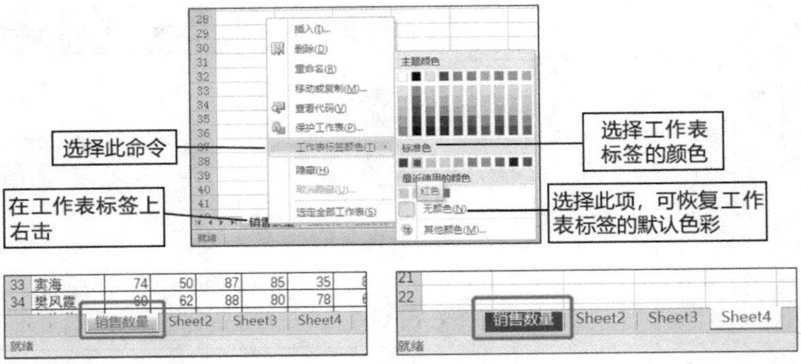


图 2.12　设置工作表标签的颜色

### 2.3.3　窗口拆分与冻结

对于较大的数据清单，由于工作表过宽过长，在窗口中查看、整理数据时很不方便，尤其当前单元格处于工作表右下部时，常常搞不清当前单元格属于工作表的哪一个记录。为了解决此问题，可使用窗口拆分功能将工作表窗口拆分为多个窗口，也可使用冻结窗格功能，通常冻结列字段名（如工号、姓名、工作岗位、职务等）和行记录编号（如工号 2020001, 2020002, 2020003，…），然后通过移动水平或垂直滚动条来查看工作表的其他部分内容。冻结窗格的操作方法如下。

1）要锁定行，可先选中其下方要出现拆分的行，然后单击“视图”→“冻结窗格”→“冻结窗格”。

2）要锁定列，可先选中其右侧要出现拆分的列，然后单击“视图”→“冻结窗格”→“冻结窗格”。

3）要同时锁定行和列，可先单击其下方和右侧要出现拆分的单元格，然后单击“视图”→“冻结窗格”→“冻结窗格”。

4）要锁定首行、首列，可单击“视图”→“冻结窗格”→“冻结首行”或“冻结首列”，如图 2.13 所示。

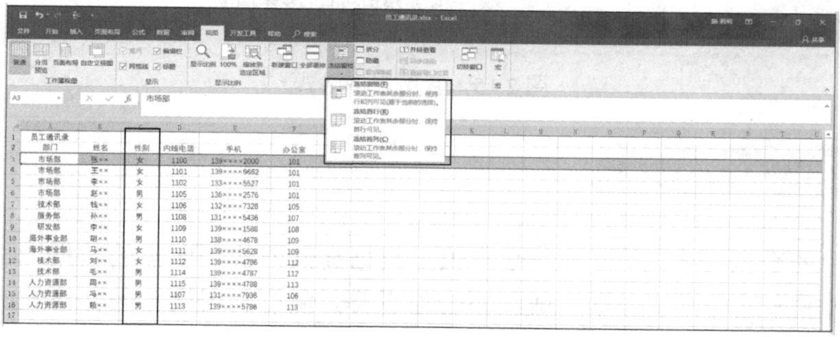

图 2.13　窗口的拆分与冻结

如果不需要冻结窗格了，单击“视图”→“取消冻结窗格”即可，这里不做赘述。

如果要将工作表进行拆分，可以选中某一单元格，然后单击“视图”→“窗口”→“拆分”。执行上述操作后，返回工作表，可看到工作表已经被拆分成上、下、左、右 4 个部分，如图 2.14 所示。

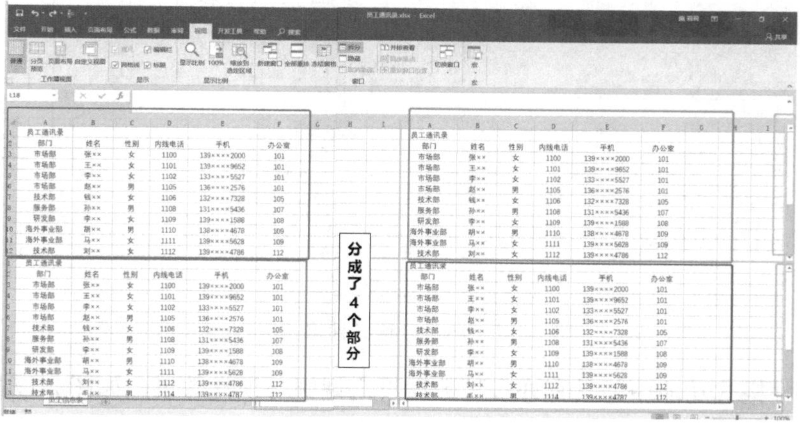


图 2.14　窗口的拆分

### 2.3.4　快速设置表格样式

在 Excel 中，可通过单击“开始”→“套用表格格式”来快速设置表格样式，如图 2.15 所示。

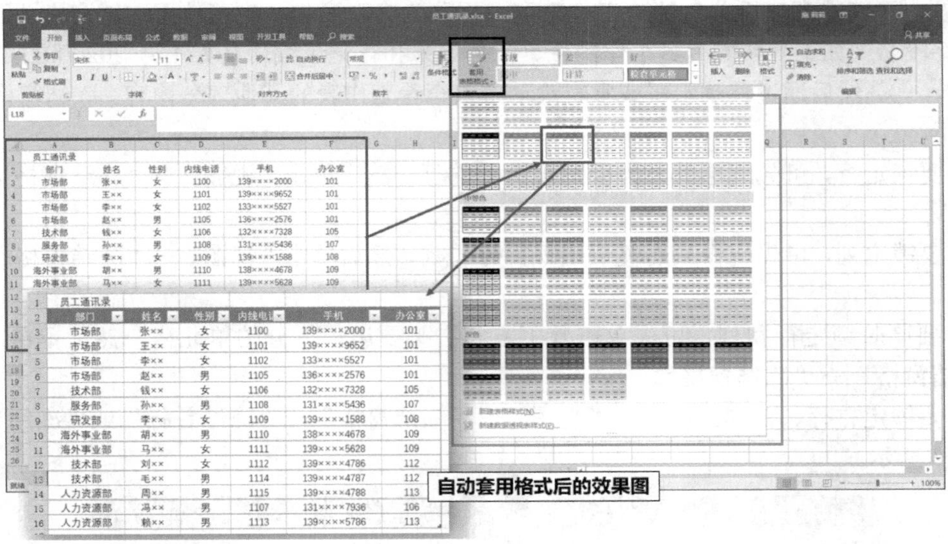


图 2.15　套用表格格式

## 2.4　Excel 条件格式

当工作表中的数据较多时，很难一眼辨识出数据高低或找到所需的数据，如工资达到 5000 元以上者，销售额未达标准者，学生成绩不合格者等，便可利用设定条件格式的功能，给符合条件的数据添加特殊的格式以利于辨识。

条件格式的设置方法：单击“开始”→“条件格式”，设定条件格式的各种规则，如图 2.16 所示。

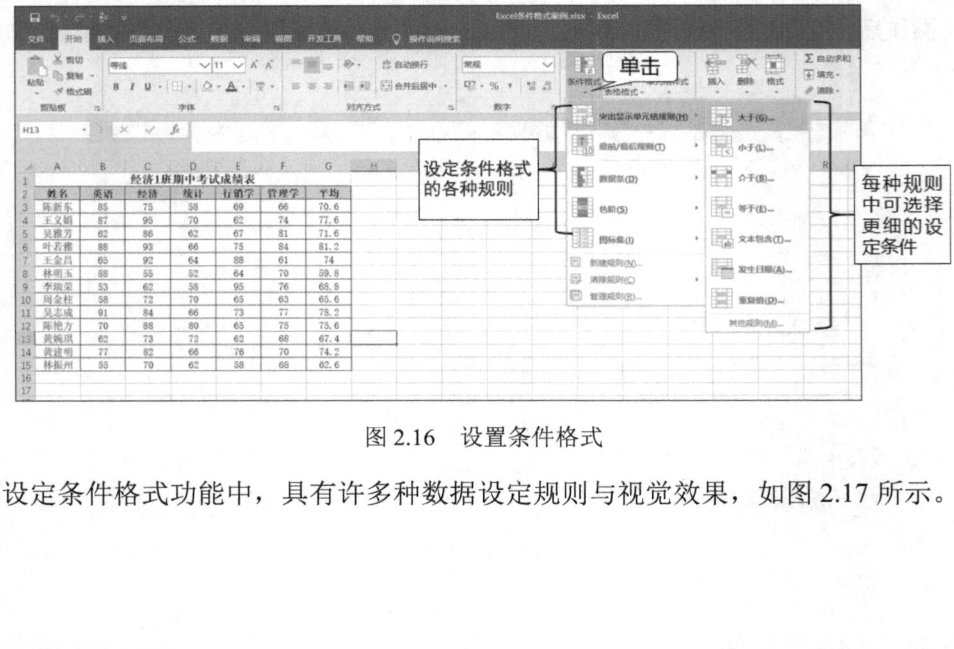


图 2.16　设置条件格式

在设定条件格式功能中，具有许多种数据设定规则与视觉效果，如图 2.17 所示。

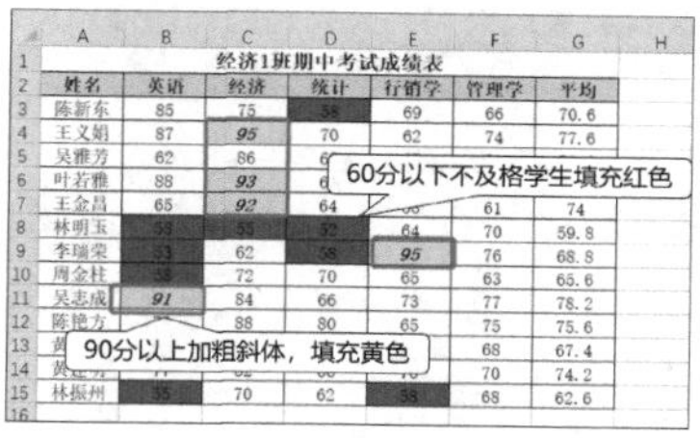


图 2.17　条件格式设置结果

下面我们将通过实例来介绍设定条件格式的各种规则：①突出显示单元格规则；②最前/最后规则；③数据条；④色阶；⑤图标集。

## 2.4.1　用“突出显示单元格规则”显示单元格效果

使用“突出显示单元格规则”可以突出显示大于、小于、介于、等于、文本包含、发生日期在某一值或值区间的单元格，也可以突出显示重复值。以“业务员销售业绩一览表”为例，突出显示单元格的具体操作步骤如下：单击“开始”→“条件格式”→“突出显示单元格规则”，如图 2.18 所示。设置突出显示单元格具体规则的过程及效果如图 2.19（a）～（c）所示。

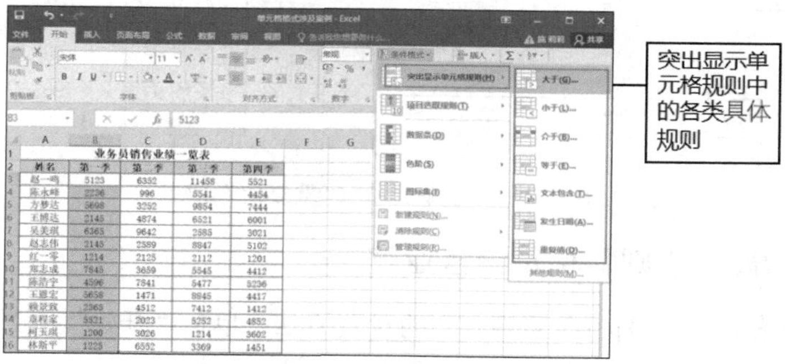


图 2.18　设置突出显示单元格的步骤

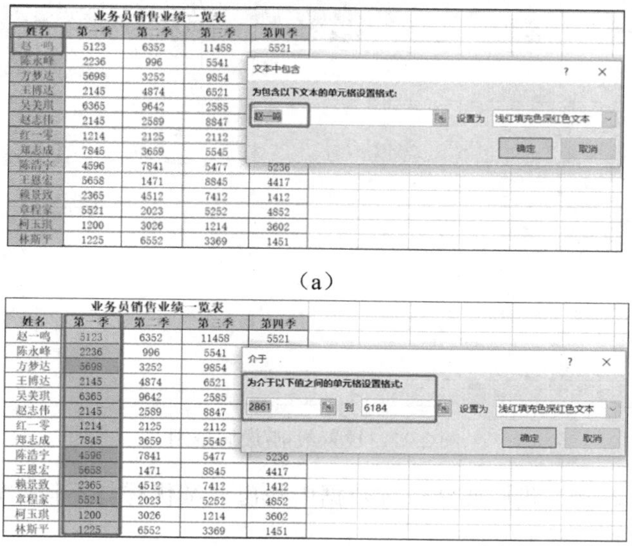


（a）

（b）

图 2.19　设置突出显示单元格规则及效果

（c）

图 2.19　设置突出显示单元格规则及效果（续）

可利用突出显示重复值来标示出数据范围内单元格数据有重复的项目。若想知道哪些作家是排行榜的常客，就可以利用此规则来查询。先选取查询的范围，然后单击“开始”→“条件格式”→“突出显示单元格规则”→“重复值”即可，具体设置过程如图 2.20 所示。

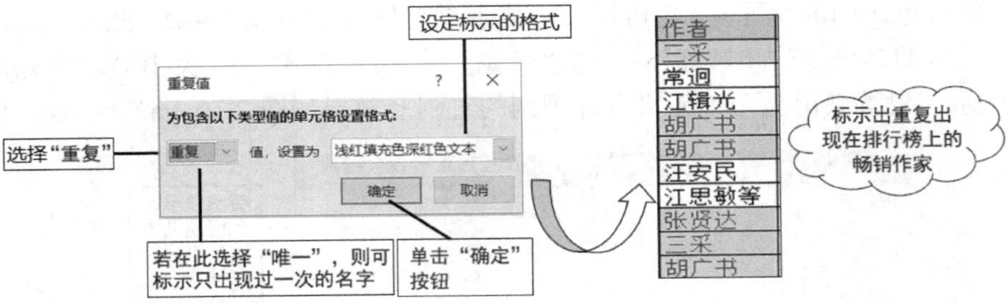


图 2.20　突出显示单元格（“重复值”效果）

## 2.4.2　用“最前/最后规则”标示销售业绩

下面介绍条件格式中“最前/最后规则”的设置方法。单击“开始”→“条件格式”→“最前/最后规则”，然后设置具体的规则及格式即可，如图 2.21 所示。

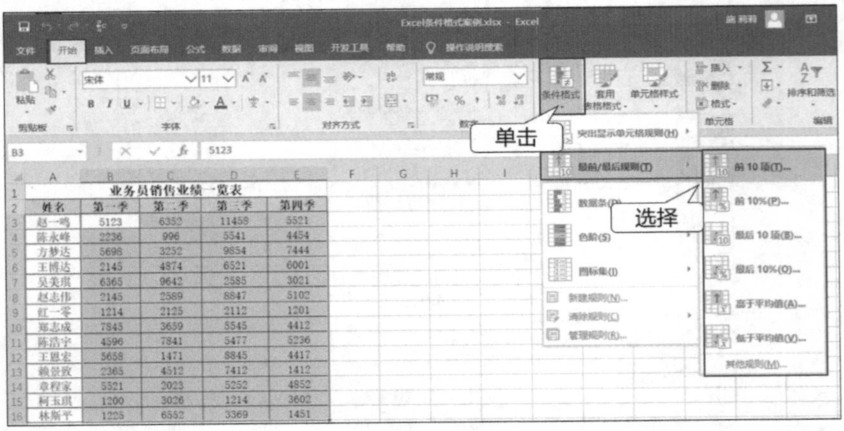


图 2.21　设置最前/最后规则

以销售业绩数据为例，我们要从一堆数据中找出业绩优秀与不佳的资料，可用“最前/最后规则”来操作，有如下三种方法。

方法一：用“前 10 项”与“最后 10 项”规则标示前 3 名或倒数 3 名的销售业绩。

“最前/最后规则”可标示出数据范围内排行在最前面或最后面几项的数据。若想了解每一季的业绩中，业绩位于前 3 名或是业绩位于倒数 3 名的业务员，就可以利用此规则来查询。

步骤 1：用“前 10 项”标示名列前茅的销售业绩。如果想查询业务员销售业绩的前 3 名，请选取要标记的数据范围，单击“开始”→“条件格式”→“最前/最后规则”→“前 10 项”，选中需要的颜色标记第一季销售业绩的前 3 名，具体设置过程及效果如图 2.22 所示。

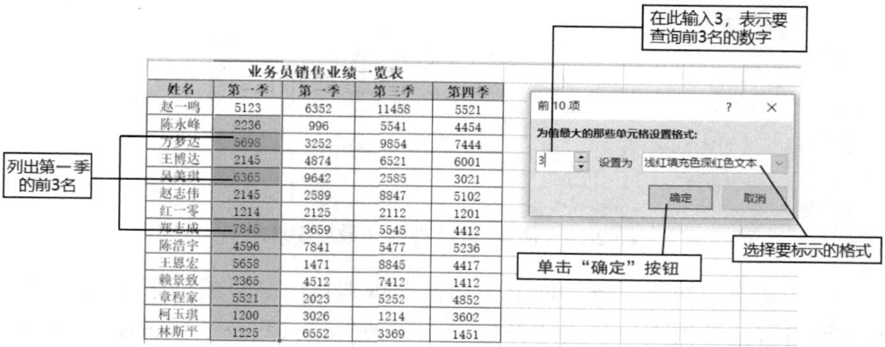


图 2.22　最前/最后规则（前 10 项）

步骤 2：用“最后 10 项”标示倒数销售业绩。

如果想查询业务销售业绩的最后 3 名，先选取数据范围，单击“开始”→“条件格式”→“最前/最后规则”→“最后 10 项”，即可查询倒数 3 名的销售业绩，具体设置过程及效果如图 2.23 所示。

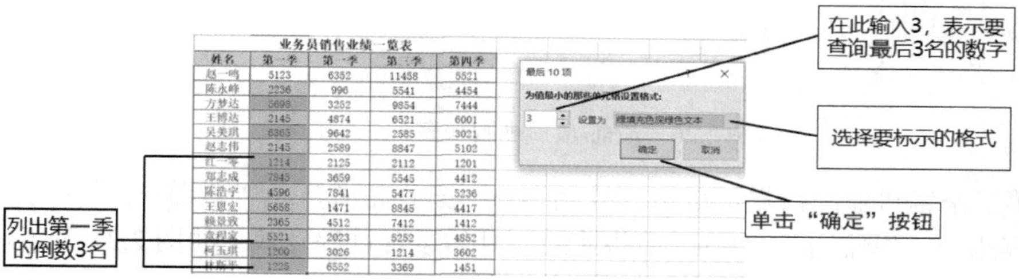


图 2.23　最前/最后规则（最后 10 项）

方法二：用“前 10%”及“最后 10%”规则标示前 30%或最后 30%的销售业绩

下面根据业绩高低的百分比率标示出销售业绩好与销售业绩差的项目。要列出销售业绩在前 30%的项目，先选取数据范围，然后单击“开始”→“条件格式”→“最前/最后规则”→“前 10%”，查出第二季位居前 30%的销售业绩，具体设置过程及效果如图 2.24 所示。

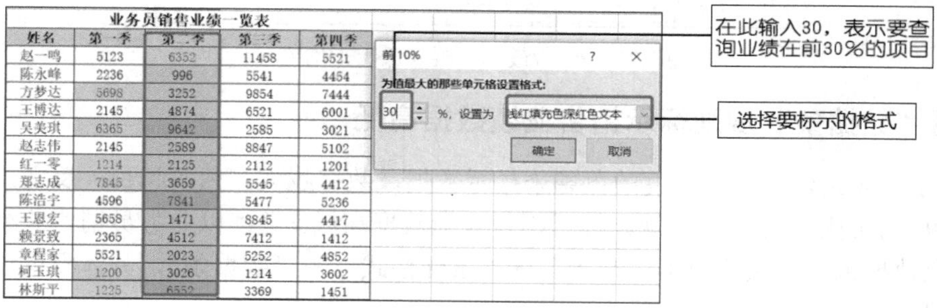


图 2.24　最前/最后规则（前 10%）

要列出销售业绩落在最后 30%的项目，先选取数据范围，然后单击“开始”→“条件格式”→“最前/最后规则”→“最后 10%”，查出第二季位居后 30%的销售业绩，具体设置过程及效果如图 2.25 所示。

业务员销售业绩一览表

| 姓名 | 第一季 | 第二季 | 第三季 | 第四季 |
|---|---|---|---|---|
| 赵一鸣 | 5123 | 6352 | 11458 | 5521 |
| 陈永峰 | 2236 | 996 | 5541 | 4454 |
| 方梦达 | 5698 | 3252 | 9854 | 7444 |
| 王博达 | 2145 | 4874 | 6521 | 6001 |
| 吴美琪 | 6365 | 9642 | 2585 | 3021 |
| 赵志伟 | 2145 | 2589 | 8847 | 5102 |
| 红一零 | 1214 | 2125 | 2112 | 1201 |
| 郑志成 | 7845 | 3659 | 5545 | 4412 |
| 陈浩宇 | 4596 | 7841 | 5477 | 5236 |
| 王恩宏 | 5658 | 1471 | 8845 | 4417 |
| 赖景致 | 2365 | 4512 | 7412 | 1412 |
| 章程家 | 5521 | 2023 | 5252 | 4852 |
| 柯玉琪 | 1200 | 3026 | 1214 | 3602 |
| 林斯平 | 1225 | 6552 | 3369 | 1451 |



图 2.25　最前/最后规则（最后 10%）

方法三：用“高于平均值”及“低于平均值”规则找出高于或低于平均值的销售业绩。

选取第三季销售业绩数据，单击“开始”→“条件格式”→“最前/最后规则”→“高于平均值”，查出第三季高于平均值的销售业绩，具体设置过程及效果如图 2.26 所示。

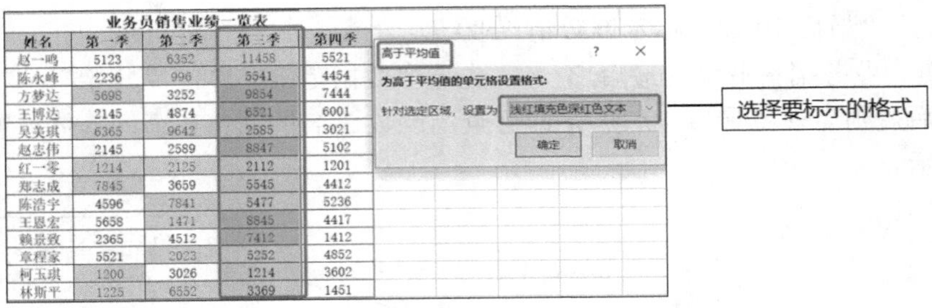

业务员销售业绩一览表

| 姓名 | 第一季 | 第二季 | 第三季 | 第四季 |
|---|---|---|---|---|
| 赵一鸣 | 5123 | 6352 | 11458 | 5521 |
| 陈永峰 | 2236 | 996 | 5541 | 4454 |
| 方梦达 | 5698 | 3252 | 9854 | 7444 |
| 王博达 | 2145 | 4874 | 6521 | 6001 |
| 吴美琪 | 6365 | 9642 | 2585 | 3021 |
| 赵志伟 | 2145 | 2589 | 8847 | 5102 |
| 红一零 | 1214 | 2125 | 2112 | 1201 |
| 郑志成 | 7845 | 3659 | 5545 | 4412 |
| 陈浩宇 | 4596 | 7841 | 5477 | 5236 |
| 王恩宏 | 5658 | 1471 | 8845 | 4417 |
| 赖景致 | 2365 | 4512 | 7412 | 1412 |
| 章程家 | 5521 | 2023 | 5252 | 4852 |
| 柯玉琪 | 1200 | 3026 | 1214 | 3602 |
| 林斯平 | 1225 | 6552 | 3369 | 1451 |



图 2.26　最前/最后规则（高于平均值）

选取第三季销售业绩数据，单击“开始”→“条件格式”→“最前/最后规则”→“低于平均值”，查出第三季低于平均值的销售业绩，具体设置过程及效果如图 2.27 所示。

业务员销售业绩一览表

| 姓名 | 第一季 | 第二季 | 第三季 | 第四季 |
|---|---|---|---|---|
| 赵一鸣 | 5123 | 6352 | 11458 | 5521 |
| 陈永峰 | 2236 | 996 | 5541 | 4454 |
| 方梦达 | 5698 | 3252 | 9854 | 7444 |
| 王博达 | 2145 | 4874 | 6521 | 6001 |
| 吴美琪 | 6365 | 9642 | 2585 | 3021 |
| 赵志伟 | 2145 | 2589 | 8847 | 5102 |
| 红一零 | 1214 | 2125 | 2112 | 1201 |
| 郑志成 | 7845 | 3659 | 5545 | 4412 |
| 陈浩宇 | 4596 | 7841 | 5477 | 5236 |
| 王恩宏 | 5658 | 1471 | 8845 | 4417 |
| 赖景致 | 2365 | 4512 | 7412 | 1412 |
| 章程家 | 5521 | 2023 | 5252 | 4852 |
| 柯玉琪 | 1200 | 3026 | 1214 | 3602 |
| 林斯平 | 1225 | 6552 | 3369 | 1451 |



图 2.27　最前/最后规则（低于平均值）

### 2.4.3　用“数据条”规则标示销售业绩数据高低

“数据条”规则使用不同长度的色条来标示数据，数字越大，色条越长；反之，数字越小则色条越短。下面用“数据条”规则标示销售业绩数据高低。继续以业务员销售业绩一览表为例，先选取数据范围，然后单击“开始”→“条件格式”→“数据条”，具体设置过程及效果如图 2.28 所示。

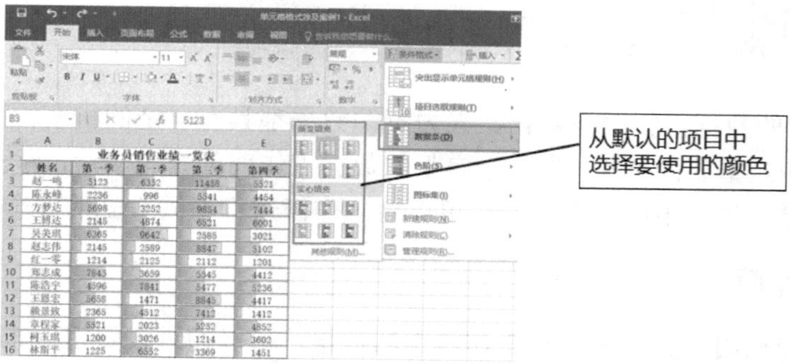


图 2.28 数据条规则

## 2.4.4 用“色阶”规则标示销售业绩数据高低

“色阶”规则使用不同深浅或不同色系的色彩来显示数据，如数字较大的用深色表示，数字较小的用浅色表示。下面以业务员销售业绩一览表为例，用“色阶”规则标示业绩数据高低，先选取数据范围，然后单击“开始”→“条件格式”→“色阶”，具体设置过程及效果如图 2.29 所示。

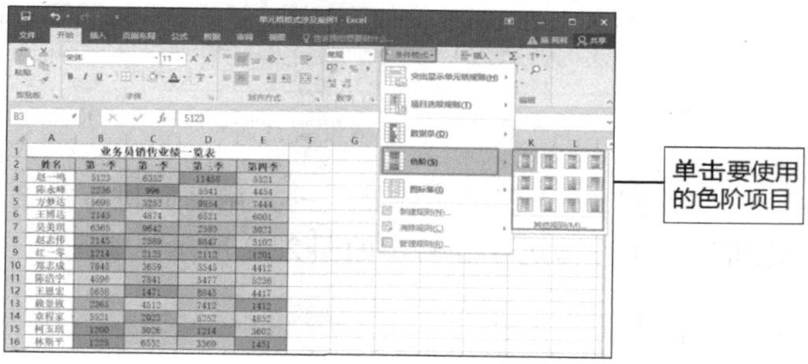


图 2.29 色阶规则

## 2.4.5 用“图标集”规则标示学生成绩

使用图标集可以对数据进行注释，并且可以按阈值将数据分为 3～5 个类别。每个图标集代表一个数据的范围。以经济 1 班期中考试成绩表为例，先选取数据范围，然后单击“开始”→“条件格式”→“图标集”，具体设置过程及效果如图 2.30 所示。

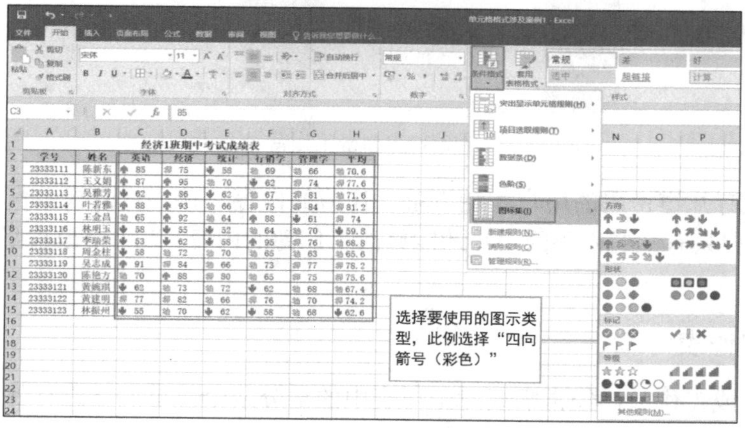


图 2.30 图标集规则

## 2.5 保护 Excel 文档

Excel 文档中的数据，如财务数据、人力资源数据都具有一定的机密性，因此使用 Excel 的保护策略具有相当重要的意义。当一个完整的数据工作簿创建完成后，为了保密以及防止他人恶意修改或删除工作簿中的重要数据，可以对工作簿进行不同方式的安全保护。

### 2.5.1 加密工作簿

如果只允许授权用户查看或修改工作簿中的数据，可以通过设置密码来保护整个工作簿。

1）单击“文件”→“另存为”，在“另存为”对话框中单击“工具”→“常规”，在“常规选项”对话框中可设置文件的打开权限密码和修改权限密码，以及设置为只读文件和生成备份文件，如图 2.31 所示。

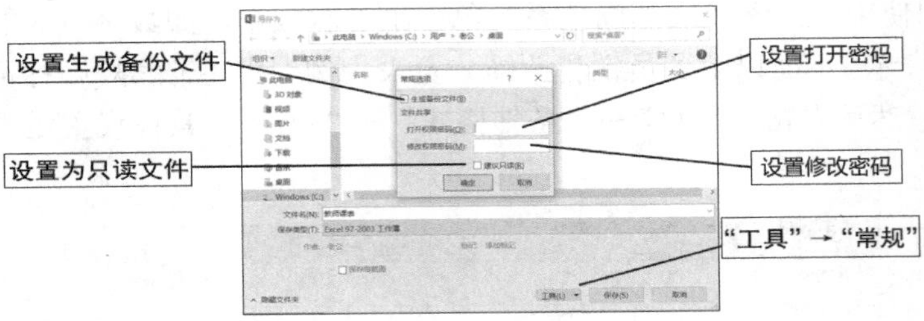


图 2.31 为工作簿设置密码

2）单击“文件”→“信息”→“保护工作簿”→“用密码进行加密”，在“加密文档”对话框中设置密码，也可以对工作簿进行加密，如图 2.32 所示。

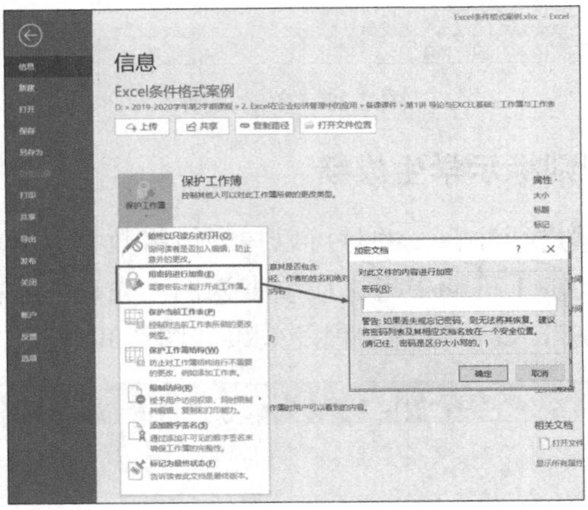


图 2.32 加密工作簿

如果希望只有知道密码的用户才能查看工作簿的内容，在“打开权限密码”文本框中输入密码；如果希望只有知道密码的用户才能修改工作簿的内容，在“修改权限密码”文本框中输入密码。

### 2.5.2 保护工作表

在日常生活或工作中，经常需要对工作表中的部分或全部单元格进行保护，下面讲解如何保护单元格中的内容。

首先，对需要保护的单元格设置锁定属性，以保护存入单元格的内容不被改写。

1）选中单元格，右击，选择“设置单元格格式”，在“设置单元格格式”对话框中选择“保护”选项卡并选中“锁定”单选按钮。

2）选中需要锁定的单元格，单击“审阅”→“更改”→“保护工作表”，在“保护工作表”对话框中设置取消工作表保护时使用的密码，即完成对单元格的锁定设置，如图 2.33 所示。

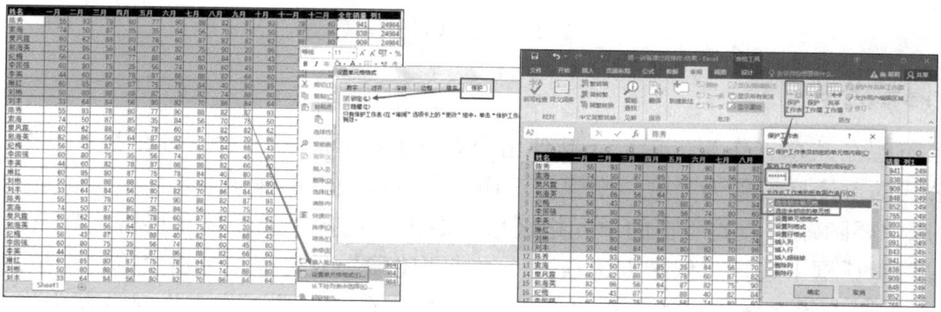

图 2.33 保护工作表设置

## 2.5.3 保护工作簿

单击“审阅”→“更改”→“保护工作簿”或者“文件”→“信息”→“保护工作簿”，在“保护结构和窗口”对话框中勾选“结构”复选框，如图 2.34 所示，可保护工作簿结构，以免工作簿被删除、移动、隐藏、取消隐藏和重命名，并且不可插入新的工作表。在“保护结构和窗口”对话框中勾选“窗口”复选框，则可以保护工作簿窗口不被移动、缩放、隐藏、取消隐藏或关闭。

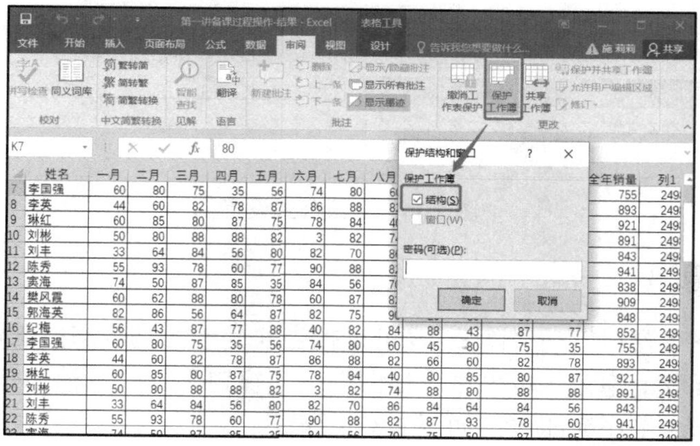


图 2.34 保护工作簿结构和窗口

## 2.5.4 保护共享工作簿

如果要对工作簿中的修订进行跟踪，可设置保护共享工作簿。单击“审阅”→“更改”→“保护并共享工作簿”，在“保护共享工作簿”对话框中对要共享的工作簿进行设置，如图 2.35 所示。

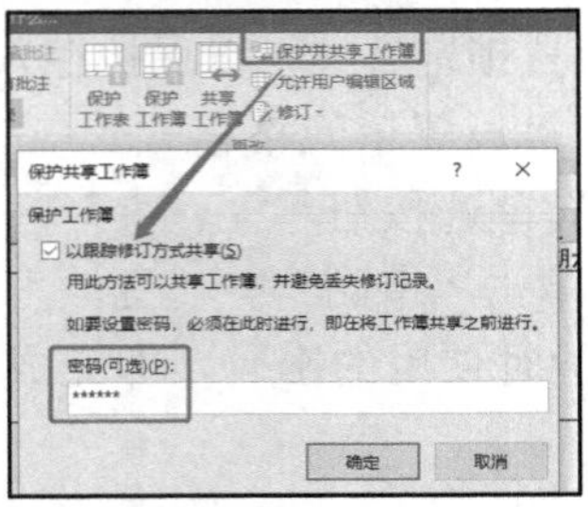


图 2.35　保护共享工作簿

## 2.5.5　隐藏公式

如果不想在共享工作簿之后，让其他用户看到并编辑已有公式，可在共享工作簿之前，将包含公式的单元格设置为隐藏，来保护工作表。具体操作步骤如下。

1）选中要隐藏的公式所在的单元格区域，右击，选择“设置单元格格式”，在“设置单元格格式”对话框中选择“保护”选项卡，勾选“隐藏”复选框，单击“确定”按钮。

2）单击“审阅”→“更改”→“保护工作表”，在“保护工作表”对话框中进行相关设置，如图 2.36 所示，即可隐藏公式。

单击“审阅”→“更改”→“撤销工作表保护”，即可取消对工作表的保护。

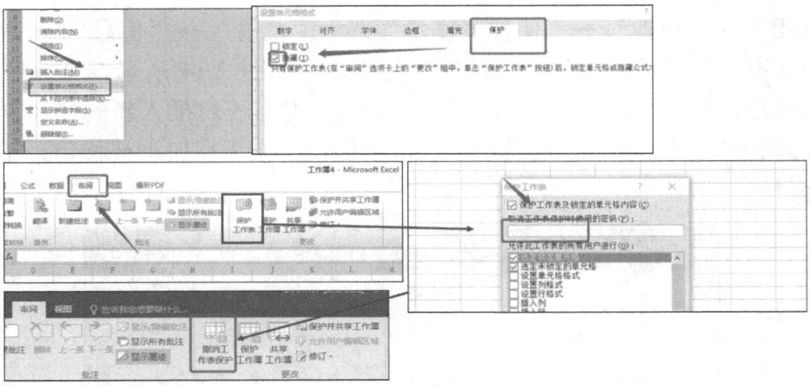

图 2.36　隐藏公式设置

## 2.5.6　隐藏工作簿

单击“视图”→“窗口”→“隐藏”，可以把当前处于活动状态的工作簿隐藏起来，从而保护工作簿。如果要取消隐藏，可单击“视图”→“窗口”→“取消隐藏”，然后在“取消隐藏”对话框中选择相应工作簿即可，如图 2.37 所示。

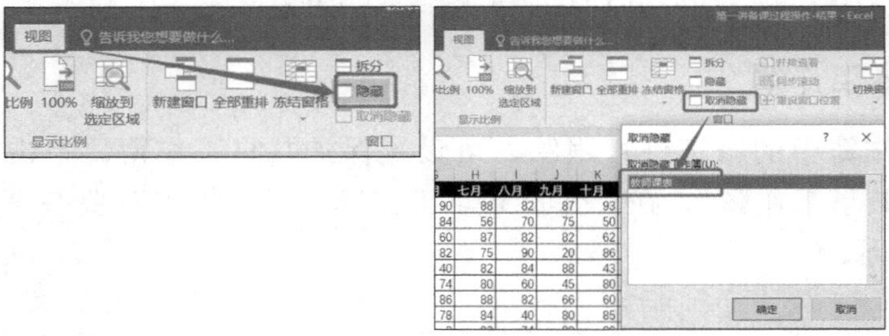

图 2.37　隐藏工作簿

## 2.6　拓展实训：标示物品领用记录

**【实训 2-1】**图 2.38 显示了某企业的办公用品领用记录，如何快速地将表格中所有的“铅笔”的领用记录和满足一定条件的记录行用一定的格式标示出来呢？

| | A | B | C | D | E | F | G | H |
|---|---|---|---|---|---|---|---|---|
| 1 | 日期 | 部门 | 领用物品 | 单位 | 领用数量 | 购入单价 | 金额 | 领用人 |
| 2 | 2019/11/2 | 财务科 | 笔记本 | 本 | 10 | ¥9.00 | ¥90.00 | 张晓 |
| 3 | 2019/11/4 | 行政部 | A4纸 | 包 | 4 | ¥25.00 | ¥100.00 | 李明 |
| 4 | 2019/11/6 | 行政部 | 铅笔 | 支 | 20 | ¥1.50 | ¥30.00 | 李明 |
| 5 | 2019/11/6 | 企划部 | 订书机 | 个 | 3 | ¥20.00 | ¥60.00 | 刘艳 |
| 6 | 2019/11/9 | 企划部 | 笔记本 | 本 | 10 | ¥9.00 | ¥90.00 | 刘艳 |
| 7 | 2019/11/9 | 行政部 | 铅笔 | 支 | 10 | ¥1.50 | ¥15.00 | 李明 |
| 8 | 2019/11/9 | 财务科 | 铅笔 | 支 | 20 | ¥1.50 | ¥30.00 | 张晓 |
| 9 | 2019/11/9 | 人资部 | A4纸 | 包 | 5 | ¥25.00 | ¥125.00 | 王涵 |
| 10 | 2019/11/11 | 行政部 | A4纸 | 包 | 3 | ¥25.00 | ¥75.00 | 李明 |
| 11 | 2019/11/11 | 财务科 | 中性笔 | 支 | 10 | ¥1.00 | ¥10.00 | 张晓 |
| 12 | 2019/11/13 | 企划部 | 订书机 | 个 | 2 | ¥20.00 | ¥40.00 | 刘艳 |
| 13 | 2019/11/13 | 行政部 | 铅笔 | 支 | 10 | ¥1.50 | ¥15.00 | 李明 |
| 14 | 2019/11/14 | 人资部 | A4纸 | 包 | 5 | ¥25.00 | ¥125.00 | 王涵 |
| 15 | 2019/11/15 | 销售部 | 铅笔 | 支 | 10 | ¥1.50 | ¥15.00 | 赵雯 |
| 16 | 2019/11/18 | 销售部 | A4纸 | 包 | 5 | ¥25.00 | ¥125.00 | 赵雯 |
| 17 | 2019/11/22 | 销售部 | 笔记本 | 本 | 20 | ¥9.00 | ¥180.00 | 赵雯 |
| 18 | 2019/11/24 | 财务科 | 笔记本 | 本 | 12 | ¥9.00 | ¥108.00 | 张晓 |
| 19 | 2019/11/24 | 企划部 | 铅笔 | 支 | 10 | ¥1.50 | ¥15.00 | 刘艳 |
| 20 | | | | | | | | |

图 2.38　办公用品领用记录

## 2.7　练习题

**一、不定项选择题**

1. 在 Excel 工作表中，单元格区域 D3:F5 所包含的单元格数是（　　）。

　A．6　B．7　C．8　D．9

2. 本章重点介绍了 Excel 工作界面的（　　）。

　A．名称框　B．快速访问工具栏　C．标题栏　D．功能区

3. 快速访问工具栏默认有（　　）功能。

　A．保存　B．撤销　C．恢复　D．新建

4. 名称框有（　　）功能。

　A．快速定位　B．简化公式　C．缩写　D．修改单元格

5. 打开 Excel 工作簿的方式有（　　）。

　A．普通方式　B．只读方式　C．副本方式　D．修复方式

6. 冻结窗口的方式有（　　）。

　A．冻结拆分窗格　B．冻结首行　C．冻结首列　D．冻结表

**二、填空题**

1. 电子表格由行、列组成的________构成，行与列交叉形成的格子称为________，________是 Excel 中最基本的存储单位，可以存放数值、变量、字符、公式等数据。

2. 工作簿窗口主要由________、________、________、________、________、________等组成。

3. 系统默认一个工作簿包含________张工作表，一个工作簿内最多可以有________张工作表。

# 第 3 章

# 数据采集

想要利用 Excel 进行数据处理，首先需要有数据，这是后续开展数据分类、数据统计等操作的基础。随着企业的业务发展，会形成大量的异构数据，Excel 提供的外部数据导入功能可很好地解决来自文本、网站和数据库的数据的导入问题。除了现成数据的导入，往往还存在大量手工、自动或半自动录入数据的场合，为了保证采集数据的准确性、便捷性、完整性，Excel 提供了数据序列填充、批量填充、枚举选择等功能，极大地提高了数据采集的效率与质量。

本章将介绍 Excel 在数据采集环节的应用，要求学生掌握以下知识点：

1）外部数据导入；

2）数据快速填充；

3）数据校验。

## 3.1 外部数据导入

本节主要针对现有异构数据的多种导入方式进行介绍。

### 3.1.1 获取外部数据

用 Excel 2019 获取数据的方法：单击“数据”→“获取和转换数据”，然后在“获取和转换数据”组中选择导入方式（有“从文本/CSV”“自网站”“自表格/区域”等导入方式可供选择），如图 3.1 所示。

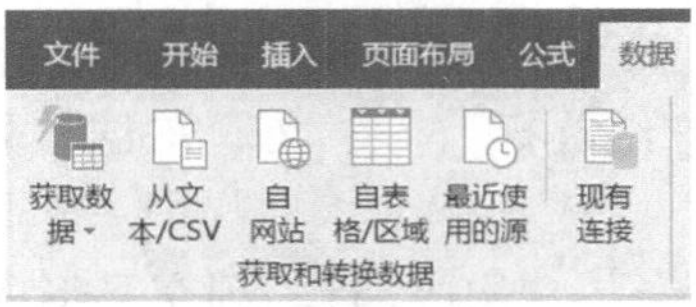


图 3.1 “获取和转换数据”组

在“获取数据”下拉菜单中有更加多样化的数据获取方式供选择，如图 3.2（a）所示。

Excel 2019 虽然提供了更加丰富的数据获取方式，但任何功能升级都有可能造成用户学习成本增加与使用不顺畅，用户也可以使用旧版数据获取方式完成数据导入。

操作步骤如下：单击“文件”→“选项”→“数据”，在“显示旧数据导入向导”区域勾选需要使用的旧版功能，如图 3.3 所示。如果使用旧版数据获取方式，在“获取数据”下拉菜单中将出现“传统向导”选项，如图 3.2（b）所示。

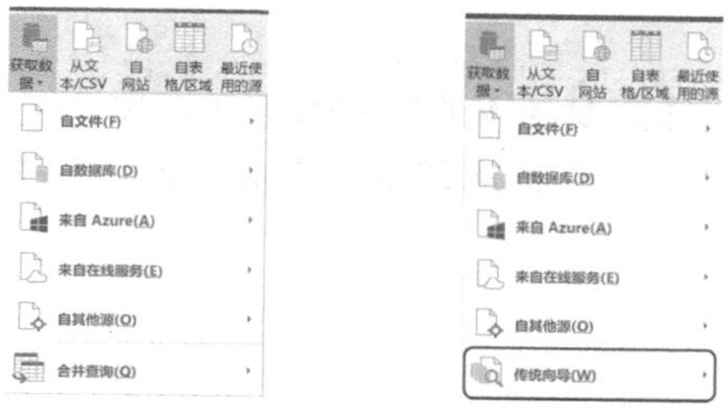


（a）Excel 2019　　（b）旧版

图 3.2　“获取数据”下拉菜单

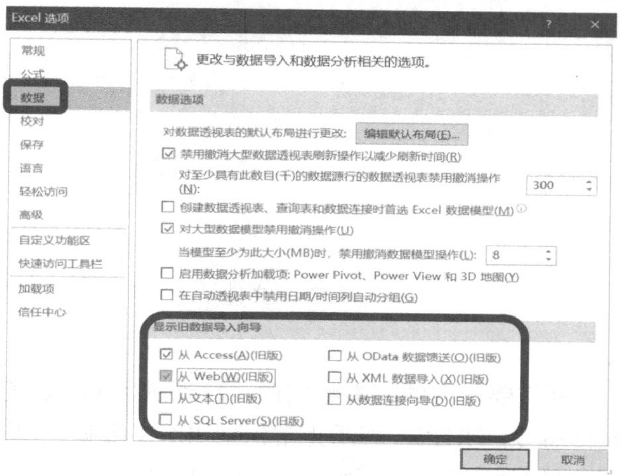


图 3.3　设置旧数据导入向导

## 3.1.2　从文本/CSV 文件导入

“从文本/CSV”方式支持从工作簿、CSV 文件、XML、JSON 与文件夹导入等多种方式。

（1）从工作簿导入

如图 3.4 所示，首先选择需要导入的文本数据源，选择数据源“Sheet1”，预览结果如中间数据表所示；单击“加载”按钮，在“导入数据”对话框中设置数据的放置位置，单击“确定”按钮，结果如右侧数据表所示，导入完成。

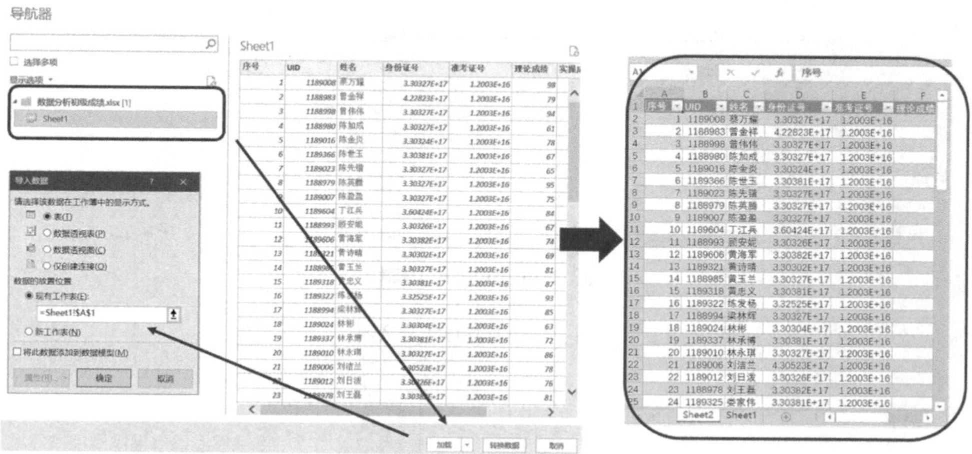


图 3.4　从工作簿导入

（2）从 CSV 文件导入

以导入学生数据为例，选择需要导入的文本数据源，预览结果如图 3.5 所示；设置文件原始格式、CSV 文件分隔符与数据类型检测范围，完成设置后单击“加载”按钮，导入完成。

图 3.5 从 CSV 文件导入

（3）从 JSON 导入

以电影数据为例，选择需要导入的文本数据源，自动进入 Power Query 编辑器，如图 3.6（a）所示；表中显示 success 为 TRUE，表示正常识别 JSON 数据；单击“data：Record”，查看 JSON 对象结构，找到电影列表“list：List”并单击，展开电影数据集；如图 3.6（b）所示，单击左上角“到表转换”按钮，在弹出的对话框中单击“确定”按钮，再单击“转换”→“展开”，即可展开所有电影数据；如图 3.6（c）所示，然后保留想要的数据列、重命名数据列名、设置各列类型与调整列顺序，单击“主页”→“关闭并上载”，导入完成。

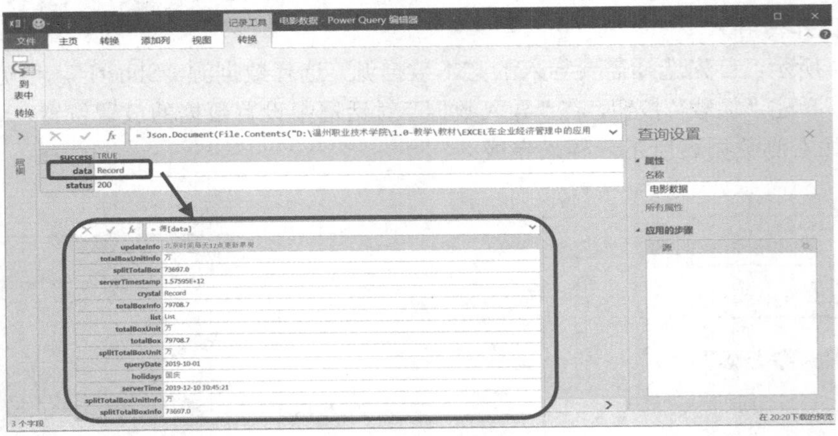


（a）Power Query 编辑器

图 3.6 从 JSON 导入

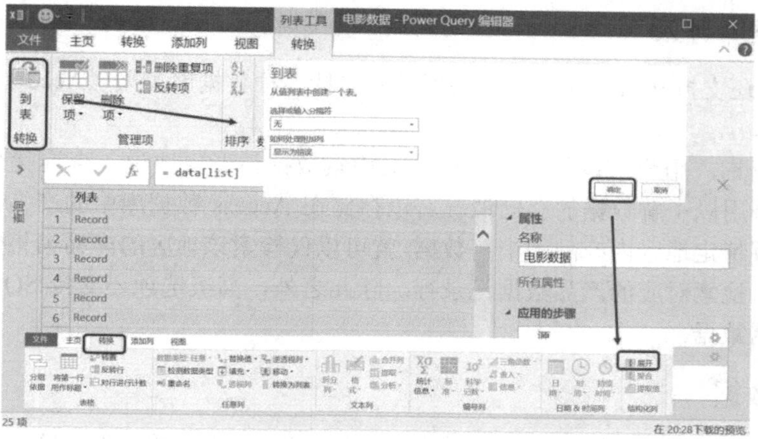


（b）电影数据转换

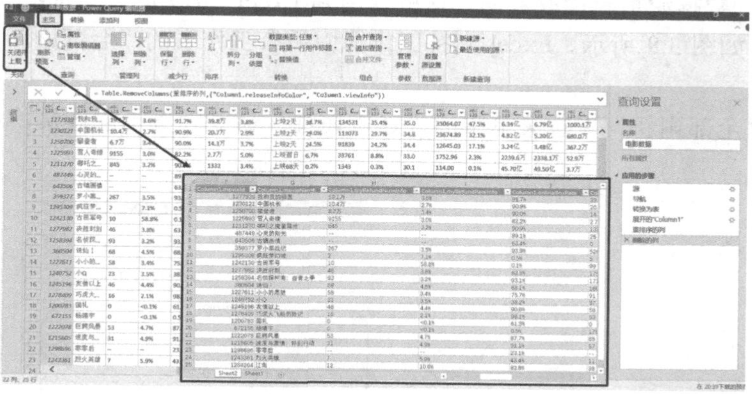


（c）电影数据整理与保存

图 3.6　从 JSON 导入（续）

## 3.1.3　自网站导入

“自网站”方式可以直接从网页中获取数据（如最新的股票涨幅信息），将其导入到 Excel 工作表中进行查看、分析与处理，并自动更新数据以与网站上的最新数据保持一致。可以通过单击“数据”→“获取和转换数据”→“自网站”来实现自网站导入数据。自网站导入数据时，可以选择基本模式或高级模式，这里选择基本模式并填入 URL，单击“确定”按钮；单击“Table 0”即可查看网站中的数据表，如图 3.7 所示；单击“加载”按钮，导入完成。

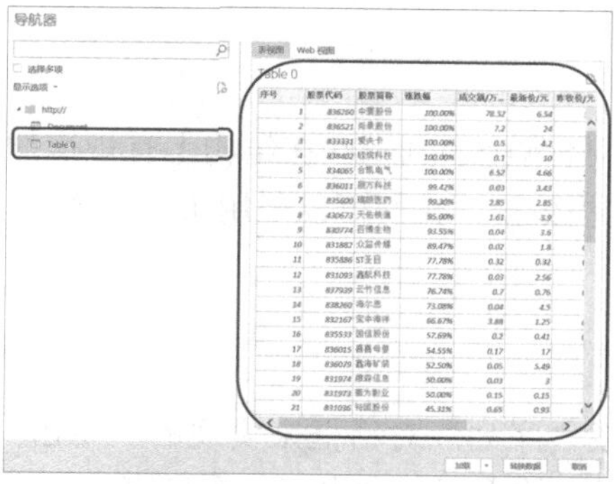


图 3.7　导入的网站数据

### 3.1.4 自数据库导入

Excel 2019 还支持从数据库中导入数据，并支持多种数据库类型（Access、SQL Server 和 Oracle 等数据库）。

通过创建查询，用户可以从外部数据库上检索数据。形象地说，查询就是向外部数据库提出一个问题，用以了解数据的存储情况。以存储在 Access 数据库中的产品销售数据为例，如果我们想了解特定地区内产品的销售数据，就可以仅检索该地区的产品销售数据。方法如下：选择相关地区，检索对应的产品数据记录行。除此之外，高级选项还支持 SQL 查询，能更加精准地获取所需数据。

### 3.1.5 刷新数据

Excel 工作表可以关联其他 Excel 文件中的数据。当工作表中的外部关联数据发生变更时，Excel 需要从不同数据源重新读取数据，这就要用到 Excel 2019 的“全部刷新”功能，“全部刷新”下拉菜单如图 3.8 所示。Excel 支持工作簿中所有工作表的“全部刷新”和当前工作表的“刷新”。

可以通过“全部刷新”下拉菜单中的“连接属性”命令设置当前连接的自动刷新参数，如图 3.9 所示。

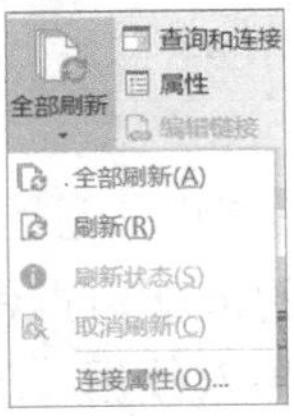


图 3.8 “全部刷新”下拉菜单

图 3.9 设置自动刷新参数

## 3.2 数据填充

在工作表中填写数据时，经常会遇到一些在结构上有规律的数据，如序号 1、2、3，星期一、星期二、星期三等。对这些数据，我们可以采用填充技术，让其自动按照规律出现在一系列的单元格中。

### 3.2.1 序列填充

填充功能是通过填充柄或“序列”对话框来实现的。单击一个单元格或拖动鼠标选定一个连续的单元格区域时，单元格的右下角会出现一个黑点，这个黑点就是填充柄。

首先，我们使用填充柄填充。单击一个单元格时，单元格的右下角会出现填充柄，拖动填充柄至指定位置完成填充。填充内容可能相同，也可能递增。使用填充柄填充时，具备如下规律，如表 3.1 所示。

表 3.1 用填充柄填充数据的规律

| 输入数据类型 | 直接拖动填充柄 | 按 Ctrl 键的同时拖动填充柄 |
|---|---|---|
| 文本 | 相同内容填充 | 相同内容填充 |
| 数字 | 相同内容填充 | 序列填充，步长为 1 |
| 日期 | 以日序列填充，步长为 1 | 相同内容填充 |
| 时间 | 以时序列填充，步长为 1 | 相同内容填充 |

使用“填充柄”填充还有以下使用方式：选中相邻两个单元格（两个单元格的内容分别为数字“1”“2”），拖动填充柄，将按照序列填充，步长为 1；假如单元格内容为“星期一”，拖动填充柄，将按照序列循环重复填充“星期一”到“星期日”；还可以通过双击“填充柄”快速填充，此方法适用于列填充。

如果使用“填充柄”填充的内容与预期不一致，还可以打开填充柄菜单进行调整，不同数据类型的菜单有所不同，如图 3.10 所示。

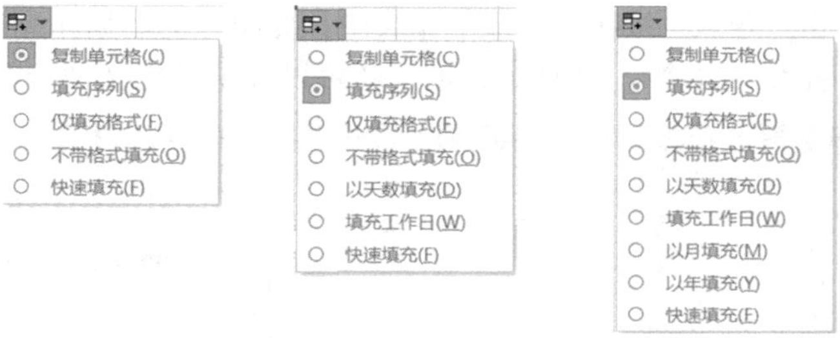


图 3.10 填充柄菜单

接着，我们使用“序列”对话框进行填充。操作方法如下：单击“开始”→“编辑”→“填充”→“序列”，打开“序列”对话框，如图 3.11 所示。

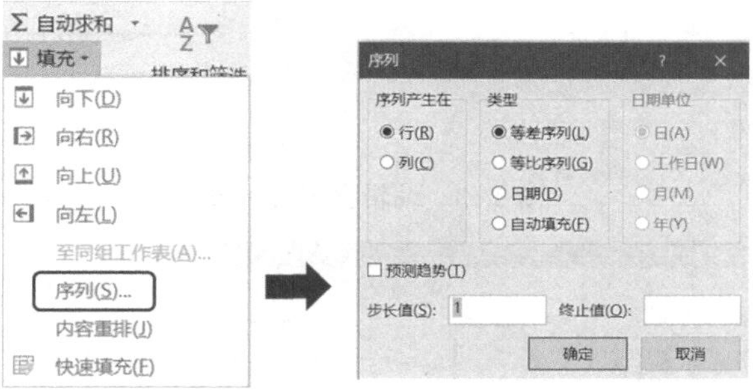


图 3.11 打开“序列”对话框

## 1. 等差等比序列填充

在单元格中输入第一个数据，按上述方法打开“序列”对话框，如图 3.11 所示。可以设置序列产生在“行”或者“列”，填充类型为“等差序列”或“等比序列”，再根据实际情况设置步长值（递增：正数；递减：负数），最后单击“确定”按钮，完成填充。

### 2．日期序列填充

在单元格中输入第一个日期，按上述方法打开“序列”对话框，如图 3.12 所示。先设置序列产生在“行”或者“列”，然后选择填充类型为“日期”，继续设置日期单位，再根据实际情况设置步长值（递增：正数；递减：负数），最后单击“确定”按钮，完成填充。

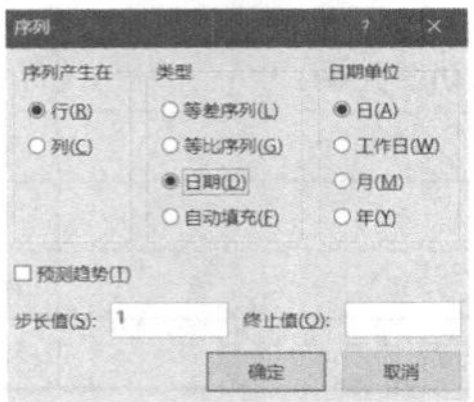


图 3.12　设置日期序列填充

### 3．自定义序列填充

若该序列在系统中不存在，则可以通过自定义序列产生。

操作方法如下：单击“文件”→“选项”→“高级”→“常规”→“编辑自定义列表”，如图 3.13 所示。前面介绍的“星期一”至“星期日”的循环重复填充就是由预先定义的填充列表实现的。单击“添加”按钮，输入自定义序列，单击“确定”按钮，完成设置，如图 3.14 所示。也可以通过单击“导入”按钮，选择工作表中预先填写的数据序列区域来完成设置。此时，在 A1 单元格中填入“贾玲”，拖动填充柄，就可以实现自定义列表循环重复填充了。

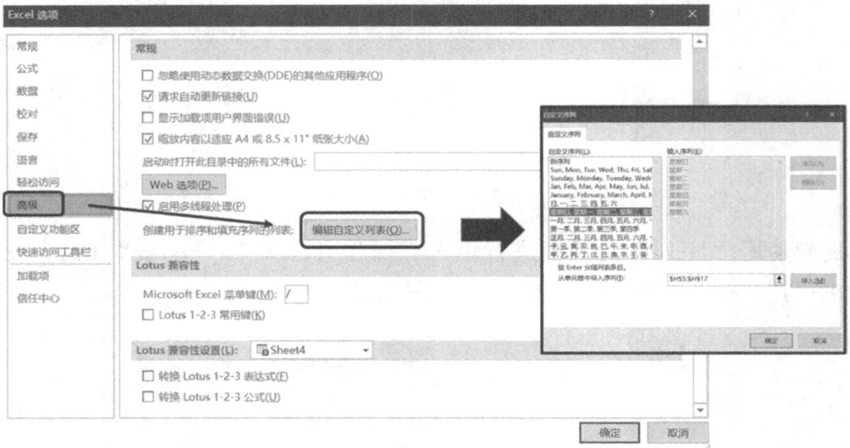


图 3.13　编辑自定义列表

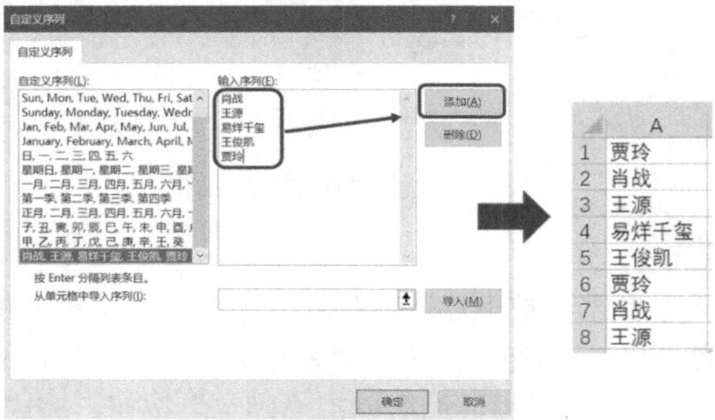


图 3.14　添加自定义序列

### 3.2.2 在不同单元格中输入相同的数据

在应用过程中，可能需要在同一工作表的不同单元格中输入相同的数据，这时同时选中多个单元格，然后输入需要的数据，按 Ctrl+Enter 组合键即可完成输入。连续单元格可以直接拖动鼠标选中，分散的单元格可配合 Ctrl 键完成选择。当然，还可以先选择包含目的单元格的区域，再通过 Ctrl+G 组合键调出“定位”对话框，添加定位条件，然后选中“空值”单选按钮，随后单击“确定”按钮，即可选中区域内所有单元格，如图 3.15 所示。

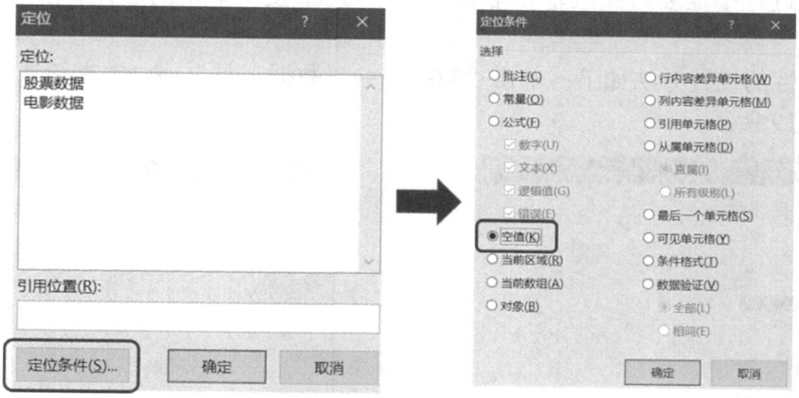


图 3.15　定位条件设置

### 3.2.3 填充至同组工作表

同样地，如果想要在不同工作表的相同单元格中输入相同的数据，可先同时选中这些工作表，单击“开始”→“编辑”→“填充”→“至同组工作表”，然后在某一工作表中输入数据，即可实现在不同工作表中填充相同的数据内容。

### 3.2.4 记忆式输入

为了提高录入数据的效率，可单击“文件”→“选项”→“高级”→“编辑选项”→“为单元格启动记忆式输入”，开启“自动快速填充”功能，默认情况已经开启。在同一列中，只要录入过的数据，系统都会进行记录，输入前面单元格中的前缀文字，即可出现相应提示，如果确定为该内容，按 Enter 键即可完成填充。也可使用 ALT+↓组合键，在下拉列表中选择填充内容。

### 3.2.5 分数的输入

日常数据录入中，有些数据是分数的格式，如需要在单元格中输入“1/2”，则可以通过以下方式输入。

（1）常规单元格方式

直接在单元中录入“'1/2”，即可达到输入分数的效果，注意输入的“'”为英文符号。

（2）分数单元格方式

选中需要输入分数的行、列或单元格区域，单击“开始”→“数字”，设置单元格格式为“分数”。此时，在单元格中直接输入“1/2”，即可达到输入分数的效果。这种方法既简单快捷，又可以进行数学计算，故推荐使用这种方法。

## 3.3 数据校验

使用 Excel 收集到的数据总是存在这样或那样的问题。在后续批量导入数据、处理与分析数据的过程中，数据同样存在一些问题。因此，需要对采集的数据进行校验。

### 3.3.1 数据有效性

数据采集过程中需要对某些单元格设置下拉列表，便于数据的选择和限制其他无效数据的输入。

数据有效性的设置方法如下：单击“数据”→“数据工具”→“数据验证”，具体设置如图 3.16～图 3.19 所示。

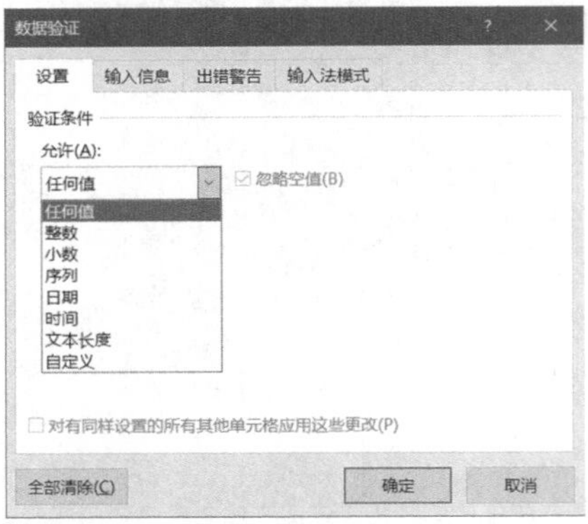


图 3.16 “数据验证”对话框（设置）

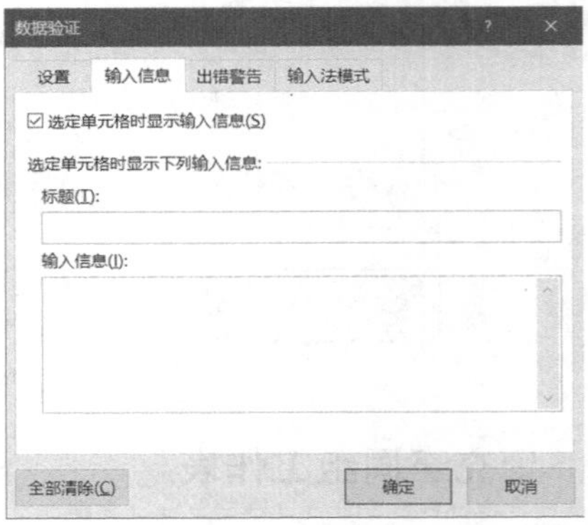


图 3.17 “数据验证”对话框（输入信息）

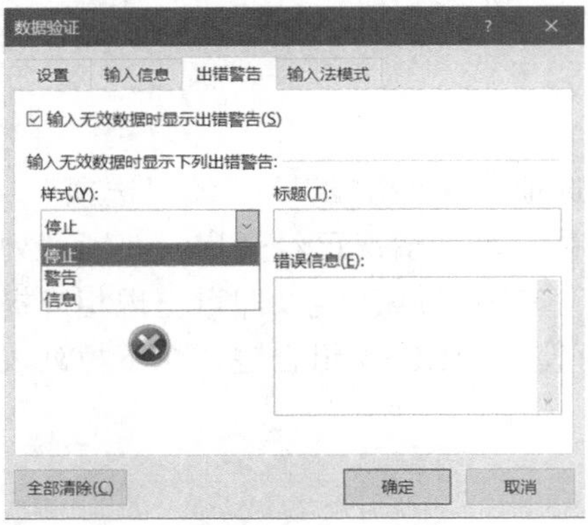


图 3.18 “数据验证”对话框（出错警告）

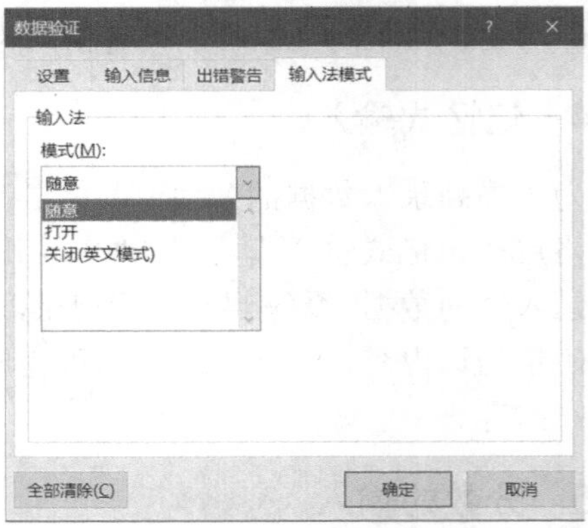


图 3.19 “数据验证”对话框（输入法模式）

### 3.3.2 下拉列表的实现

有时候我们在各列各行中都输入固定的几个值。比如，输入学生的等级时，只输入四个值：优秀、良好、合格、不合格；输入性别的时，只有两个值：男、女。此时，可以为单元格设置下拉列表，将要输入的值放在下拉列表中，让用户在下拉列表中选择即可。

操作方法：先选中需要设置下拉列表的行、列或区域，然后进入如图 3.16 所示界面，在“允许”下拉列表中选择“序列”，在“来源”框中填入“男,女”，单击“确定”按钮，如图 3.20 所示。注意，“男,女”中的“,”为英文字符。

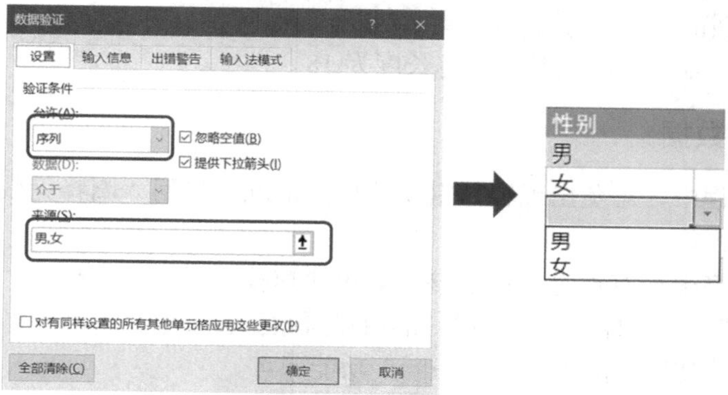


图 3.20　自定义序列

有时需要设置较多序列值，直接输入不太方便，可以单击“来源”框中的图标，选择表内预先定义的序列值，也可直接输入“=$Z$1:$Z$8”指定序列值所在区域。

除序列外，还可以设置整数、时间、长度的范围等，数据不符合要求将无法输入。

### 3.3.3　数据唯一性校验

为保证数据的正确性，对于唯一性的数据，利用数据有效性同样可以进行控制。例如，员工的身份证号码、手机号等数据都是唯一的，为了防止重复输入，我们用“数据有效性”提示给用户。

操作方法：先选中需要设置下拉列表的行、列或区域，然后进入如图 3.16 所示界面，在“允许”下拉列表中选择“自定义”，在公式中填入“=COUNTIF(D:D,D1)=1”；切换至“出错警告”选项卡，填写标题“身份证号重复”，填写错误信息“请重新输入！！！”，单击“确定”按钮，完成设置，如图 3.21 所示。

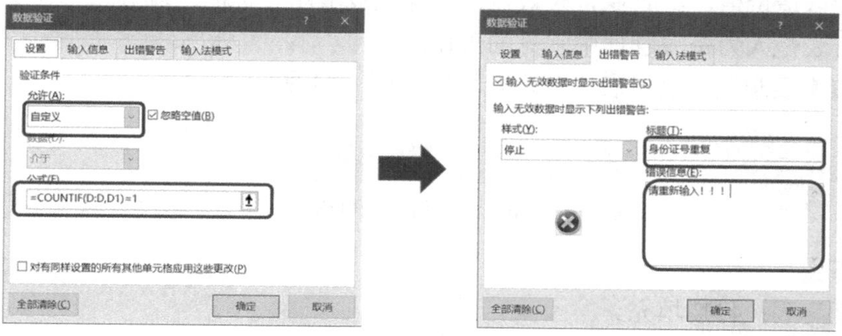


图 3.21　数据唯一性校验

其中，公式“=COUNTIF(D:D,D1)=1”中的 D:D 表示所选定的列，D1 为数据起始单元格，COUNTIF 为条件计数函数。此时，在 D 列中输入相同身份证号就会出现如图 3.22 所示的提示。

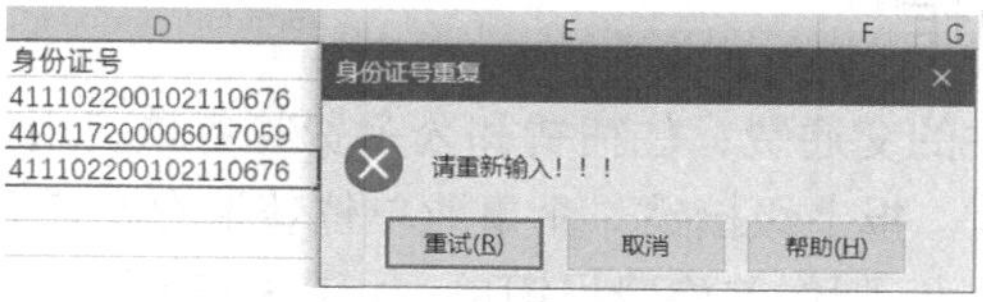


图 3.22　身份证号重复提示

注：当公式校验中有多个条件时，可用 AND/ OR，例如：

```
= AND(COUNTIF(D:D,D1)=1,LEN(B2)=18)=TRUE
```

表示该单元格在保证唯一性的同时，字符长度为 18。

### 3.3.4 圈释无效数据

在数据采集过程中，难免出现输入错误数据的情况，使用“圈释无效数据”功能可以将错误数据圈释出来。

例如，学生身高数据有误时，通过该功能可快速找到错误源。单击“数据”→“数据工具”→“数据验证”→“圈释无效数据”，然后设置数据验证条件，结果如图 3.23 所示。若需要清除该圈释符号，使用“清除验证标识圈”功能即可。

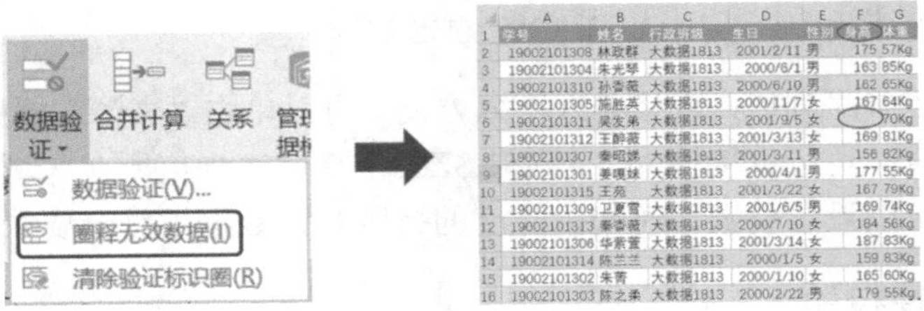


| | A | B | C | D | E | F | G |
|---|---|---|---|---|---|---|---|
| 1 | 学号 | 姓名 | 行政班级 | 生日 | 性别 | 身高 | 体重 |
| 2 | 19002101308 | 林政群 | 大数据1813 | 2001/2/11 | 男 | 175 | 57Kg |
| 3 | 19002101304 | 朱光琴 | 大数据1813 | 2000/6/1 | 男 | 163 | 85Kg |
| 4 | 19002101310 | 孙春薇 | 大数据1813 | 2000/6/10 | 男 | 162 | 65Kg |
| 5 | 19002101305 | 施胜英 | 大数据1813 | 2000/11/7 | 女 | 167 | 64Kg |
| 6 | 19002101311 | 吴发弟 | 大数据1813 | 2001/9/5 | 女 | | 70Kg |
| 7 | 19002101312 | 王静薇 | 大数据1813 | 2001/3/13 | 女 | 169 | 81Kg |
| 8 | 19002101307 | 秦昭娣 | 大数据1813 | 2001/3/11 | 男 | 156 | 82Kg |
| 9 | 19002101301 | 姜暖妹 | 大数据1813 | 2000/4/1 | 男 | 177 | 55Kg |
| 10 | 19002101315 | 王苑 | 大数据1813 | 2001/3/22 | 女 | 167 | 79Kg |
| 11 | 19002101309 | 卫夏雪 | 大数据1813 | 2001/6/5 | 男 | 169 | 74Kg |
| 12 | 19002101313 | 秦春薇 | 大数据1813 | 2000/7/10 | 女 | 184 | 56Kg |
| 13 | 19002101306 | 华紫萱 | 大数据1813 | 2001/3/14 | 女 | 187 | 83Kg |
| 14 | 19002101314 | 陈兰兰 | 大数据1813 | 2000/1/5 | 女 | 159 | 83Kg |
| 15 | 19002101302 | 朱菁 | 大数据1813 | 2000/1/10 | 女 | 165 | 60Kg |
| 16 | 19002101303 | 陈之柔 | 大数据1813 | 2000/2/22 | 男 | 179 | 55Kg |

图 3.23 圈释无效数据

## 3.4 拓展实训：数据采集相关应用

### 3.4.1 值班表的制作

人力资源管理是指根据企业发展战略，有计划地对人力资源进行合理配置，通过对企业中员工的招聘、培训、使用、考核、激励等一系列过程，调动员工的工作积极性，发挥员工的潜能，为企业创造价值，给企业带来效益，确保企业战略目标的实现。

制作值班表是人力资源管理中常见的工作。

**【实训 3-1】**要求制作值班表，值班表样例如图 3.24 所示。

| | A | B | C |
|---|---|---|---|
| 1 | 日期 | 值班人员 | 值班人员手机 |
| 2 | | | |

图 3.24 值班表样例

要求如下。

1）“日期”列：日期填充。

2）值班人员数据校验：人员来自职工表，使用下拉列表实现。

3）值班人员手机：根据人员选择，自动读入移动电话号码（公式）。

4）数据校验：设置手机号为 11 位数字，并圈释无效数据。

### 3.4.2 差旅报销单的制作

员工因公务出差而产生的交通费、住宿费和公杂费等各项费用，需要通过报销的形式把领用款项或收支账目开列清单，报上级核销。企事业单位普遍存在需要填写报销单销账的场合。

**【实训 3-2】**为某学院设计、制作差旅费报销单，如图 3.25 所示。完成的效果如图 3.26 所示。

**某学院差旅费报销单**

部门：　　　　　　　　年　　月　　日

| 姓名 | | | | | 职别 | | 出差事由 | | | | | |
|---|---|---|---|---|---|---|---|---|---|---|---|---|
| 出差起止时间 | | | | 自　年　月　日至　年　月　日止共　天 | | | | | | 附单据 | | 张 |
| 起讫 | | | | 起讫地点 | 车船费 | | 住宿费 | 伙食补助 | 公杂费补助 | 其他费用 | | 附注 |
| 月 | 日 | 月 | 日 | | 名称 | 金额 | | | | 用途 | 金额 | |
| | | | | | | | | | | | | |
| | | | | | | | | | | | | |
| | | | | | | | | | | | | |
| | | | | | | | | | | | | |
| | | | | | | | | | | | | |
| | | | | | | | | | | | | |
| | | | | | | | | | | | | |
| | | | | | | | | | | | | |
| | | | | | | | | | | | | |
| | | | | | | | | | | | | |
| 合　计 | | | | | | - | - | - | - | | - | |
| 合计金额（大写） | | | | | | | | | | | ¥ | - |

院长：　　　　分管院领导：　　　　部门负责人：　　　　出差人：

图 3.25　某学院差旅费报销单样例

**某学院差旅费报销单**

部门：　　　　　　　　年　　月　　日

| 姓名 | | | | | 职别 | 讲师 | 出差事由 | | | | | |
|---|---|---|---|---|---|---|---|---|---|---|---|---|
| 出差起止时间 | | | | 自　年　月　日至　年　月　日止共　天 | | 助教<br>讲师<br>副教授<br>教授 | | | | 附单据 | | 张 |
| 起讫 | | | | 起讫地点 | 车船费 | | 住宿费 | 伙食补助 | 公杂费补助 | 其他费用 | | 附注 |
| 月 | 日 | 月 | 日 | | 名称 | 金额 | | | | 用途 | 金额 | |
| | | | | | | | | | | | 1.00 | |
| | | | | | | | | | | | 1.00 | |
| | | | | | | | | | | | 1.00 | |
| | | | | | | | | | | | 1.00 | |
| | | | | | | | | | | | 1.00 | |
| | | | | | | | | | | | | |
| | | | | | | | | | | | | |
| | | | | | | | | | | | | |
| | | | | | | | | | | | | |
| | | | | | | | | | | | | |
| 合　计 | | | | | | - | - | - | - | | 5.00 | |
| 合计金额（大写） | | | | | 伍元整 | | | | | | ¥ | 5.00 |

院长：　　　　分管院领导：　　　　部门负责人：　　　　出差人：

图 3.26　某学院差旅费报销单效果图

要求如下。

1）职别："助教""讲师""副教授""教授"使用下拉列表实现。

2）所有金额：保留 2 位小数的数字格式。

3）调整合计金额格式为"会计专用"。

4）保护单元格，不允许调整格式。

5）不显示网格线。

6）在其他费用中批量输入 5 笔记录，金额均为 1 元。

### 3.4.3　汽车销售数据表的制作

汽车行业是国民经济重要的支柱产业，产业链长、关联度高、就业面广、消费拉动力大，在社会发展中发挥着极为重要的作用。为了了解汽车销售情况，汽车经销商需要采集每个月的汽车销售数据进行分析。

**【实训 3-3】**在录入汽车销量数据时，完成基本的数据检验，效果如图 3.27 所示。

2020年3月丰田汽车销售数据表

| 编号 | 品牌 | 车型 | 级别 | 3月份销量 | 上月销量 | 环比增长率 |
|---|---|---|---|---|---|---|
| 1 | 丰田 | 卡罗拉 | 紧凑型车 | 16529 | 2414 | 584.71% |
| 2 | 丰田 | 凯美瑞 | | 14822 | 2266 | 554.10% |
| 3 | 丰田 | 雷凌 | | 13719 | 497 | 2660.36% |
| 4 | 丰田 | RAV4荣放 | | 11446 | 2087 | 448.44% |
| 5 | 丰田 | 汉兰达 | | 7184 | 1158 | 520.38% |
| 6 | 丰田 | YARiS L 致炫 | | 7002 | 1132 | 518.55% |
| 7 | 丰田 | 普拉多 | SUV | 3663 | 440 | 732.50% |
| 8 | 丰田 | 丰田C-HR | SUV | 3570 | 0 | |
| 9 | 丰田 | 威驰 | 小型车 | 3240 | 563 | 475.49% |
| 10 | 丰田 | YARiS L 致享 | 小型车 | 2675 | 447 | 498.43% |
| 11 | 丰田 | 威驰FS | 小型车 | 1442 | 184 | 683.70% |
| 12 | 丰田 | 亚洲龙 | 中型车 | 1194 | 647 | 84.54% |
| 13 | 丰田 | 奕泽IZOA | SUV | 701 | 73 | 860.27% |
| 14 | 丰田 | 卡罗拉双擎E+ | 紧凑型车 | 382 | 59 | 547.46% |
| 15 | 丰田 | 雷凌双擎E+ | 紧凑型车 | 287 | 0 | |
| 16 | 丰田 | 皇冠 | 中大型车 | 285 | 68 | 319.12% |
| 17 | 丰田 | 广汽丰田iA5 | 紧凑型车 | 221 | 0 | |

（下拉列表：紧凑型车、小型车、中型车、中大型车、SUV）

图 3.27　2020 年 3 月丰田汽车销售数据表效果图

要求如下。

1）编号、品牌：序列填充。

2）汽车级别：“紧凑型车”“小型车”“中型车”“中大型车”“SUV”使用下拉列表实现。

3）3 月份销量：数字格式的整数。

4）上月销量：自动读入上月销量（公式）。

5）环比增长率：百分比格式，环比增长率=（本期数-上期数）/上期数×100%。

## 3.4.4　汽车购置税的计算

汽车购置税是对在我国境内购置规定车辆的单位和个人征收的一种税，它由车辆购置附加费演变而来。《中华人民共和国车辆购置税法》规定，购置税额为汽车售价（不含税价）的 10%，公式为

汽车购置税额=计税价格×10%

汽车经销商对外提供的价格往往是含税价格。因此，计算汽车购置税前需要先去掉增值税部分（增值税率为 17%），得到计税价格。以下案例为计算购置税的应用场景。

**【实训 3-4】**按要求计算丰田汽车本周代收代缴的购置税，效果如图 3.28 所示。

本周代收代缴购置税汇总表

| 周 | 销售总额（含税） | 应缴购置税额 |
|---|---|---|
| 星期一 | 198700 | 16983 |
| 星期二 | 5635000 | 481624 |
| 星期三 | 0 | 0 |
| 星期四 | 216800 | 18530 |
| 星期五 | 0 | 0 |
| 星期六 | 2136500 | 182607 |
| 星期日 | 421000 | 35983 |
| 合计购置税 | | ¥ 735,726.50 |

图 3.28　第×周购置税汇总效果图

要求如下。

1）“周”列：自动填充。

2）销售总额、购置税额：数据类型为整数。

3）合计购置税：会计专用格式，累计本周购置税。

4）保护策略：不允许修改表格结构。

5）清空数据，保存为模板。

## 3.5 练习题

1．在 Excel 工作表 A 列的单元格 A2 和 A3 中分别输入 1 和 3，然后选中 A2:A3 区域，拖动填充柄到单元格 A7，那么单元格 A5 的值应该是（　　）。

A．2　　B．3　　C．5　　D．7

2．在 Excel 中，想要在不同单元格中输入相同数据，除按 Enter 键外，还需要同时按住（　　）键。

A．Shift　　B．Ctrl　　C．Alt　　D．Tab

3．在 Excel 中，以下哪种方式表示选中一行单元格（　　）。

A．B12:D12　　B．A2:C4　　C．$10:$10　　D．E:E

4．在 Excel 中如果想输入学号“0123456”，则应输入（　　）。

A．0123456　　B．“0123456”　　C．000123456　　D．’0123456

5．如果工作表中 F 列为用户手机号，为了避免出现重复手机号，可为其添加数据唯一性校验，自定义公式为__________________。

# 第 4 章

# 数据分类与处理

数据分类与处理是 Excel 的重要功能。通过 Excel 的排序功能可以将数据表中的数据按照特定的规则排序，便于用户观察数据之间的规律；使用筛选功能可以对数据进行“过滤”，将满足用户条件的数据单独显示；使用分类汇总功能可以对数据进行分类；使用常用函数可以对表格中的数据进行分类和处理。通过本章的学习，掌握数据的排序与汇总操作，以及常用函数在数据分类和处理中的应用。本章主要包括以下知识。

1）数据排序与筛选；

2）数据的分类汇总；

3）数据透视表；

4）单元格引用；

5）公式与函数。

## 4.1 数据排序与筛选

### 4.1.1 对数据进行排序

Excel 2019 可以对表格中的数据进行整理。排序是 Excel 进行数据分析的重要功能，可以对数值按从大到小或从小到大的顺序排序，也可以对颜色或者图标进行排序，排序的好处是可以快速直观地了解数据，比如对公司销售业绩统计表中数据排序，就可以一目了然地看出各位员工的业绩高低。

本节以“2020 年第 1 季度销售业绩统计表”作为案例数据源进行数据分析和处理。下面介绍自动排序和多条件自定义排序的操作。

**1. 自动排序**

Excel 2019 提供了多种排序方法，可以对“2020 年第 1 季度销售业绩统计表”中数据根据总销售额进行排序。具体操作步骤如下。

（1）选择单元格

对数据按照总销售额由高到低进行排序，先选中总销售额所在的 G 列的任意单元格，如图 4.1 所示。

| | A | B | C | D | E | F | G | H |
|---|---|---|---|---|---|---|---|---|
| 1 | 2020年第1季度销售业绩统计表 | | | | | | | |
| 2 | 员工编号 | 员工姓名 | 性别 | 所在部门 | 一月份 | 二月份 | 三月份 | 总销售额 |
| 3 | A0001 | 王×× | 男 | 销售1部 | ¥ 66,500 | ¥ 67,890 | ¥ 78,980 | ¥ 213,370 |
| 4 | A0002 | 李×× | 男 | 销售1部 | ¥ 73,560 | ¥ 65,760 | ¥ 96,000 | ¥ 235,320 |
| 5 | A0003 | 胡×× | 男 | 销售1部 | ¥ 75,600 | ¥ 62,489 | ¥ 78,950 | ¥ 217,039 |
| 6 | A0004 | 马×× | 女 | 销售1部 | ¥ 79,500 | ¥ 59,800 | ¥ 84,500 | ¥ 223,800 |
| 7 | A0005 | 刘×× | 女 | 销售1部 | ¥ 82,050 | ¥ 68,080 | ¥ 75,000 | ¥ 225,130 |
| 8 | A0006 | 陈×× | 女 | 销售2部 | ¥ 93,650 | ¥ 79,850 | [illegible] | ¥ 260,500 |
| 9 | A0007 | 张×× | 男 | 销售2部 | ¥ 87,890 | ¥ 68,950 | [illegible] | ¥ 251,840 |
| 10 | A0008 | 于×× | 女 | 销售2部 | ¥ 79,851 | ¥ 66,850 | ¥ 74,200 | ¥ 220,901 |
| 11 | A0009 | 金×× | 男 | 销售2部 | ¥ 68,970 | ¥ 71,230 | ¥ 61,890 | ¥ 202,090 |
| 12 | A0010 | 冯×× | 男 | 销售2部 | ¥ 59,480 | ¥ 62,350 | ¥ 78,560 | ¥ 200,390 |
| 13 | A0011 | 钱×× | 男 | 销售3部 | ¥ 59,879 | ¥ 68,520 | ¥ 68,150 | ¥ 196,549 |
| 14 | A0012 | 薛×× | 女 | 销售3部 | ¥ 84,970 | ¥ 85,249 | ¥ 86,500 | ¥ 256,719 |
| 15 | A0013 | 秦×× | 女 | 销售3部 | ¥ 54,970 | ¥ 49,890 | ¥ 62,690 | ¥ 167,550 |
| 16 | A0014 | 阮×× | 女 | 销售3部 | ¥ 94,860 | ¥ 89,870 | ¥ 82,000 | ¥ 266,730 |
| 17 | A0015 | 孙×× | 男 | 销售3部 | ¥ 78,500 | ¥ 69,800 | ¥ 76,500 | ¥ 224,800 |
| 18 | A0016 | 阮×× | 女 | 销售4部 | ¥ 94,860 | ¥ 86,870 | ¥ 82,000 | ¥ 263,730 |
| 19 | A0017 | 张×× | 女 | 销售4部 | ¥ 59,879 | ¥ 65,520 | ¥ 68,150 | ¥ 193,549 |
| 20 | A0018 | 于×× | 男 | 销售4部 | ¥ 84,970 | ¥ 88,249 | ¥ 86,500 | ¥ 259,719 |
| 21 | A0019 | 金×× | 女 | 销售4部 | ¥ 54,970 | ¥ 59,890 | ¥ 62,690 | ¥ 177,550 |
| 22 | A0020 | 阮×× | 女 | 销售4部 | ¥ 94,860 | ¥ 99,870 | ¥ 82,000 | ¥ 276,730 |
| 23 | A0021 | 孙×× | 女 | 销售4部 | ¥ 78,500 | ¥ 79,800 | ¥ 76,500 | ¥ 234,800 |

图 4.1　选择任意单元格

（2）排序和筛选

单击“数据”→“排序与筛选”→“升序”按钮，如图 4.2 所示。

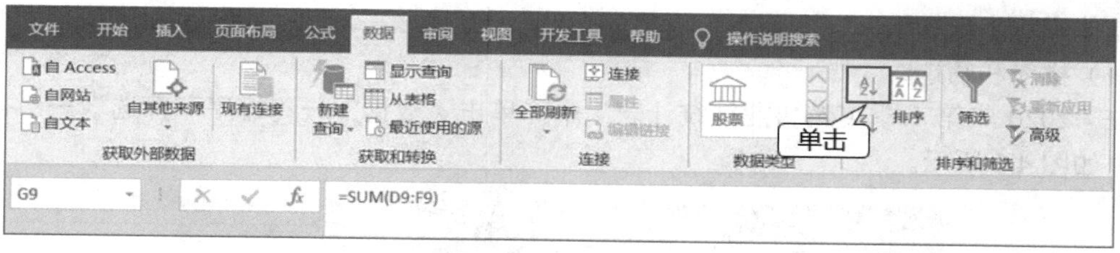


图 4.2　单击“升序”按钮

（3）排序完成

按照员工总销售额由低到高的顺序排序的结果如图 4.3 所示。

| | A | B | C | D | E | F | G | H |
|---|---|---|---|---|---|---|---|---|
| 1 | 2020年第1季度销售业绩统计表 | | | | | | | |
| 2 | 员工编号 | 员工姓名 | 性别 | 所在部门 | 一月份 | 二月份 | 三月份 | 总销售额 |
| 3 | A0013 | 秦×× | 女 | 销售3部 | ¥ 54,970 | ¥ 49,890 | ¥ 62,690 | ¥ 167,550 |
| 4 | A0019 | 金×× | 女 | 销售4部 | ¥ 54,970 | ¥ 59,890 | ¥ 62,690 | ¥ 177,550 |
| 5 | A0017 | 张×× | 女 | 销售4部 | ¥ 59,879 | ¥ 65,520 | ¥ 68,150 | ¥ 193,549 |
| 6 | A0011 | 钱×× | 男 | 销售3部 | ¥ 59,879 | ¥ 68,520 | ¥ 68,150 | ¥ 196,549 |
| 7 | A0010 | 冯×× | 男 | 销售2部 | ¥ 59,480 | ¥ 62,350 | ¥ 78,560 | ¥ 200,390 |
| 8 | A0009 | 金×× | 男 | 销售2部 | ¥ 68,970 | ¥ 71,230 | [illegible] | ¥ 202,090 |
| 9 | A0001 | 王×× | 男 | 销售1部 | ¥ 66,500 | ¥ 67,890 | [illegible] | ¥ 213,370 |
| 10 | A0003 | 胡×× | 男 | 销售1部 | ¥ 75,600 | ¥ 62,489 | ¥ 78,950 | ¥ 217,039 |
| 11 | A0008 | 于×× | 女 | 销售2部 | ¥ 79,851 | ¥ 66,850 | ¥ 74,200 | ¥ 220,901 |
| 12 | A0004 | 马×× | 女 | 销售1部 | ¥ 79,500 | ¥ 59,800 | ¥ 84,500 | ¥ 223,800 |
| 13 | A0015 | 孙×× | 男 | 销售3部 | ¥ 78,500 | ¥ 69,800 | ¥ 76,500 | ¥ 224,800 |
| 14 | A0005 | 刘×× | 女 | 销售1部 | ¥ 82,050 | ¥ 68,080 | ¥ 75,000 | ¥ 225,130 |
| 15 | A0021 | 孙×× | 女 | 销售4部 | ¥ 78,500 | ¥ 79,800 | ¥ 76,500 | ¥ 234,800 |
| 16 | A0002 | 李×× | 男 | 销售1部 | ¥ 73,560 | ¥ 65,760 | ¥ 96,000 | ¥ 235,320 |
| 17 | A0007 | 张×× | 男 | 销售2部 | ¥ 87,890 | ¥ 68,950 | ¥ 95,000 | ¥ 251,840 |
| 18 | A0012 | 薛×× | 女 | 销售3部 | ¥ 84,970 | ¥ 85,249 | ¥ 86,500 | ¥ 256,719 |
| 19 | A0018 | 于×× | 男 | 销售4部 | ¥ 84,970 | ¥ 88,249 | ¥ 86,500 | ¥ 259,719 |
| 20 | A0006 | 陈×× | 女 | 销售2部 | ¥ 93,650 | ¥ 79,850 | ¥ 87,000 | ¥ 260,500 |
| 21 | A0016 | 阮×× | 女 | 销售4部 | ¥ 94,860 | ¥ 86,870 | ¥ 82,000 | ¥ 263,730 |
| 22 | A0014 | 阮×× | 女 | 销售3部 | ¥ 94,860 | ¥ 89,870 | ¥ 82,000 | ¥ 266,730 |
| 23 | A0020 | 阮×× | 女 | 销售4部 | ¥ 94,860 | ¥ 99,870 | ¥ 82,000 | ¥ 276,730 |

图 4.3　排序结果图

（4）总销售额降序排列

如果想查看本季度员工的业绩情况，了解本季度哪位员工的业绩最佳，只要选中“总销售额”列，单击“降序”按钮即可，结果如图 4.4 所示。

| 2020年第1季度销售业绩统计表 | | | | | | | |
|---|---|---|---|---|---|---|---|
| 员工编号 | 员工姓名 | 性别 | 所在部门 | 一月份 | 二月份 | 三月份 | 总销售额 |
| A0020 | 阮×× | 女 | 销售4部 | ¥ 94,860 | ¥ 99,870 | ¥ 82,000 | ¥ 276,730 |
| A0014 | 阮×× | 女 | 销售3部 | ¥ 94,860 | ¥ 89,870 | ¥ 82,000 | ¥ 266,730 |
| A0016 | 阮×× | 女 | 销售4部 | ¥ 94,860 | ¥ 86,870 | ¥ 82,000 | ¥ 263,730 |
| A0006 | 陈×× | 女 | 销售2部 | ¥ 93,650 | ¥ 79,850 | ¥ 87,000 | ¥ 260,500 |
| A0018 | 于×× | 男 | 销售4部 | ¥ 84,970 | ¥ 88,249 | ¥ 86,500 | ¥ 259,719 |
| A0012 | 薛×× | 女 | 销售3部 | ¥ 84,970 | ¥ 85,249 | ¥ 86,500 | ¥ 256,719 |
| A0007 | 张×× | 男 | 销售2部 | ¥ 87,890 | ¥ 68,950 | ¥ 95,000 | ¥ 251,840 |
| A0002 | 李×× | 男 | 销售1部 | ¥ 73,560 | ¥ 65,760 | ¥ 96,000 | ¥ 235,320 |
| A0021 | 孙×× | 女 | 销售4部 | ¥ 78,500 | ¥ 79,800 | ¥ 76,500 | ¥ 234,800 |
| A0005 | 刘×× | 女 | 销售1部 | ¥ 82,050 | ¥ 68,080 | ¥ 75,000 | ¥ 225,130 |
| A0015 | 孙×× | 男 | 销售3部 | ¥ 78,500 | ¥ 69,800 | ¥ 76,500 | ¥ 224,800 |
| A0004 | 马×× | 女 | 销售1部 | ¥ 79,500 | ¥ 59,800 | [illegible] | ¥ 223,800 |
| A0008 | 于×× | 女 | 销售2部 | ¥ 79,851 | [illegible] | [illegible] | ¥ 220,901 |
| A0003 | 胡×× | 男 | 销售1部 | ¥ 75,600 | [illegible] | [illegible] | ¥ 217,039 |
| A0001 | 王×× | 男 | 销售1部 | ¥ 66,500 | ¥ 67,890 | ¥ 78,980 | ¥ 213,370 |
| A0009 | 金×× | 男 | 销售2部 | ¥ 68,970 | ¥ 71,230 | ¥ 61,890 | ¥ 202,090 |
| A0010 | 冯×× | 男 | 销售2部 | ¥ 59,480 | ¥ 62,350 | ¥ 78,560 | ¥ 200,390 |
| A0011 | 钱×× | 男 | 销售3部 | ¥ 59,879 | ¥ 68,520 | ¥ 68,150 | ¥ 196,549 |
| A0017 | 张×× | 女 | 销售4部 | ¥ 59,879 | ¥ 65,520 | ¥ 68,150 | ¥ 193,549 |
| A0019 | 金×× | 女 | 销售4部 | ¥ 54,970 | ¥ 59,890 | ¥ 62,690 | ¥ 177,550 |
| A0013 | 秦×× | 女 | 销售3部 | ¥ 54,970 | ¥ 49,890 | ¥ 62,690 | ¥ 167,550 |



图 4.4　业绩排序效果图

## 2. 多条件自定义排序

在“2020 年第 1 季度销售业绩统计表”中，用户可以根据部门，并按照员工总销售额进行排序。

具体操作步骤如下。

（1）排序和筛选

在“2020 年第 1 季度销售业绩统计表”中，单击“数据”→“排序和筛选”→“排序”按钮，如图 4.5 所示。

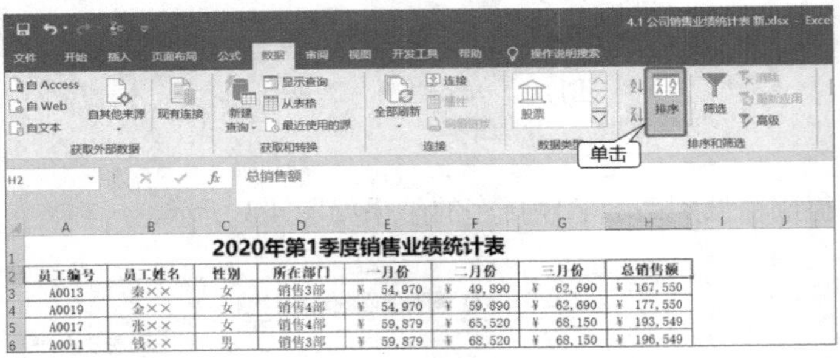


图 4.5　“排序”按钮

（2）设置主次关键字

在弹出的“排序”对话框中，在“主要关键字”下拉列表中选择“所在部门”，在“次序”下拉列表中选择“升序”。

单击“添加条件”按钮，新增排序条件，在“次要关键字”下拉列表中选择“总销售额”，在“次序”下拉列表中选择“降序”，最后单击“确定”按钮。设置过程及效果如图 4.6 和图 4.7 所示。

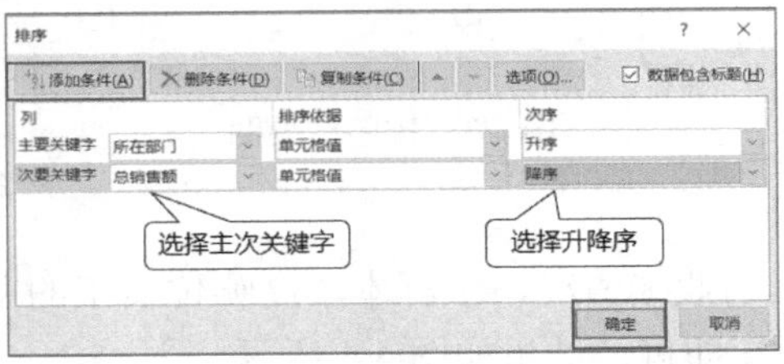


图 4.6　“排序”对话框

| 员工编号 | 员工姓名 | 性别 | 所在部门 | 一月份 | 二月份 | 三月份 | 总销售额 |
|---|---|---|---|---|---|---|---|
| A0002 | 李×× | 男 | 销售1部 | ¥ 73,560 | ¥ 65,760 | ¥ 96,000 | ¥ 235,320 |
| A0005 | 刘×× | 女 | 销售1部 | ¥ 82,050 | ¥ 68,080 | ¥ 75,000 | ¥ 225,130 |
| A0004 | 马×× | 女 | 销售1部 | ¥ 79,500 | ¥ 59,800 | ¥ 84,500 | ¥ 223,800 |
| A0003 | 胡×× | 男 | 销售1部 | ¥ 75,600 | ¥ 62,489 | ¥ 78,950 | ¥ 217,039 |
| A0001 | 王×× | 男 | 销售1部 | ¥ 66,500 | ¥ 67,890 | ¥ 78,980 | ¥ 213,370 |
| A0006 | 陈×× | 女 | 销售2部 | ¥ 93,650 | ¥ 79,850 | ¥ 87,000 | ¥ 260,500 |
| A0007 | 张×× | 男 | 销售2部 | ¥ 87,890 | ¥ 68,950 | ¥ 95,000 | ¥ 251,840 |
| A0008 | 于×× | 女 | 销售2部 | ¥ 79,851 | ¥ 66,850 | ¥ 74,200 | ¥ 220,901 |
| A0009 | 金×× | 男 | 销售2部 | ¥ 68,970 | ¥ 71,230 | ¥ 61,890 | ¥ 202,090 |
| A0010 | 冯×× | 男 | 销售2部 | ¥ 59,480 | ¥ 62,350 | ¥ 78,560 | ¥ 200,390 |
| A0014 | 阮×× | 女 | 销售3部 | ¥ 94,860 | ¥ 89,870 | ¥ 82,000 | ¥ 266,730 |
| A0012 | 薛×× | 女 | 销售3部 | ¥ 84,970 | ¥ 85,249 | ¥ 86,500 | ¥ 256,719 |
| A0015 | 孙×× | 男 | 销售3部 | ¥ 78,500 | ¥ 69,800 | ¥ 76,500 | ¥ 224,800 |
| A0011 | 钱×× | 男 | 销售3部 | ¥ 59,879 | ¥ 68,[illegible] | ¥ 68,150 | ¥ 196,549 |
| A0013 | 秦×× | 女 | 销售3部 | ¥ [illegible] | [illegible] | 62,690 | ¥ 167,550 |
| A0020 | 阮×× | 女 | 销售4部 | ¥ [illegible] | [illegible] | 82,000 | ¥ 276,730 |
| A0016 | 阮×× | 女 | 销售4部 | ¥ 94,860 | ¥ 86,870 | ¥ 82,000 | ¥ 263,730 |
| A0018 | 于×× | 男 | 销售4部 | ¥ 84,970 | ¥ 88,249 | ¥ 86,500 | ¥ 259,719 |
| A0021 | 孙×× | 女 | 销售4部 | ¥ 78,500 | ¥ 79,800 | ¥ 76,500 | ¥ 234,800 |
| A0017 | 张×× | 女 | 销售4部 | ¥ 59,879 | ¥ 65,520 | ¥ 68,150 | ¥ 193,549 |
| A0019 | 金×× | 女 | 销售4部 | ¥ 54,970 | ¥ 59,890 | ¥ 62,690 | ¥ 177,550 |



图 4.7　多条件自定义排序结果

## 4.1.2　对数据进行筛选

Excel 提供了对数据进行筛选的功能，可以准确、方便地找出符合要求的数据。

数据筛选主要有以下三种方式：自动筛选、自定义筛选、高级筛选。

本节继续以“2020 年第 1 季度销售业绩统计表”作为案例数据源。

### 1．自动筛选

Excel 2019 中自动筛选又称直接条件筛选。例如，筛选性别为“男”或“女”的具体操作步骤如下。

在“2020 年第 1 季度销售业绩统计表”中选中“性别”列中的任意单元格，单击“数据”→“排序和筛选”→“筛选”按钮，进入“自动筛选”状态，此时在标题行每列的右侧出现一个下拉按钮，如图 4.8 所示。

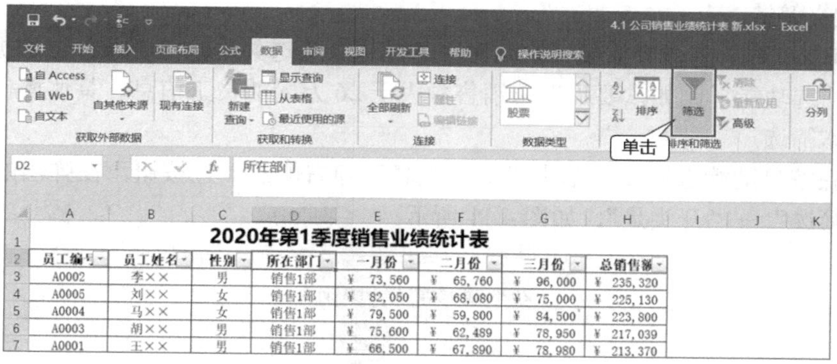



图 4.8　单击“筛选”按钮

单击“性别”列右侧的下拉按钮，如图 4.9 所示，在弹出的下拉列表中取消勾选“全选”复选框，勾选“男”或者“女”复选框，单击“确定”按钮即可，结果如图 4.10 所示。

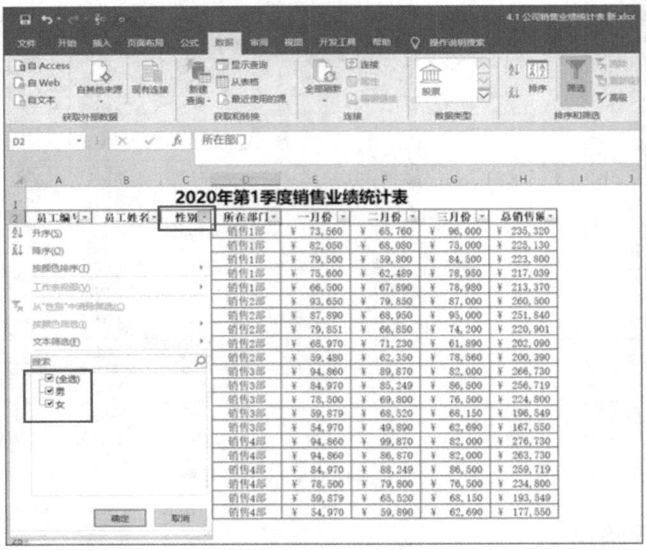


图 4.9　自动筛选设置

图 4.10　自动筛选结果

## 2. 自定义筛选

在使用 Excel 时，有时会需要设定某个条件范围，筛选并显示符合条件的数据行，这就要用到自定义筛选功能。比如，要筛选总销售额大于 26 万元的员工信息，具体操作步骤如下。

（1）文本筛选

前面步骤按自动筛选操作，单击“员工姓名”列右侧的下拉按钮，在弹出的下拉列表中选择“文本筛选”→“开头是”，如图 4.11 所示。

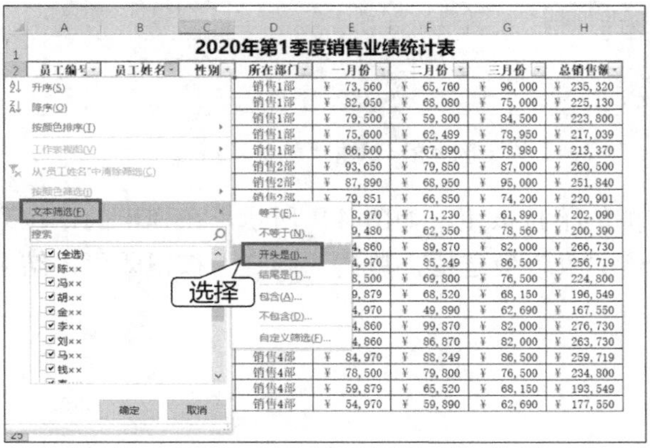


图 4.11　自定义文本筛选

在弹出的“自定义自动筛选方式”对话框中，在“开头是”后面的文本框中输入“李”，选中“或”单选按钮，并在下方“开头是”后面的文本框中输入“金”，单击“确定”按钮，筛选到姓李或者姓金的员工，设置过程及结果如图 4.12 和图 4.13 所示。

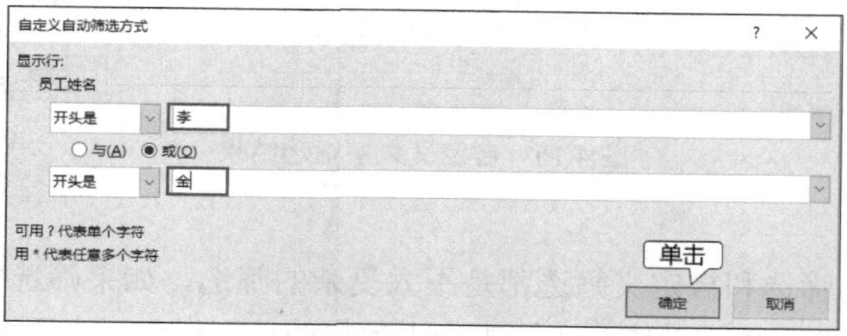


图 4.12　自定义文本筛选设置

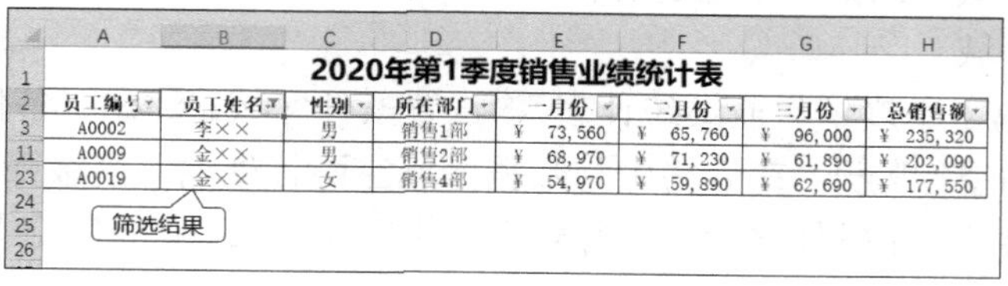

2020年第1季度销售业绩统计表

| 员工编号 | 员工姓名 | 性别 | 所在部门 | 一月份 | 二月份 | 三月份 | 总销售额 |
|---|---|---|---|---|---|---|---|
| A0002 | 李×× | 男 | 销售1部 | ¥ 73,560 | ¥ 65,760 | ¥ 96,000 | ¥ 235,320 |
| A0009 | 金×× | 男 | 销售2部 | ¥ 68,970 | ¥ 71,230 | ¥ 61,890 | ¥ 202,090 |
| A0019 | 金×× | 女 | 销售4部 | ¥ 54,970 | ¥ 59,890 | ¥ 62,690 | ¥ 177,550 |



图 4.13　自定义文本筛选结果

（2）数字筛选

撤销上面的操作，单击“总销售额”列右侧的下拉按钮，在弹出的下拉列表中选择“数字筛选”→“大于或等于”，如图 4.14 所示。

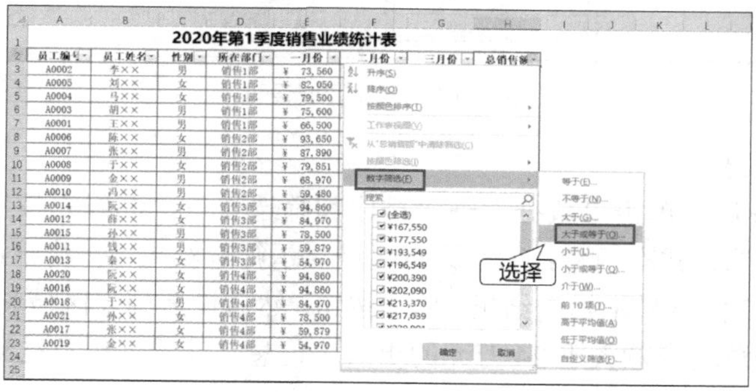


图 4.14　自定义数字筛选

在弹出的“自定义自动筛选方式”对话框中，在“大于或等于”后面的文本框中输入“260000”，单击“确定”按钮，筛选到总销售额大于 26 万元的员工。设置过程及效果如图 4.15 和图 4.16 所示。

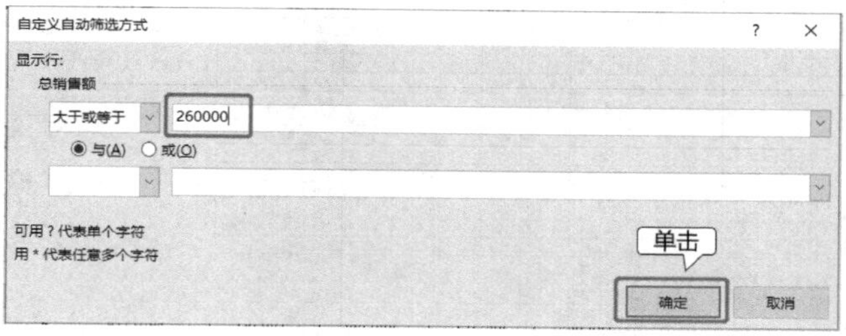


图 4.15　自定义数字筛选设置

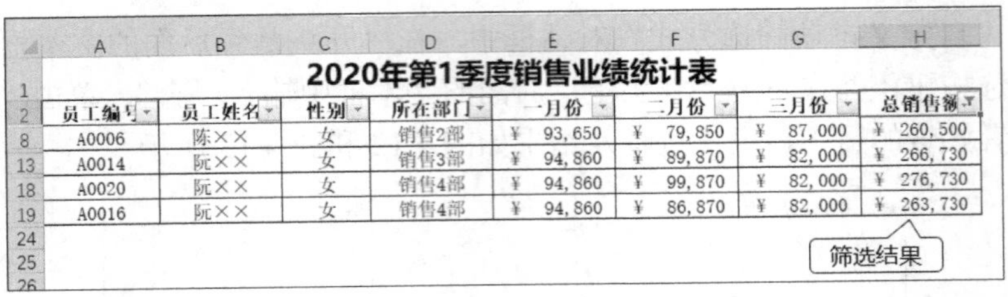

2020年第1季度销售业绩统计表
员工编号 员工姓名 性别 所在部门 一月份 二月份 三月份 总销售额
A0006 陈×× 女 销售2部 ¥ 93,650 ¥ 79,850 ¥ 87,000 ¥ 260,500
A0014 阮×× 女 销售3部 ¥ 94,860 ¥ 89,870 ¥ 82,000 ¥ 266,730
A0020 阮×× 女 销售4部 ¥ 94,860 ¥ 99,870 ¥ 82,000 ¥ 276,730
A0016 阮×× 女 销售4部 ¥ 94,860 ¥ 86,870 ¥ 82,000 ¥ 263,730
筛选结果


图 4.16 自定义数字筛选结果

### 3．高级筛选

一般来说，自动筛选和自定义筛选都是不太复杂的筛选，如果筛选条件比较复杂，那么可以使用高级筛选。高级筛选要求在工作表中无数据的地方指定一个区域用于输入筛选条件，这个区域就是条件区域。比如，要筛选总销售额大于 24 万元以上的男员工信息。

（1）设置条件区域

打开“2020 年第 1 季度销售业绩统计表”，设置条件区域。注意：条件区域和数据区域之间必须有一行以上的空行隔开。在表格中与数据区域空两行处输入高级筛选的条件。输入字段“性别”和“总销售额”，在条件字段下一行输入“男”和“>240000”。条件区域设置如图 4.17 所示。

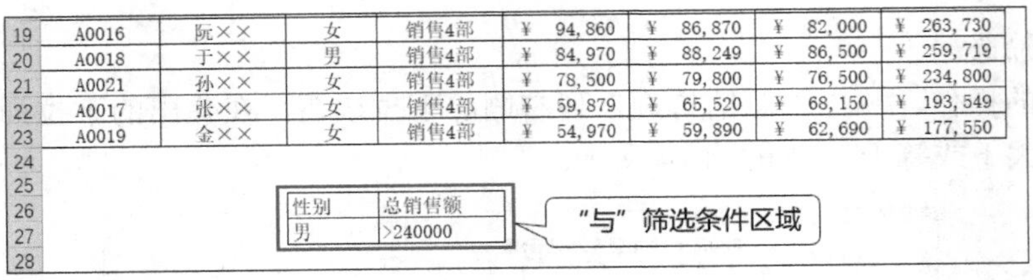


图 4.17 条件区域设置

（2）设置高级筛选

条件区域设置好后，单击“数据”→“排序和筛选”→“高级”按钮，在弹出的“高级筛选”对话框中，筛选方式有两种：①在原有区域显示筛选结果；②将筛选结果复制到其他位置。我们选中“在原有区域显示筛选结果”单选按钮，然后设置列表区域和条件区域，单击“确定”按钮，即可得到总销售额大于 24 万元的男员工信息，设置过程及结果如图 4.18 和图 4.19 所示。

图 4.18 筛选条件设置

| | A | B | C | D | E | F | G | H |
|---|---|---|---|---|---|---|---|---|
| 1 | 2020年第1季度销售业绩统计表 | | | | | | | |
| 2 | 员工编号 | 员工姓名 | 性别 | 所在部门 | 一月份 | 二月份 | 三月份 | 总销售额 |
| 9 | A0007 | 张×× | 男 | 销售2部 | ¥ 87,890 | ¥ 68,950 | ¥ 95,000 | ¥ 251,840 |
| 20 | A0018 | 于×× | 男 | 销售4部 | ¥ 84,970 | ¥ 88,249 | ¥ 86,500 | ¥ 259,719 |
| 26 | | | 性别 | 总销售额 | | | | |
| 27 | | | 男 | >240000 | | | | |



图 4.19 高级筛选结果

上述是高级筛选中“与”筛选的结果，如果是“或”筛选，如筛选总销售额在 24 万元以上的员工或者男员工，将两字段的条件区域放在不同行即可。图 4.20 所示即“或”筛选的条件区域设置。“或”筛选的步骤与上述“与”筛选相似，这里不再赘述。

| | | | | | | | | |
|---|---|---|---|---|---|---|---|---|
| 15 | A0015 | 孙×× | 男 | 销售3部 | ¥ 78,500 | ¥ 69,800 | ¥ 76,500 | ¥ 224,800 |
| 16 | A0011 | 钱×× | 男 | 销售3部 | ¥ 59,879 | ¥ 68,520 | ¥ 68,150 | ¥ 196,549 |
| 17 | A0013 | 秦×× | 女 | 销售3部 | ¥ 54,970 | ¥ 49,890 | ¥ 62,690 | ¥ 167,550 |
| 18 | A0020 | 阮×× | 女 | 销售4部 | ¥ 94,860 | ¥ 99,870 | ¥ 82,000 | ¥ 276,730 |
| 19 | A0016 | 阮×× | 女 | 销售4部 | ¥ 94,860 | ¥ 86,870 | ¥ 82,000 | ¥ 263,730 |
| 20 | A0018 | 于×× | 男 | 销售4部 | ¥ 84,970 | ¥ 88,249 | ¥ 86,500 | ¥ 259,719 |
| 21 | A0021 | 孙×× | 女 | 销售4部 | ¥ 78,500 | ¥ 79,800 | ¥ 76,500 | ¥ 234,800 |
| 22 | A0017 | 张×× | 女 | 销售4部 | ¥ 59,879 | ¥ 65,520 | ¥ 68,150 | ¥ 193,549 |
| 23 | A0019 | 金×× | 女 | 销售4部 | ¥ 54,970 | ¥ 59,890 | ¥ 62,690 | ¥ 177,550 |
| 26 | | | 性别 | 总销售额 | | | | |
| 27 | | | 男 | | | | | |
| 28 | | | | >240000 | | | | |



图 4.20 “或”筛选条件区域设置

高级筛选总结如下：

1）“与”筛选：两个条件在同一行。

2）“或”筛选：两个条件在不同行。

## 4.2 数据的分类汇总

在数据处理时，有时需要对数据进行分类汇总显示。Excel 2019 的分类汇总功能可以非常便捷地对数据进行数据加和等操作，通过设定分类字段、汇总字段、汇总方式等可以得到不同的汇总结果。

分类汇总是一种按字段分类的数据处理方式。字段的分类就是先对字段进行排序，使相同的字段排在一起，然后进行分类处理。

分类处理可以是求和、求平均值、计数、求最大值、求最小值、计算乘积等。

具体操作步骤如下：

1）对分类字段进行排序，排序的目的是把同类记录放在一起。

2）通过使用“数据”→“分级显示”→“分类汇总”命令，可以自动根据分类字段值，统计汇总字段的数据。

本节以“产品销售记录表”作为案例数据源进行数据分析与处理。

### 4.2.1 创建简单分类汇总

要进行分类汇总的数据表，每一列数据都要有列标题。Excel 2019 根据列标题决定如何创建数据组及如何计算汇总。例如，对“产品销售记录表”创建简单分类汇总。

具体操作步骤如下：

1）单击需汇总的“合计”列，进行降序排列，如图 4.21 所示。

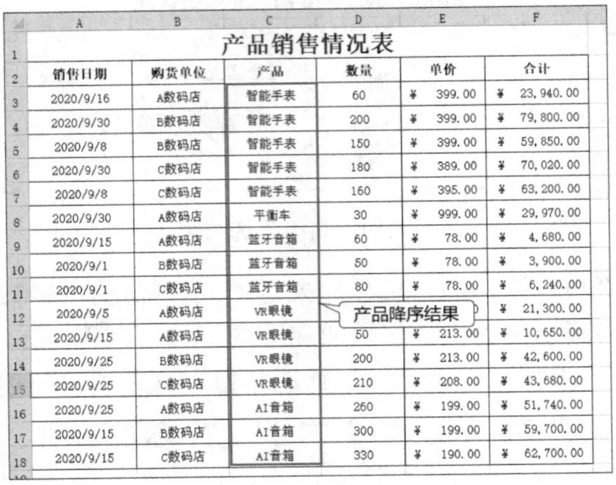


| | A | B | C | D | E | F |
|---|---|---|---|---|---|---|
| 1 | 产品销售情况表 | | | | | |
| 2 | 销售日期 | 购货单位 | 产品 | 数量 | 单价 | 合计 |
| 3 | 2020/9/16 | A数码店 | 智能手表 | 60 | ¥ 399.00 | ¥ 23,940.00 |
| 4 | 2020/9/30 | B数码店 | 智能手表 | 200 | ¥ 399.00 | ¥ 79,800.00 |
| 5 | 2020/9/8 | B数码店 | 智能手表 | 150 | ¥ 399.00 | ¥ 59,850.00 |
| 6 | 2020/9/30 | C数码店 | 智能手表 | 180 | ¥ 389.00 | ¥ 70,020.00 |
| 7 | 2020/9/8 | C数码店 | 智能手表 | 160 | ¥ 395.00 | ¥ 63,200.00 |
| 8 | 2020/9/30 | A数码店 | 平衡车 | 30 | ¥ 999.00 | ¥ 29,970.00 |
| 9 | 2020/9/15 | A数码店 | 蓝牙音箱 | 60 | ¥ 78.00 | ¥ 4,680.00 |
| 10 | 2020/9/1 | B数码店 | 蓝牙音箱 | 50 | ¥ 78.00 | ¥ 3,900.00 |
| 11 | 2020/9/1 | C数码店 | 蓝牙音箱 | 80 | ¥ 78.00 | ¥ 6,240.00 |
| 12 | 2020/9/5 | A数码店 | VR眼镜 | | | ¥ 21,300.00 |
| 13 | 2020/9/15 | A数码店 | VR眼镜 | 50 | ¥ 213.00 | ¥ 10,650.00 |
| 14 | 2020/9/25 | B数码店 | VR眼镜 | 200 | ¥ 213.00 | ¥ 42,600.00 |
| 15 | 2020/9/25 | C数码店 | VR眼镜 | 210 | ¥ 208.00 | ¥ 43,680.00 |
| 16 | 2020/9/25 | A数码店 | AI音箱 | 260 | ¥ 199.00 | ¥ 51,740.00 |
| 17 | 2020/9/15 | B数码店 | AI音箱 | 300 | ¥ 199.00 | ¥ 59,700.00 |
| 18 | 2020/9/15 | C数码店 | AI音箱 | 330 | ¥ 190.00 | ¥ 62,700.00 |

图 4.21　分类字段排序

2）选中“产品销售情况表”，单击“数据”→“分级显示”→“分类汇总”按钮，如图 4.22 所示，弹出“分类汇总”对话框。

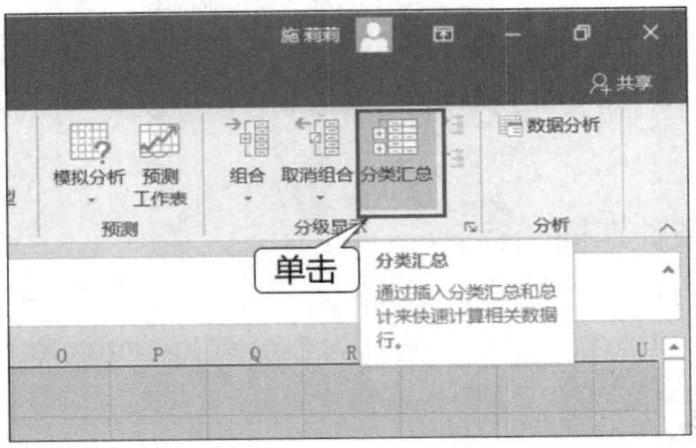


图 4.22　单击“分类汇总”按钮

3）在“分类汇总”对话框中，将“分类字段”设置为“产品”，“汇总方式”设置为“求和”，“选定汇总项”设置为“合计”，并勾选“汇总结果显示在数据下方”复选框，如图 4.23 所示。

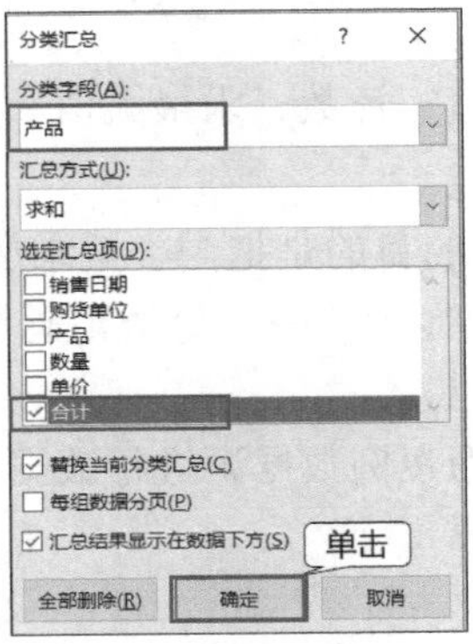


图 4.23　分类汇总对话框选项

4）单击“确定”按钮，按“产品”分类汇总后的效果如图 4.24 所示。

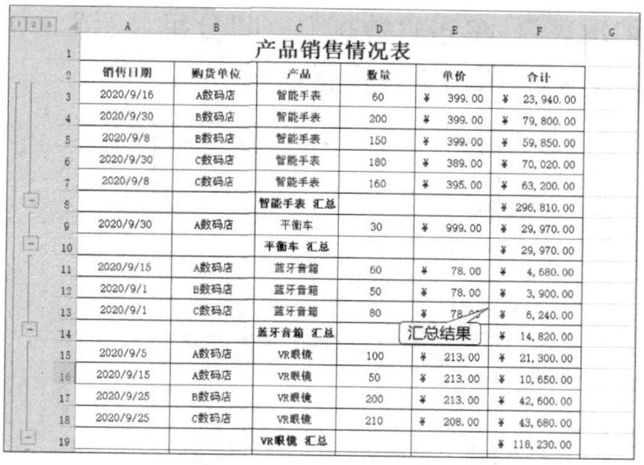

| | A | B | C | D | E | F |
|---|---|---|---|---|---|---|
| 1 | 产品销售情况表 | | | | | |
| 2 | 销售日期 | 购货单位 | 产品 | 数量 | 单价 | 合计 |
| 3 | 2020/9/16 | A数码店 | 智能手表 | 60 | ¥ 399.00 | ¥ 23,940.00 |
| 4 | 2020/9/30 | B数码店 | 智能手表 | 200 | ¥ 399.00 | ¥ 79,800.00 |
| 5 | 2020/9/8 | B数码店 | 智能手表 | 150 | ¥ 399.00 | ¥ 59,850.00 |
| 6 | 2020/9/30 | C数码店 | 智能手表 | 180 | ¥ 389.00 | ¥ 70,020.00 |
| 7 | 2020/9/8 | C数码店 | 智能手表 | 160 | ¥ 395.00 | ¥ 63,200.00 |
| 8 | | | 智能手表 汇总 | | | ¥ 296,810.00 |
| 9 | 2020/9/30 | A数码店 | 平衡车 | 30 | ¥ 999.00 | ¥ 29,970.00 |
| 10 | | | 平衡车 汇总 | | | ¥ 29,970.00 |
| 11 | 2020/9/15 | A数码店 | 蓝牙音箱 | 60 | ¥ 78.00 | ¥ 4,680.00 |
| 12 | 2020/9/1 | B数码店 | 蓝牙音箱 | 50 | ¥ 78.00 | ¥ 3,900.00 |
| 13 | 2020/9/1 | C数码店 | 蓝牙音箱 | 80 | ¥ 78.[illegible] | ¥ 6,240.00 |
| 14 | | | 蓝牙音箱 汇总 | | 汇总结果 | ¥ 14,820.00 |
| 15 | 2020/9/5 | A数码店 | VR眼镜 | 100 | ¥ 213.00 | ¥ 21,300.00 |
| 16 | 2020/9/15 | A数码店 | VR眼镜 | 50 | ¥ 213.00 | ¥ 10,650.00 |
| 17 | 2020/9/25 | B数码店 | VR眼镜 | 200 | ¥ 213.00 | ¥ 42,600.00 |
| 18 | 2020/9/25 | C数码店 | VR眼镜 | 210 | ¥ 208.00 | ¥ 43,680.00 |
| 19 | | | VR眼镜 汇总 | | | ¥ 118,230.00 |

图 4.24　按“产品”分类汇总效果图

## 4.2.2　创建多重分类汇总

在 Excel 2019 中，要根据两个或更多个分类项对工作表中的数据进行分类汇总，可以使用以下方法。

1）按分类项的优先级对相关字段排序。

2）按分类项的优先级多次执行分类汇总，后面执行分类汇总时，必须取消勾选“替换当前分类汇总”复选框。

具体步骤如下：

1）打开“产品销售情况表”，选中数据区域的任意单元格，单击“数据”→“排序和筛选”→“排序”按钮，弹出“排序”对话框，如图 4.25 所示。

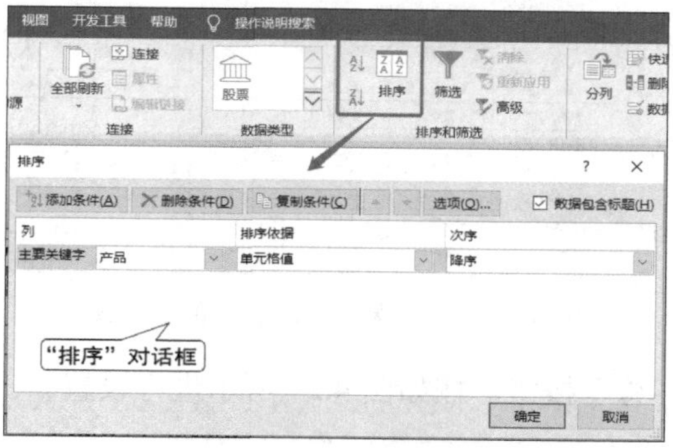


图 4.25　“排序”对话框

2）设置“主要关键字”为“购货单位”，“次序”为“升序”；单击“添加条件”按钮，设置“次要关键字”为“产品”，“次序”为“升序”，单击“确定”按钮，如图 4.26 所示。

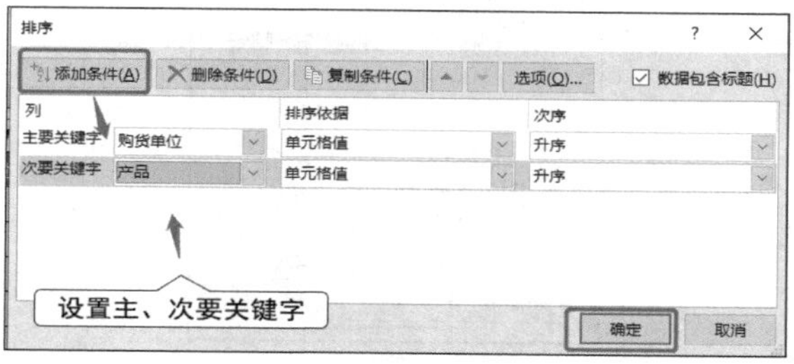


图 4.26　设置主、次要关键字

3）选中“产品销售情况表”，单击“数据”→“分级显示”→“分类汇总”按钮，弹出“分类汇总”对话框，按如图 4.27 所示进行设置。

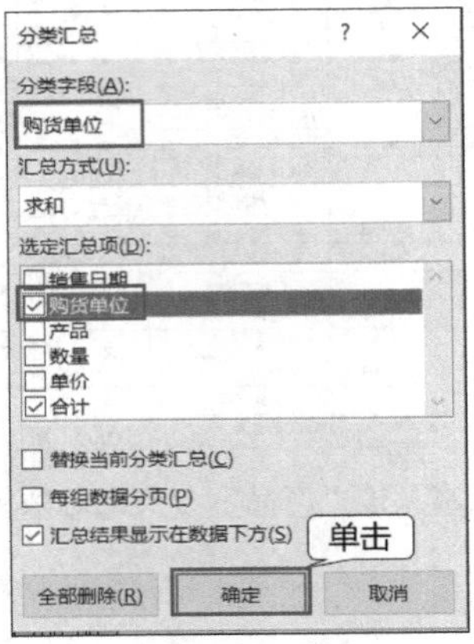


图 4.27　设置分类汇总

4）单击“确定”按钮，分类汇总后的效果如图 4.28 所示。

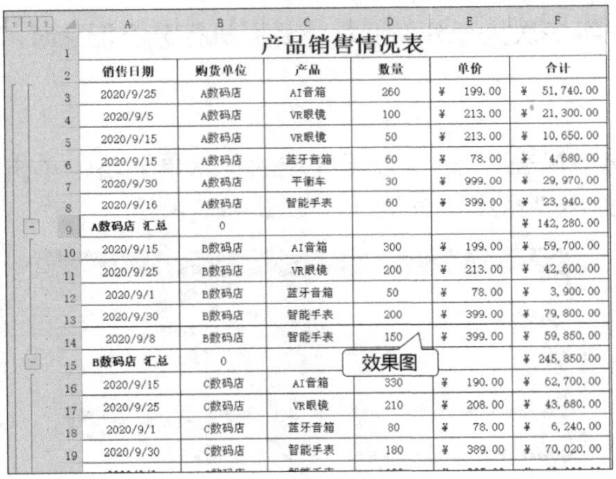

产品销售情况表

| | A | B | C | D | E | F |
|---|---|---|---|---|---|---|
| 2 | 销售日期 | 购货单位 | 产品 | 数量 | 单价 | 合计 |
| 3 | 2020/9/25 | A数码店 | AI音箱 | 260 | ¥ 199.00 | ¥ 51,740.00 |
| 4 | 2020/9/5 | A数码店 | VR眼镜 | 100 | ¥ 213.00 | ¥ 21,300.00 |
| 5 | 2020/9/15 | A数码店 | VR眼镜 | 50 | ¥ 213.00 | ¥ 10,650.00 |
| 6 | 2020/9/15 | A数码店 | 蓝牙音箱 | 60 | ¥ 78.00 | ¥ 4,680.00 |
| 7 | 2020/9/30 | A数码店 | 平衡车 | 30 | ¥ 999.00 | ¥ 29,970.00 |
| 8 | 2020/9/16 | A数码店 | 智能手表 | 60 | ¥ 399.00 | ¥ 23,940.00 |
| 9 | A数码店 汇总 | 0 | | | | ¥ 142,280.00 |
| 10 | 2020/9/15 | B数码店 | AI音箱 | 300 | ¥ 199.00 | ¥ 59,700.00 |
| 11 | 2020/9/25 | B数码店 | VR眼镜 | 200 | ¥ 213.00 | ¥ 42,600.00 |
| 12 | 2020/9/1 | B数码店 | 蓝牙音箱 | 50 | ¥ 78.00 | ¥ 3,900.00 |
| 13 | 2020/9/30 | B数码店 | 智能手表 | 200 | ¥ 399.00 | ¥ 79,800.00 |
| 14 | 2020/9/8 | B数码店 | 智能手表 | 150 | ¥ 399.00 | ¥ 59,850.00 |
| 15 | B数码店 汇总 | 0 | | | | ¥ 245,850.00 |
| 16 | 2020/9/15 | C数码店 | AI音箱 | 330 | ¥ 190.00 | ¥ 62,700.00 |
| 17 | 2020/9/25 | C数码店 | VR眼镜 | 210 | ¥ 208.00 | ¥ 43,680.00 |
| 18 | 2020/9/1 | C数码店 | 蓝牙音箱 | 80 | ¥ 78.00 | ¥ 6,240.00 |
| 19 | 2020/9/30 | C数码店 | 智能手表 | 180 | ¥ 389.00 | ¥ 70,020.00 |



图 4.28　第一次分类汇总后的效果图

5）再次单击“分类汇总”按钮，按如图 4.29 所示进行设置。

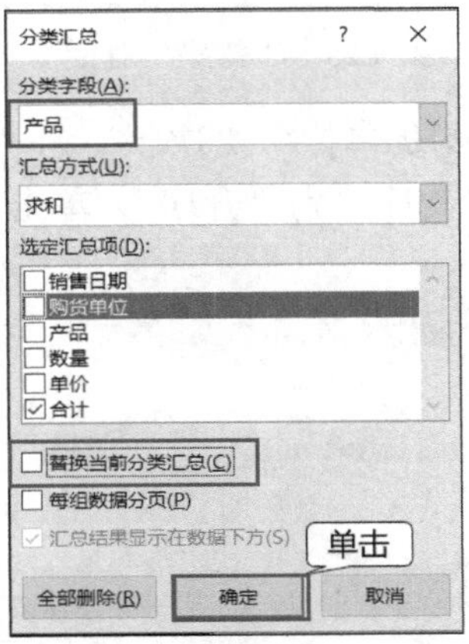


图 4.29　再次设置分类汇总

6）单击“确定”按钮，此时就创建了两重分类汇总，效果如图 4.30 所示。

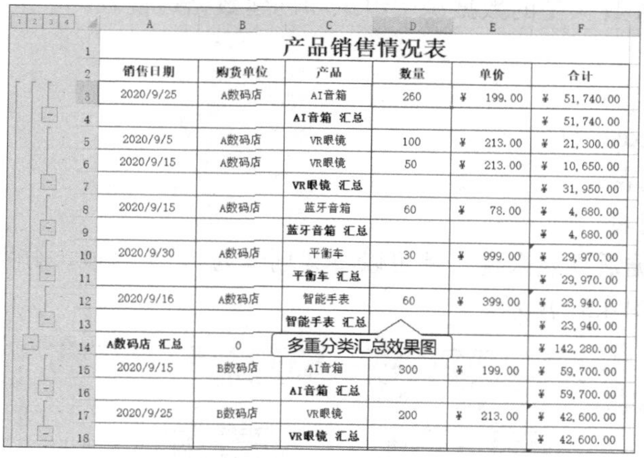

| 产品销售情况表 | | | | | |
|---|---|---|---|---|---|
| 销售日期 | 购货单位 | 产品 | 数量 | 单价 | 合计 |
| 2020/9/25 | A数码店 | AI音箱 | 260 | ¥ 199.00 | ¥ 51,740.00 |
| | | AI音箱 汇总 | | | ¥ 51,740.00 |
| 2020/9/5 | A数码店 | VR眼镜 | 100 | ¥ 213.00 | ¥ 21,300.00 |
| 2020/9/15 | A数码店 | VR眼镜 | 50 | ¥ 213.00 | ¥ 10,650.00 |
| | | VR眼镜 汇总 | | | ¥ 31,950.00 |
| 2020/9/15 | A数码店 | 蓝牙音箱 | 60 | ¥ 78.00 | ¥ 4,680.00 |
| | | 蓝牙音箱 汇总 | | | ¥ 4,680.00 |
| 2020/9/30 | A数码店 | 平衡车 | 30 | ¥ 999.00 | ¥ 29,970.00 |
| | | 平衡车 汇总 | | | ¥ 29,970.00 |
| 2020/9/16 | A数码店 | 智能手表 | 60 | ¥ 399.00 | ¥ 23,940.00 |
| | | 智能手表 汇总 | | | ¥ 23,940.00 |
| A数码店 汇总 | 0 | | | | ¥ 142,280.00 |
| 2020/9/15 | B数码店 | AI音箱 | 300 | ¥ 199.00 | ¥ 59,700.00 |
| | | AI音箱 汇总 | | | ¥ 59,700.00 |
| 2020/9/25 | B数码店 | VR眼镜 | 200 | ¥ 213.00 | ¥ 42,600.00 |
| | | VR眼镜 汇总 | | | ¥ 42,600.00 |



图 4.30　多重分类汇总效果图

## 4.3　数据透视表

数据透视表是一种对大量数据进行快速汇总和建立交叉列表的交互式动态表格，能帮助用户分析、组织既有的数据，是 Excel 中的数据分析利器。图 4.31 为数据透视表。

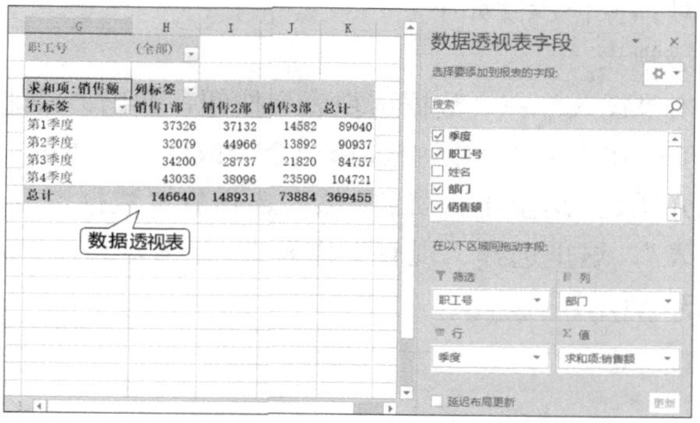

| 职工号 | (全部) | | | |
|---|---|---|---|---|
| 求和项:销售额 | 列标签 | | | |
| 行标签 | 销售1部 | 销售2部 | 销售3部 | 总计 |
| 第1季度 | 37326 | 37132 | 14582 | 89040 |
| 第2季度 | 32079 | 44966 | 13892 | 90937 |
| 第3季度 | 34200 | 28737 | 21820 | 84757 |
| 第4季度 | 43035 | 38096 | 23590 | 104721 |
| 总计 | 146640 | 148931 | 73884 | 369455 |



图 4.31　数据透视表

### 1．数据透视表的用途

数据透视表的主要用途是从数据库的大量数据中生成动态的数据报告，对数据进行分类汇总和聚合，帮助用户分析和组织数据。数据透视表还可以对记录数量较多、结构复杂的工作表进行筛选、排序、分组以及有条件地设置格式，显示数据中的规律。具体来说，数据透视表的用途有以下几点。

1）可以使用多种方式查询大量数据。

2）按类别对数据进行分类汇总和计算。

3）展开或折叠要关注结果的数据级别，查看部分区域汇总数据的明细。

4）将行移动到列或将列移动到行，以查看源数据的不同汇总方式。

5）对最有用和最关注的数据子集进行筛选、排序、分组和有条件地设置格式，使用户能够关注所需的信息。

6）提供简明、有吸引力并且带有批注的联机报表或打印报表。

### 2. 数据透视表的有效数据源

用户可以从以下 4 种类型的数据源中组织和创建数据透视表。

1）Excel 数据表。

2）外部数据源。

3）多个独立的 Excel 数据表。

4）其他数据透视表。

### 3. 创建数据透视表

对于任何一个数据透视表来说，都可以将其划分为 4 个区域，分别是行区域、列区域、值区域和筛选器，如图 4.32 所示。

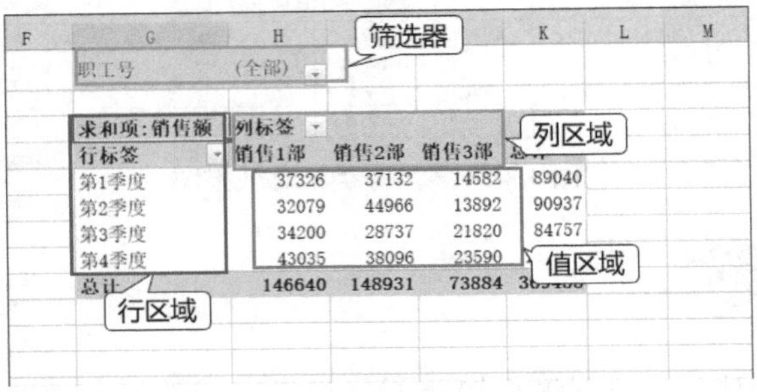


图 4.32　数据透视表的 4 个区域

创建数据透视表的具体操作步骤如下。

（1）创建空白数据透视表

选中数据区域，单击“插入”→“数据透视表”按钮，弹出“创建数据透视表”对话框，先选择要分析的数据，可以在当前工作簿中选择一个表或区域，还可以使用外部数据源，外部数据的获取在第 3 章已介绍过，这里不再赘述。然后选择放置数据透视表的位置，此处可选“新工作表”或“现有工作表”，这里选择“现有工作表”，并指定具体单元格。最后单击“确定”按钮，相关设置如图 4.33 所示。

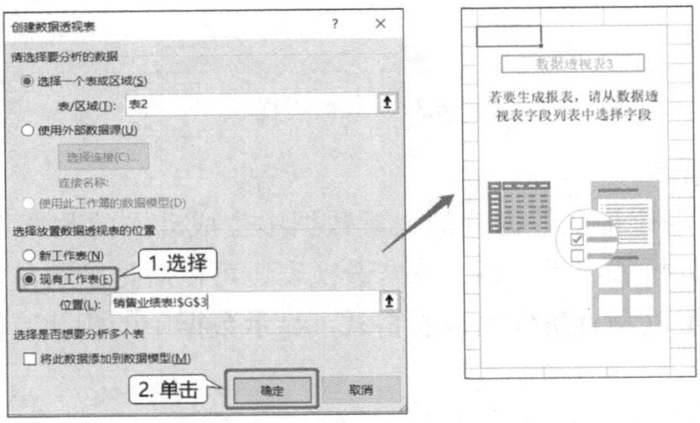


图 4.33　数据透视表设置

（2）为数字透视表添加字段

进入数据透视表的编辑界面，工作表中会出现数据透视表，在其右侧是“数据透视表字段”任务窗格。在“数据透视表字段”任务窗格中选择要添加到报表的字段，即可完成数据透视表的创建。此外，在功能区会出现“数据透视表工具”的“分析”和“设计”两个选项卡。如图 4.34 所示。

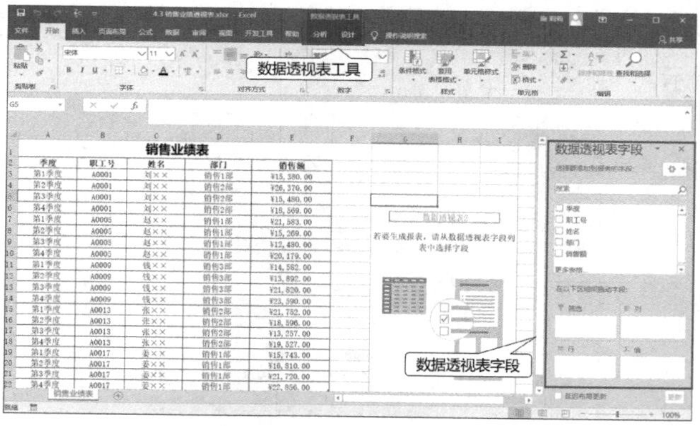


图 4.34　“数据透视表字段”任务窗格

将“职工号”拖入筛选器中，以“部门”为列，“季度”为行，求销售额之和。最后得出每个部门每个季度的销售额汇总。相关字段设置与数据透视表效果如图 4.35 所示。

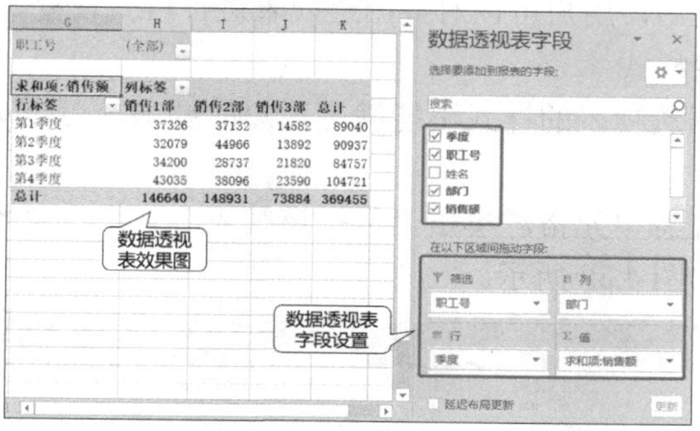


图 4.35　数据透视表字段设置和效果图

## 4．修改数据透视表

创建数据透视表后可以对数据透视表的行和列进行互换，从而修改数据透视表的布局，重组数据透视表。

比如要求每个人各季度的销售额，具体操作步骤如下：

在“数据透视表字段”任务窗格中，勾选“季度”复选框并将“季度”字段拖入“行”区域中。将筛选器中的“职工号”改为“部门”。设置过程及修改后的效果如图 4.36 所示。

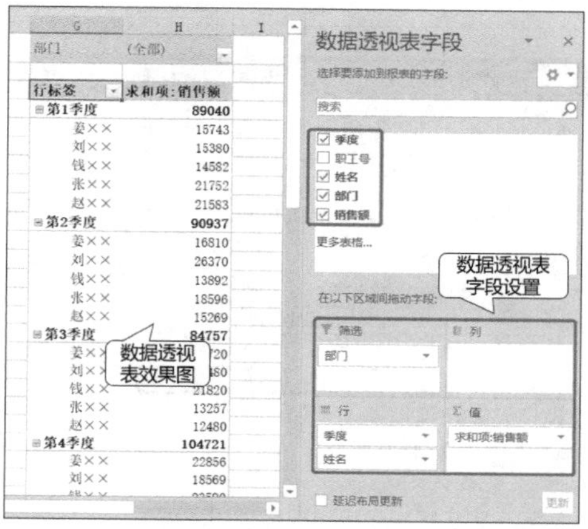


图 4.36　数据透视表字段设置及修改后的效果

再将“姓名”字段拖入“列”区域，就会得出每个人在各个季度的销售额汇总，设置过程与效果如图 4.37 所示。

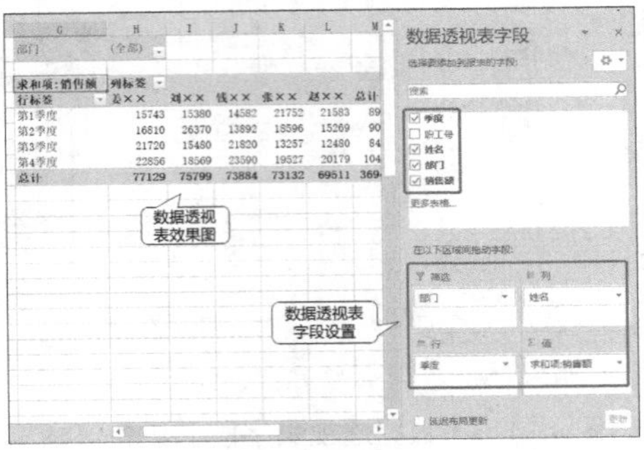


图 4.37　数据透视表字段设置及最后效果

**5．设置数据透视表的格式**

创建完数据透视表之后，用户可以对数据透视表进行格式设置。

（1）套用数据透视表样式

如果默认创建的数据透视表的样式不能满足用户的要求，可以更改数据透视表的样式。具体操作步骤如下：

选中数据透视表的任意单元格，单击“数据透视表工具”→“设计”→“数据透视表样式”→“其他”按钮，如图 4.38 所示。

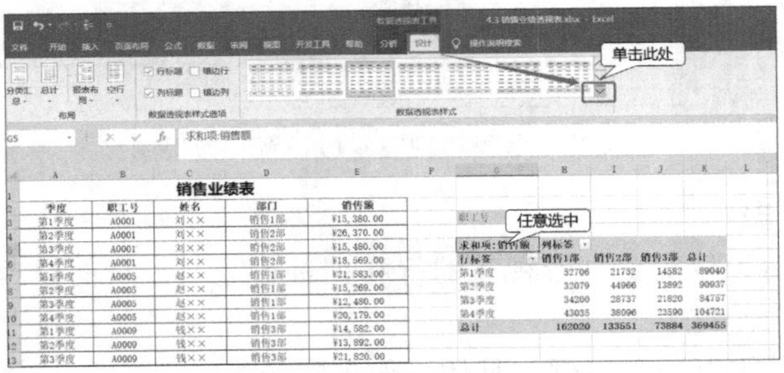


图 4.38　数据透视表样式

从弹出的下拉列表中选择合适的数据透视表样式，如选择“冰蓝，数据透视表样式中等深浅 9”，如图 4.39 所示。

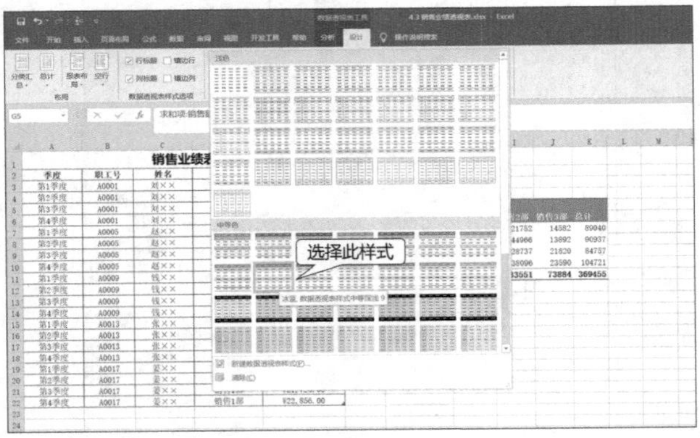


图 4.39　数据透视表样式选择

数据透视表的样式设置效果如图 4.40 所示。

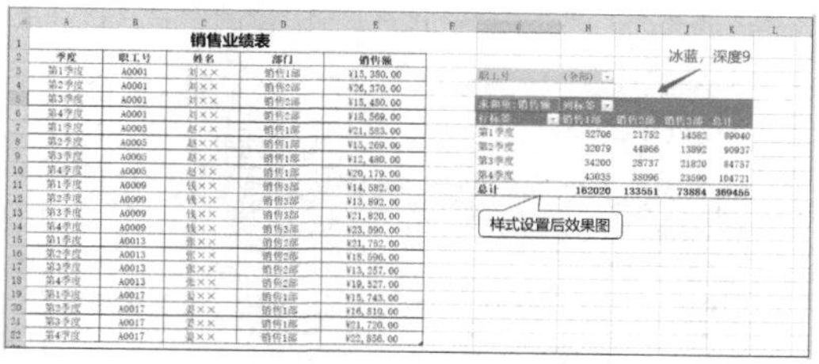


图 4.40　数据透视表的样式设置效果图

（2）自定义数据透视表样式

如果样式库中没有合适的样式，用户可以根据自己的喜好自定义数据透视表的样式。这里不再赘述。

（3）调整字段的顺序

在添加数据透视表字段的过程中，有时候添加的字段顺序不一定完全符合用户的要求，此时可以调整字段的顺序，具体操作步骤如下。

单击“行标签”单元格右侧的下拉按钮，从弹出的下拉列表中选择“降序”，结果如图 4.41 所示。

职工号　（全部）
求和项:销售额　列标签
行标签　销售1部　销售2部　销售3部　总计
第4季度　43035　38096　23590　104721
第3季度　34200　28737　21820　84757
第2季度　2079　44966　13892　90937
第1季度　2706　21752　14582　89040
总计　162020　133551　73884　369455
降序结果


图 4.41　降序结果

如果想对个别字段进行调整，除了使用快捷菜单，还可以使用鼠标直接拖曳的方法来实现。

## 6. 数据透视表中的数据操作

数据透视表中的数据是由源数据得到的，我们不能对源数据进行编辑，但可以对数据透视表中的数据进行相关操作，如数据的显示、隐藏数据集的排序等。

（1）数据的显示和隐藏

数据透视表中的数据有的是通过汇总后得到的，如何查看这些汇总数据的详细信息呢？具体操作步骤如下。

单击“行标签”单元格右侧的下拉按钮，从弹出的下拉列表中选择要显示的项目，如勾选“第 2 季度”和“第 3 季度”复选框，如图 4.42 所示。

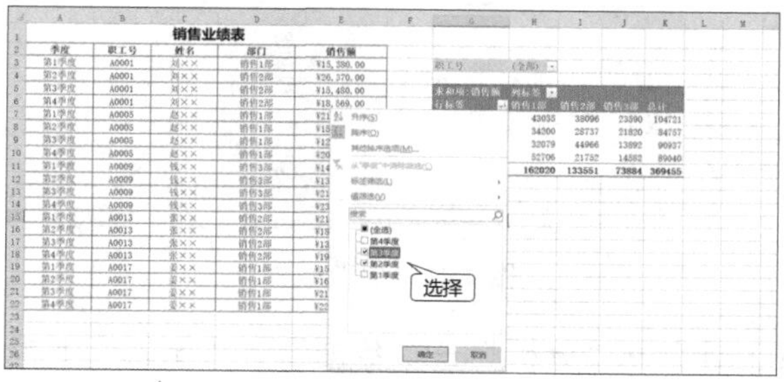


图 4.42　选择相关字段

选择完毕，单击“确定”按钮，此时即可显示刚刚选中的产品的销售额信息，如图 4.43 所示。

| 部门 | (全部) | | | | | |
|---|---|---|---|---|---|---|
| 求和项:销售额 | 列标签 | | | | | |
| 行标签 | 姜×× | 刘×× | 钱×× | 张×× | 赵×× | 总计 |
| 第2季度 | 16810 | 26370 | 13892 | 18596 | 15269 | 90937 |
| 第3季度 | 21720 | 15480 | 21820 | 13257 | 12480 | 84757 |
| 总计 | 38530 | 41850 | 35712 | 31853 | 27749 | 175694 |

图 4.43　相关字段数据显示结果

（2）数据的排序

在数据透视表中对数据的排序和在工作表中对数据的排序有差别，接下来对数据透视表中的数据按“总计”升序排序，具体操作步骤如下。

选中单元格 M5，单击“数据”→“排序和筛选”→“升序”按钮，返回数据透视表中，即可看到数据按照“总计”字段升序排序，如图 4.44 所示。

| 部门 | (全部) | | | | | |
|---|---|---|---|---|---|---|
| 求和项:销售额 | 列标签 | | | | | |
| 行标签 | 姜×× | 刘×× | 钱×× | 张×× | 赵×× | 总计 |
| 第3季度 | 21720 | 15480 | 21820 | 13257 | 12480 | 84757 |
| 第1季度 | 15743 | 15380 | 14582 | 21752 | 21583 | 89040 |
| 第2季度 | 16810 | 26370 | 13892 | 18596 | 15269 | 90937 |
| 第4季度 | 22856 | 18569 | 23590 | 19527 | 20179 | 104721 |
| 总计 | 77129 | 75799 | 73884 | 73132 | 69511 | 369455 |

图 4.44　排序结果

### 7．刷新数据透视表

如果对数据透视表的源数据进行了更改，则需要及时对数据透视表进行刷新，以便得到最新的透视数据。刷新数据透视表的方法有手动刷新和自动刷新两种。

（1）手动刷新

手动刷新数据透视表的具体步骤如下。

选中单元格 D3，将“销售 1 部”修改为“销售 2 部”，如图 4.45 所示。

| 销售业绩表 | | | | |
|---|---|---|---|---|
| 季度 | 职工号 | 姓名 | 部门 | 销售额 |
| 第1季度 | A0001 | 刘×× | 销售2部 | ¥15,380.00 |
| 第2季度 | A0001 | 刘×× | 销售2部 | ¥26,370.00 |
| 第3季度 | A0001 | 刘×× | [illegible] | ¥15,480.00 |
| 第4季度 | A0001 | 刘×× | [illegible] | ¥18,569.00 |
| 第1季度 | A0005 | 赵×× | 销售1部 | ¥21,583.00 |
| 第2季度 | A0005 | 赵×× | 销售1部 | ¥15,269.00 |
| 第3季度 | A0005 | 赵×× | 销售1部 | ¥12,480.00 |
| 第4季度 | A0005 | 赵×× | 销售1部 | ¥20,179.00 |
| 第1季度 | A0009 | 钱×× | 销售3部 | ¥14,582.00 |
| 第2季度 | A0009 | 钱×× | 销售3部 | ¥13,892.00 |
| 第3季度 | A0009 | 钱×× | 销售3部 | ¥21,820.00 |
| 第4季度 | A0009 | 钱×× | 销售3部 | ¥23,590.00 |
| 第1季度 | A0013 | 张×× | 销售2部 | ¥21,752.00 |
| 第2季度 | A0013 | 张×× | 销售2部 | ¥18,596.00 |
| 第3季度 | A0013 | 张×× | 销售2部 | ¥13,257.00 |
| 第4季度 | A0013 | 张×× | 销售2部 | ¥19,527.00 |
| 第1季度 | A0017 | 姜×× | 销售1部 | ¥15,743.00 |
| 第2季度 | A0017 | 姜×× | 销售1部 | ¥16,810.00 |
| 第3季度 | A0017 | 姜×× | 销售1部 | ¥21,720.00 |
| 第4季度 | A0017 | 姜×× | 销售1部 | ¥22,856.00 |

图 4.45　更改数据

单击“数据透视表工具”→“分析”→“数据”→“刷新”下拉按钮，从弹出的下拉列表中选择“刷新”，如图 4.46 所示。

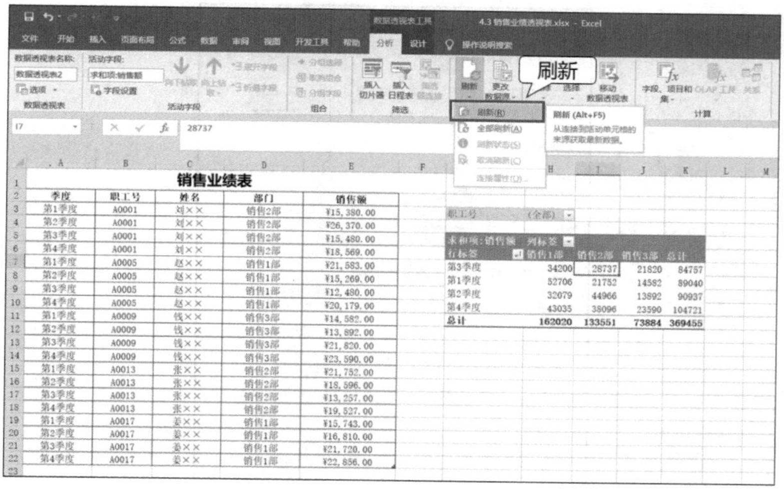


图 4.46　手动刷新设置

此时即可得到数据透视表的刷新结果，如图 4.47 所示。

| 求和项:销售额 | 列标签 | | | |
|---|---|---|---|---|
| 行标签 | 销售1部 | 销售2部 | 销售3部 | 总计 |
| 第3季度 | 34200 | 28737 | 21820 | 84757 |
| 第1季度 | 37326 | 37132 | 14582 | 89040 |
| 第2季度 | 32079 | 44966 | 13892 | 90937 |
| 第4季度 | 43035 | 38096 | 23590 | 104721 |
| 总计 | 146640 | 148931 | 73884 | 369455 |

图 4.47　手动刷新结果

（2）自动刷新

除手动刷新数据透视表外，还可以对其进行自动刷新，不过要进行设置，具体操作步骤如下。

选中数据透视表的任意单元格，右击，从弹出的快捷菜单中选择“数据透视表选项”命令，如图 4.48 所示。

图 4.48　数据透视表选项

弹出“数据透视表选项”对话框，切换到“数据”选项卡，在“数据透视表数据”区域中勾选“打开文件时刷新数据”复选框，如图 4.49 所示。

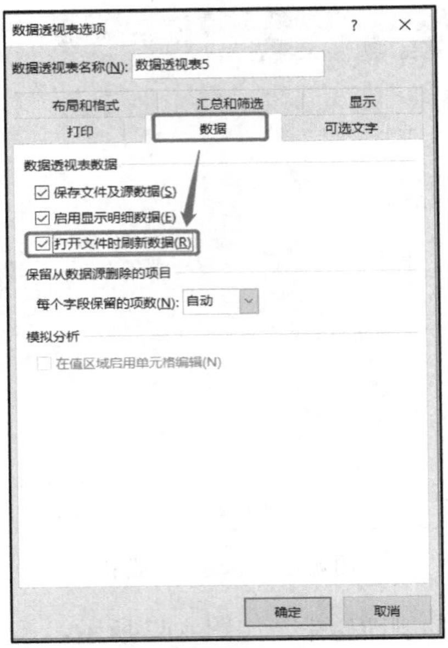


图 4.49　自动刷新设置

设置完毕，单击“确定”按钮即可，当打开数据透视表的时候，系统就会自动刷新了。

**8．移动和删除数据透视表**

在编辑数据透视表的过程中，移动与清除也是经常用到的操作。

（1）移动数据透视表

移动数据透视表的具体步骤如下。

选中整个数据透视表，单击“数据透视表工具”→“分析”→“操作”→“移动数据透视表”按钮，如图 4.50 所示。

图 4.50　移动数据透视表

在弹出的“移动数据透视表”对话框中选择新工作表，如图 4.51 所示。

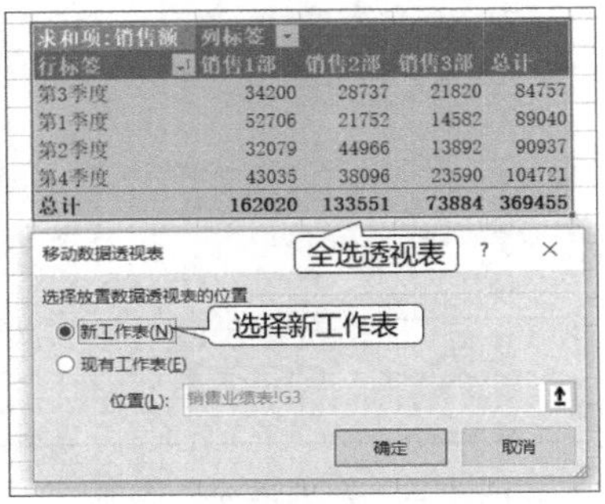


图 4.51　移动数据透视表设置

单击“确定”按钮，即可将数据透视表移动到新工作表中，如图 4.52 所示。

图 4.52 将数据透视表移动到新工作表中

（2）删除数据透视表

如果需要删除数据透视表所在的工作表，选中工作表的标签，右击，从弹出的快捷菜单中选择“删除”命令即可，如图 4.53 所示。

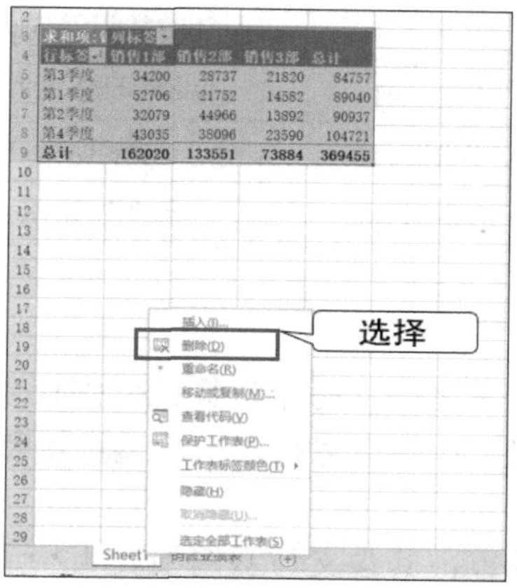


图 4.53 删除工作表

如果需要删除数据透视表中的数据，选中数据透视表，单击“数据透视表工具”→“分析”→“操作”→“清除”下拉按钮，从弹出的下拉列表中选择“全部消除”即可，如图 4.54 所示。

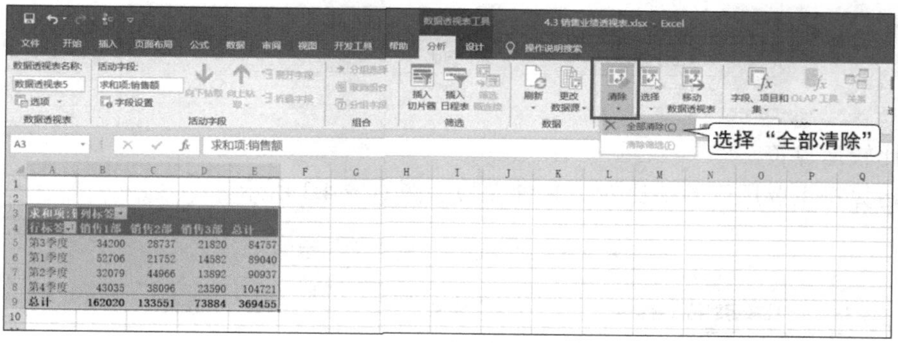


图 4.54 清除数据

## 4.4 数据计算：公式

在 Excel 2019 中，公式可以帮助用户分析工作表中的数据，如对数值进行加、减、乘、除等运算。本节介绍公式、单元格引用和名称管理器。

### 4.4.1 公式

在 Excel 中，使用公式是进行数据计算的重要方式，它可以使各类数据处理工作变得简单。在使用 Excel 公式之前，需要先了解公式的基本概念、运算符以及运算符的优先级规则。

**1. 公式的基本概念**

公式是 Excel 工作表中进行数值计算和分析的等式。公式以“=”开头，由运算项和运算符组成。简单的公式包含加、减、乘、除等运算，复杂的公式还会包含函数、引用、名称和常量等。常见公式如表 4.1 所示。

表 4.1 常见公式表

| 公式 | 说明 |
| --- | --- |
| =5*6+3-1 | 包含常量运算的公式 |
| =A1*6+B1 | 包含单元格引用的公式 |
| =单价*数量 | 包含名称的公式 |
| =SUM(A1:A6) | 包含函数的公式 |

**2. 公式中的运算符**

运算符是构成公式的基本元素之一，每个运算符分别代表一种运算。在 Excel 中，运算符分为 4 类，分别是算数运算符、比较运算符、引用运算符和文本运算符。

（1）算术运算符

算术运算符主要用于数学计算，其含义与示例如表 4.2 所示。

表 4.2 算术运算符的含义与示例

| 算术运算符（名称） | 含义 | 示例 |
| --- | --- | --- |
| +（加号） | 加 | 5+7 |
| -（减号） | 减或负号 | 8-3或-5 |
| /（斜杠） | 除 | 8/2 |
| *（星号） | 乘 | 3*4 |
| %（百分号） | 百分比 | 55% |
| ^（脱字符） | 乘幂 | =3^2 |

（2）比较运算符

比较运算符主要用于数值比较，其含义与示例如表 4.3 所示。

表 4.3 比较运算符的含义与示例

| 比较运算符（名称） | 含义 | 示例 |
| --- | --- | --- |
| =（等号） | 等于 | A1=B3 |
| >（大于号） | 大于 | A1>B3 |
| <（小于号） | 小于 | A1<B3 |
| >=（大于等于号） | 大于等于 | A1>=B3 |
| <=（小于等于号） | 小于等于 | A1<=B3 |

（3）引用运算符

引用运算符主要用于合并单元格区域，其含义与示例如表 4.4 所示。

表 4.4 引用运算符的含义与示例

| 引用运算符（名称） | 含义 | 示例 |
|---|---|---|
| ：(冒号) | 区域运算符，生成一个对两个引用之间所有单元格的引用（包括这两个引用） | B5:B15 |
| ，(逗号) | 联合运算符，将多个引用合并为一个引用 | = SUM (B5:B15,D5:D15) |
| (空格) | 交集运算符，生成一个对两个引用中共有单元格的引用 | B7:D7 C6:C8 |

（4）文本运算符

文本运算符只有一个文本串连字符“&”，用于将两个或多个字符串连接起来，其含义与示例如表 4.5 所示。

表 4.5 文本运算符的含义与示例

| 文本运算符（名称） | 含义 | 示例 |
|---|---|---|
| &（连字符） | 将两个文本连接起来产生连续的文本 | = “北” & “风”，结果为 “北风”。<br>比如：A1 "姓氏"，B1 "名字"，<br>= A1& "，" &B1 结果为 "姓氏，名字" |

## 3. 运算符的优先级

如果一个公式中包含多种类型的运算符，Excel 则按表 4.6 中运算符的优先级从高到低的顺序进行运算。如果想改变公式中运算符的优先级，可以使用括号“()”来实现，如表 4.6 所示。

表 4.6 运算符的优先级

| 运算符（优先级从高到低） | 说明 |
|---|---|
| ：，（空格） | 引用运算符：冒号、逗号和空格 |
| -（负号） | 算术运算符：负号 |
| %（百分号） | 算术运算符：百分比 |
| ^（脱字符） | 算术运算符：乘幂 |
| *和/ | 算术运算符：乘和除 |
| +和- | 算术运算符：加和减 |
| & | 文本运算符：连接文本 |
| =，<，>，>=，<=，<> | 比较运算符：比较两个值 |

## 4. 使用公式自动求和

在 Excel 2019 中，如果要对多个单元格或区域进行求和，可以使用状态栏的自动计算功能和“自动求和”按钮快速地完成单元格的求和。

（1）自动显示计算结果

自动计算的功能就是对选定的单元格区域计算各种汇总数值，包括平均值、包含数据的单元格计数、求和、最大值和最小值等。我们以“2019 年年度总利润统计表”为例，打开该工作簿并选择 B3:B5 单元格区域，在状态栏中可看到计算结果，如图 4.55 所示。

图 4.55　自动显示计算结果

如果未显示计算结果，则可在状态栏上右击，在弹出的快捷菜单中选择需要的命令，如求和、平均值等，如图 4.56 所示。

图 4.56　状态栏上右击菜单命令

（2）自动求和

在日常工作中，最常用的计算是求和，Excel 将它设计成工具按钮，置于“开始”选项卡的“编辑”选项组中，该按钮可以自动设定待求和单元格区域的引用地址。另外，在“公式”选项卡的“函数库”选项组中，也集成了“自动求和”按钮。自动求和的具体步骤如下。

1）打开“2019 年年度总利润统计表”，选中 F3 单元格，单击“公式”→“函数库”→“自动求和”下拉按钮，从弹出的下拉列表中选择“求和”，如图 4.57 所示。

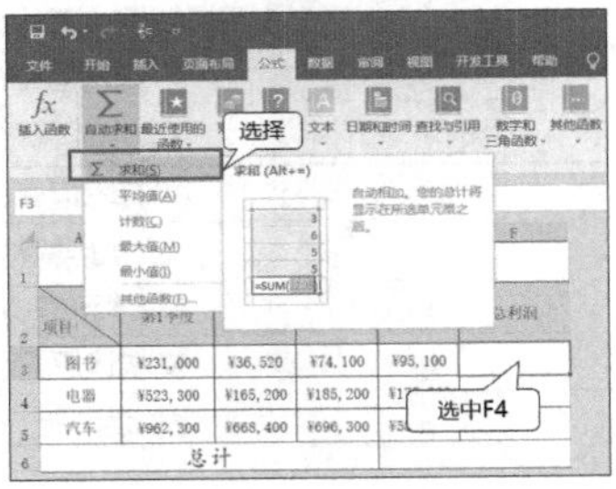


图 4.57　自动求和

2）F3 单元格中出现求和公式，如图 4.58 所示。

图 4.58　自动求和公式

3）如果括号中的参数区域不对，可更改后再按 Enter 键，即可求出 F3 单元格的值，结果如图 4.59 所示。

图 4.59　自动求和结果

## 4.4.2　单元格引用

单元格引用就是引用单元格的地址，即把单元格的数据和公式联系起来，因此公式与单元格引用是分不开的，在公式中可以把单元格引用作为计算项，代替单元格的实际数值。单元格引用有相对引用、绝对引用、混合引用、三维引用（又可分为跨工作表引用和跨工作簿引用）等类型。

### 1. 相对引用

相对引用是指单元格引用会随公式所在单元格的位置的改变而改变。复制公式时，系统不是把原来的单元格地址原样照搬，而是根据公式原来的位置和复制的目标位置来推算公式中单元格地址相对原来位置的变化。默认情况下，公式使用的是相对引用。

还是以“2019 年年度总利润统计表”为例，单击 F3 单元格，拖动填充柄至 F4 单元格，F4 单元格公式计算结果如图 4.60 所示。

图 4.60　公式相对引用

### 2. 绝对引用

绝对引用是指在复制公式时，无论如何改变公式的位置，其引用单元格的地址都不会改变。绝对引用的表示形式是在普通地址的前面加“$”符号，如 C1 单元格的绝对引用形式是 $C$1。

相对引用与绝对引用可以相互切换，快捷键是“F4”/“Fn+F4”。以快捷键“F4”为例，每按一次 F4 键，引用单元格地址的类型就会改变，其切换结果如表 4.7 所示。

表 4.7　相对引用与绝对引用的切换

| 按 F4 键 | 引用形式 | 引用位址C3说明 |
|---|---|---|
| 第1次 | $C$3 | 绝对引用 |
| 第2次 | C$3 | 只有行编号是绝对地址 |
| 第3次 | $C3 | 只有列编号是绝对地址 |
| 第4次 | C3 | 还原为相对引用 |

### 3. 混合引用

除了相对引用和绝对引用，还有混合引用，也就是相对引用和绝对引用的共同引用。当需要固定行引用而改变列引用，或者固定列引用而改变行引用时，就要用到混合引用，即相对引用部分发生改变，绝对引用部分不变。例如，$B5、B$5 都是混合引用。

例如求订书金额，F3 单元格的计算公式就是典型的混合引用，如图 4.61 所示。

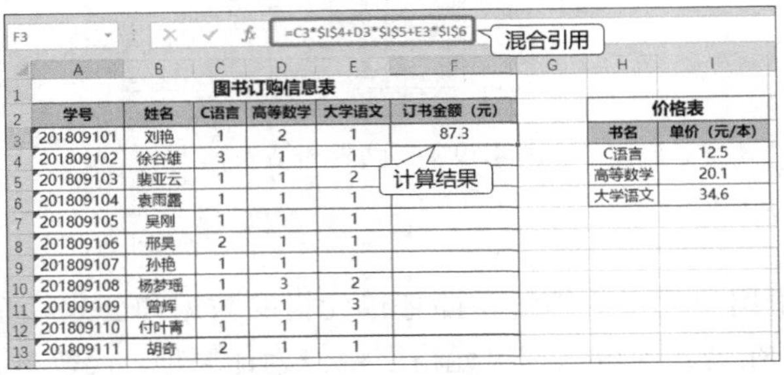


图 4.61　混合引用

### 4. 三维引用

三维引用是对跨工作表或跨工作簿的单元格或单元格区域的引用。三维引用的形式为“[工作簿名]工作表名！单元格地址”。

一般情况下，跨工作表引用默认是相对引用，而跨工作簿引用默认是绝对引用。

（1）跨工作表引用

Excel 中同一个文件中不同工作表之间的数据可以互相引用。例如，订书的单价在另一个工作表中，要计算“订书金额”，就会用到跨表引用，如图 4.62 所示。

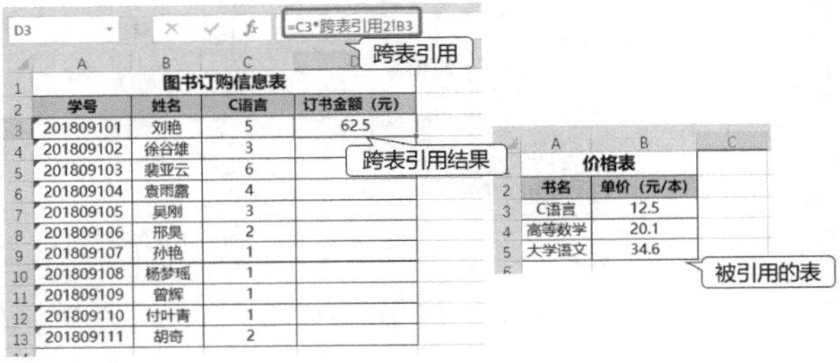


图 4.62　跨工作表引用

（2）跨工作簿引用

Excel 中不同文件中的数据可以互相引用。例如，订书的单价在另一个工作簿的工作表中，要求“订书金额”，就会用到跨工作簿引用，如图 4.63 所示。

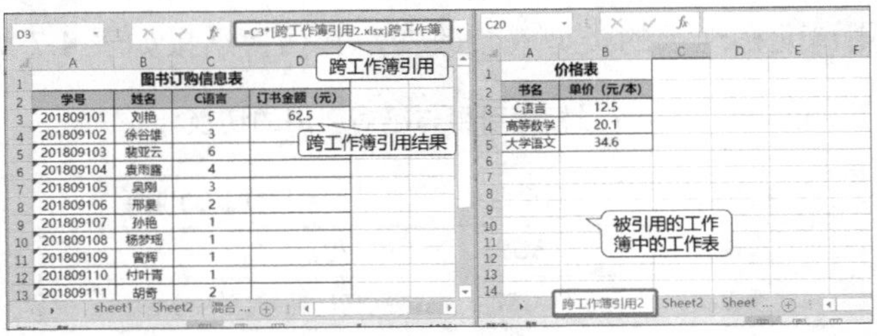


图 4.63　跨工作簿引用

## 4.4.3　名称管理器

在公式中，除可以引用单元格的地址之外，还可以使用名称进行计算。给单元格、单元格区域及常量等定义名称后，定义的名称也可以用在公式中，这比引用单元格的地址更加直观、更加容易理解。也就是说，名称可以代表一定的单元格区域、常量、文本等。

“名称管理器”对话框如图 4.64 所示。

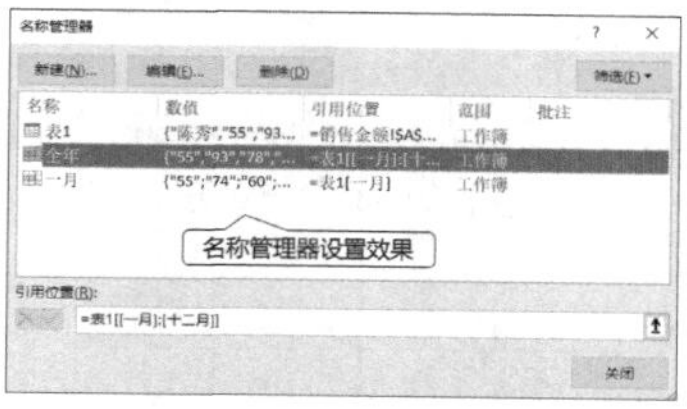


图 4.64　“名称管理器”对话框

### 1. 名称管理器的功能

1）显示有关工作簿中每个名称的信息。可以调整“名称管理器”对话框的大小并加大列宽以显示更多的信息，也可以单击列标题按列对信息进行分类。

2）允许筛选显示的名称。单击“筛选”按钮后仅显示符合一定条件的名称。例如，可以只查看工作簿的层次名称。

3）快速新建名称。单击“名称管理器”对话框的“新建”按钮，可创建一个新的名称。

4）编辑名称。要编辑某个名称，在列表中选中它并单击“编辑”按钮，可以改变名称或引用位置或编辑批注。

注意：删除名称时需特别小心。如果名称用于公式中，删除名称会导致公式变得无效（显示#NAME?）。然而，删除名称操作可撤销，所以如果在删除名称后发现公式返回#NAME?，单击快速访问工具栏中的“撤消”按钮（或按 Ctrl+Z 组合键）可恢复名称。

### 2. 名称的定义

名称的定义有以下 3 种方法：

1）在“名称框”中直接输入名称后按 Enter 键；

2）使用“定义名称”功能；

3）在“名称管理器”对话框中单击“新建”按钮。

以上 3 种方法中，第一种方法在第 2 章详细介绍过，即直接在名称框中输入名称。这里不再赘述。下面介绍第二、三种方法。

（1）使用“定义名称”功能定义名称

单击“公式”→“定义的名称”→“定义名称”按钮，在弹出的“新建名称”对话框中输入名称，确定引用位置。单击“确定”按钮即完成名称的定义，如图 4.65 所示。

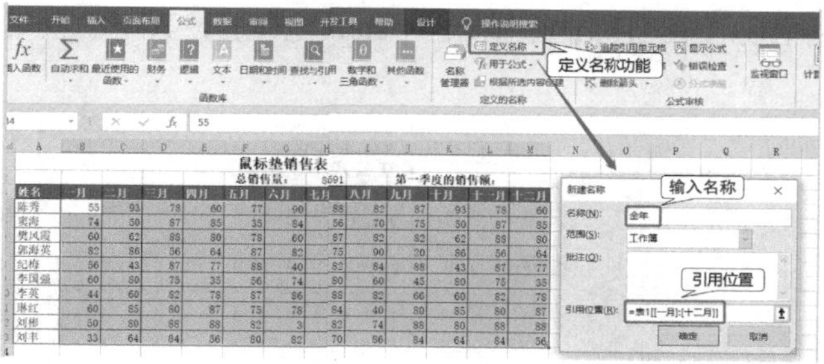


图 4.65　定义名称设置

（2）使用“名称管理器”定义名称

单击“公式”→“定义的名称”→“名称管理器”按钮，在弹出的“名称管理器”对话框中单击“新建”按钮，就会弹出“新建名称”对话框，输入名称，确定引用位置。单击“确定”按钮即可完成名称的定义。设置过程及结果如图 4.66 所示。

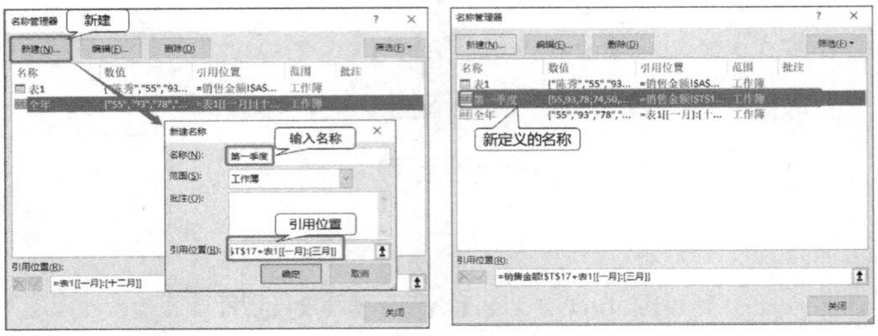


图 4.66　定义名称设置过程及结果

### 3．名称修改与删除

对于已经定义好的名称，若想修改和删除它，可在名称管理器内完成。

（1）名称修改

单击“公式”→“定义的名称”→“名称管理器”按钮，在弹出的“名称管理器”对话框中单击“编辑”按钮，就会弹出“编辑名称”对话框，可以对名称和引用位置进行修改，如图 4.67 所示。

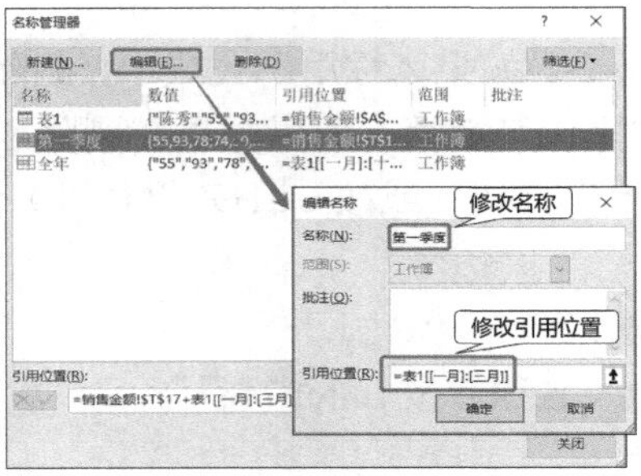


图 4.67　编辑名称

（2）删除名称

跟上面的步骤一样，在弹出的“名称管理器”对话框中单击“删除”按钮，即可删除已定义好的名称。

### 4．名称的使用

定义完名称后，就可在 Excel 中像引用单元格的地址一样使用名称。

1）在公式中使用名称。在名称框中输入“=sum(全年)”，其中“全年”是名称，如图 4.68 所示。

| | A | B | C | D | E | F | G | H | I | J | K | L | M |
|---|---|---|---|---|---|---|---|---|---|---|---|---|---|
| 1 | | | | | | 鼠标垫销售表 | | | | | | | |
| 2 | | | | | | 总销售量: | | 8691 | | 第一季度的销售额: | | | |
| 3 | 姓名 | 一月 | 二月 | 三月 | 四月 | 五月 | 六月 | 七月 | 八月 | 九月 | 十月 | 十一月 | 十二月 |
| 4 | 陈秀 | 55 | 93 | 78 | 60 | 77 | 90 | 88 | 82 | 87 | 93 | 78 | 60 |
| 5 | 窦海 | 74 | 50 | 87 | 85 | 35 | 84 | 56 | 70 | 75 | 50 | 87 | 85 |
| 6 | 樊风霞 | 60 | 62 | 88 | 80 | 78 | 60 | 87 | 82 | 82 | 62 | 88 | 80 |
| 7 | 郭海英 | 82 | 86 | 56 | 64 | 87 | 82 | 75 | 90 | 20 | 86 | 56 | 64 |
| 8 | 纪梅 | 56 | 43 | 87 | 77 | 88 | 40 | 82 | 84 | 88 | 43 | 87 | 77 |
| 9 | 李国强 | 60 | 80 | 75 | 35 | 56 | 74 | 80 | 60 | 45 | 80 | 75 | 35 |
| 10 | 李英 | 44 | 60 | 82 | 78 | 87 | 86 | 88 | 82 | 66 | 60 | 82 | 78 |
| 11 | 琳红 | 60 | 85 | 80 | 87 | 75 | 78 | 84 | 40 | 80 | 85 | 80 | 87 |
| 12 | 刘彬 | 50 | 80 | 88 | 88 | 82 | 3 | 82 | 74 | 88 | 80 | 88 | 88 |
| 13 | 刘丰 | 33 | 64 | 84 | 56 | 80 | 82 | 70 | 86 | 84 | 64 | 84 | 56 |

图 4.68　在公式中使用名称

2）在“数据验证”对话框中使用名称。如图 4.69 所示，输入“=全年”，其中“全年”即数据来源区域的名称。

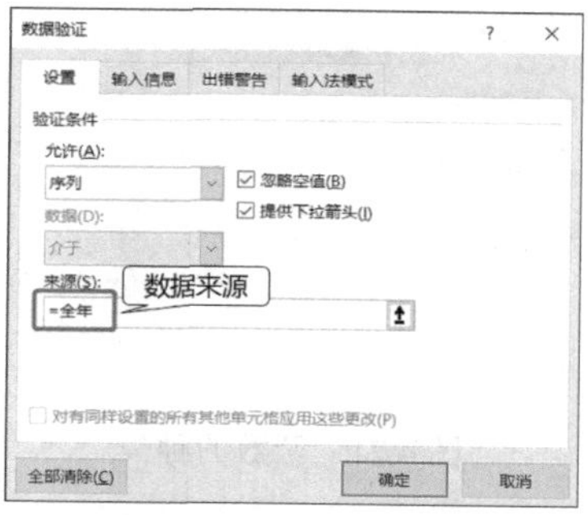


图 4.69 在“数据验证”对话框中使用名称

## 4.5 数据计算：函数

在 Excel 中，函数应用比较广泛，而且其计算能力也比较强。如果想要使用 Excel 进行数据处理与分析，函数是必不可少的工具。本节将介绍常用函数的功能及使用方法，让大家轻松了解并掌握函数。

### 4.5.1 函数

Excel 提供了各种各样的函数，从简单的数据分析函数到复杂的系统设置函数，将 Excel 函数运用到实际工作中，不但可以使工作人员轻松应对办公，而且能够为企业经营、管理及战略发展提供数据支撑。本节重点介绍一些常用的函数。

**1. 函数的组成**

在 Excel 中，一个完整的函数式通常由三部分组成，分别是标识符、函数名称、函数参数，其格式，如图 4.70 所示。

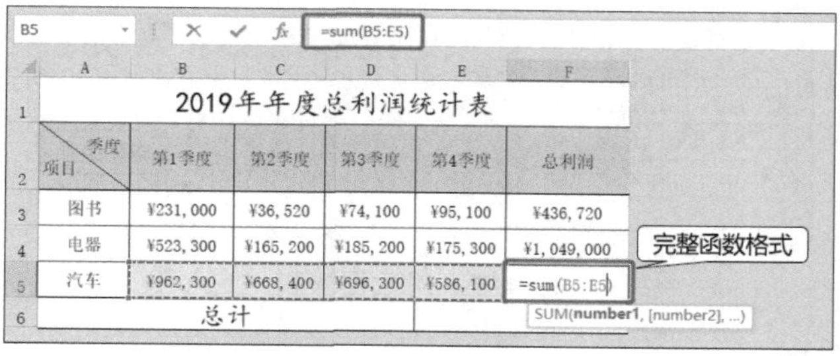


图 4.70 完整函数格式

图 4.70 中函数式“=sum(B5:E5)”，其中“=”即标识符；函数标识符后面的“sum()”即函数名称；表达式“B5:E5”即函数参数，可以是常量、逻辑值、单元格引用、名称或其他。

**2. 函数的分类**

Excel 提供了丰富的内置函数，按照功能可以分为财务函数、日期与时间函数、数学与三角函数、统计函数、查找与引用函数、数据库函数、文本函数、逻辑函数、信息函数、工程函数、多维数据集函数、兼容性函数和 Web 函数等 13 类。用户可以在“插入函数”对话框中查看这 13 类函数，如图 4.71 所示。

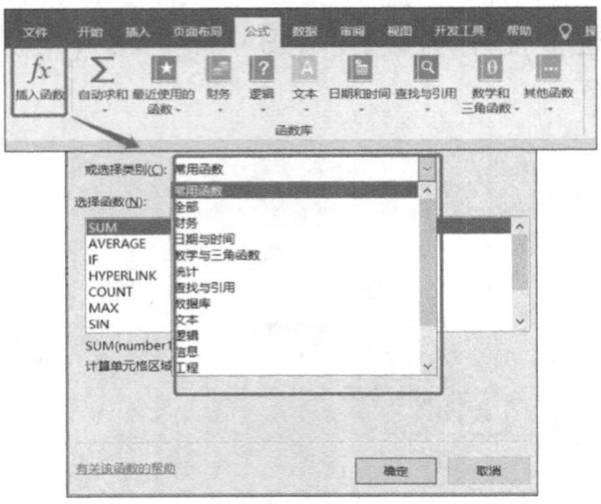


图 4.71　函数的种类

本节重点介绍简单数值计算函数、文本函数、日期与时间函数和查找与引用函数。

## 4.5.2　数值计算函数

Excel 中比较常用的数值计算函数包括 SUM 函数、AVERAGE 函数、ROUND 函数和 MOD 函数等。本节详细介绍常用的数值计算函数的功能及使用方法。

### 1．SUM 函数

SUM 函数的功能是计算单元格区域中所有数值的和。

语法格式：SUM(number1,number2,number3,…)

参数说明：最多可以指定 30 个参数，各参数用逗号隔开；当计算相邻单元格区域中的数值之和时，使用冒号指定单元格区域；参数如果是数值数字以外的文本，则返回错误值“#VALUE”。

我们继续以“2019 年年度总利润统计表”为例，打开该工作簿，并在 F3 单元格中输入公式“=sum(B3:E3)”，按 Enter 键后就可以得出图书年度利润之和，如图 4.72 所示。

图 4.72　对数据求和

### 2．AVERAGE 函数

AVERAGE 函数的功能是返回所有参数的算术平均值。

语法格式：AVERAGE(number1,number2,…)

参数说明：参数 number1,number2,…是要计算平均值的 1～30 个参数。

计算平均值的具体步骤如下。

在“2019 年年度总利润统计表”中，选中 G3 单元格，直接输入公式“=AVERAGE(B3:E3)”；或者单击“公式”→“自动求和”下拉按钮，从弹出的下拉列表中选择“平均值”，就会出现上述公式，核对区域无误，按 Enter 键即可得出图书的 4 个季度的利润平均值，如图 4.73 所示。

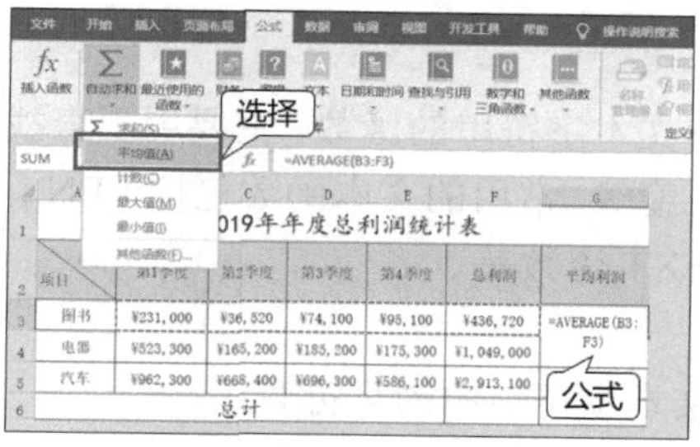


图 4.73　计算平均值

### 3．ROUND 函数

ROUND 函数的功能是返回某个数值按照指定位数四舍五入后的数字。

语法格式：ROUND(number,num_digits)

参数说明：number 表示用于四舍五入的数字，参数不能是一个单元格区域，如果参数是数值以外的文本，则返回错误值“#VALUE！”；num_digits 表示位数，按此位数进行四舍五入，该参数不能省略。

num_digits 与 ROUND 函数返回值的关系如表 4.8 所示。图 4.74 为对数值进行四舍五入并取 1 位小数的结果图。

表 4.8　num_digits 与 ROUND 函数返回值的关系

| num_digits | ROUND函数返回值 |
|---|---|
| >0 | 四舍五入到指定的小数位 |
| =0 | 四舍五入到最接近的整数位 |
| <0 | 在小数点的左侧进行四舍五入 |

图 4.74　对数值进行四舍五入并取 1 位小数的结果

### 4．MOD 函数

MOD 函数的功能是返回两个数相除的余数。返回结果的符号与除数相同。

语法格式：MOD(number,divisor)

参数说明：number 表示被除数，divisor 表示除数。如果 divisor 为零，则返回错误值“#DIV/0!”。MOD 函数说明如表 4.9 所示。

表 4.9　MOD 函数说明

| 函数 | 结果 | 说明 |
|---|---|---|
| =MOD(27,5) | 2 | 27除以5的余数 |
| =MOD(27,-5) | -3 | 27除以-5的余数 |
| =MOD(-27,-5) | -2 | -27除以-5的余数 |

### 4.5.3　文本函数

文本函数是在公式中处理文本字符串的函数，主要用于查找、提取文本中的特定字符串，转换数据类型及返回字符串长度等。常用的文本函数包括 LEN 函数、FIND 函数、LEFT 函数、RIGHT 函数、MID 函数和 TEXT 函数等。

#### 1．LEN 函数

LEN 函数的功能是返回文本字符串中的字符数。

语法格式：LEN(text)

参数说明：text 为要计算或查找其长度的文本字符串，包括空格。

特别注意：空格字符也会被计算入字符串长度，如图 4.75 所示。

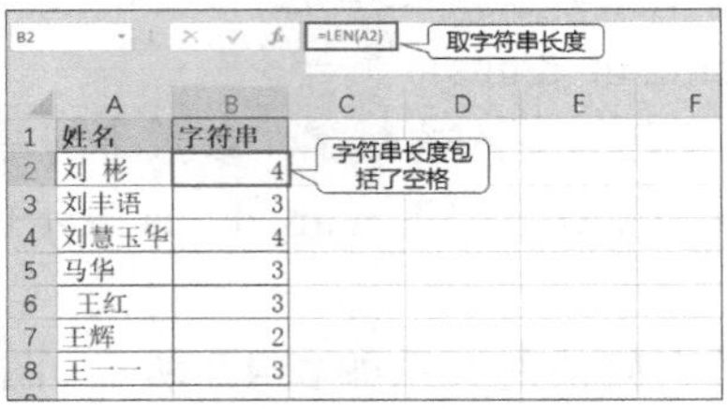


图 4.75　LEN 函数的使用

#### 2．FIND 函数

FIND 函数是用于查找文本字符串的函数。其功能是返回一个字符串在另一个字符串中出现的起始位置。

语法格式：FIND(find_text,within_text,start_num)

参数说明：find_text 是要查找的文本；within_text 是包含要查找文本的文本；start_num 是指定开始进行查找的字符，如果忽略 start_num，则假设其为 1。

特别注意：FIND 函数区分大小写并且不允许使用通配符。

比如，查找 D2 单元格中“and”单词的起始位置，查找“D3”单元格中“And”单词的起始位置，如图 4.76 所示。

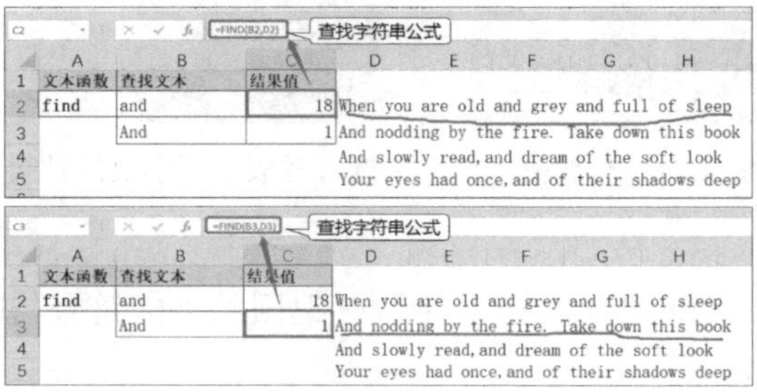


图 4.76　FIND 函数的使用

#### 3．LEFT 函数

LEFT 函数的功能是从一个文本字符串的开头返回指定个数的字符。

语法格式：LEFT(text, num_chars)

参数说明：text 为包含要提取的字符的文本字符串，或对包含文本的列的引用；num_chars 为要提取的字符的数量，可选，如果省略，则为 1。

在使用 LEFT 函数时要注意以下 3 点。

1）num_chars 必须大于或等于零。

2）如果 num_chars 大于文本长度，则 LEFT 返回全部文本。

3）如果省略 num_chars，则默认其值为 1。

例如，要查找电话号码的区号，可用 LEFT 函数进行查找，如图 4.77 所示。

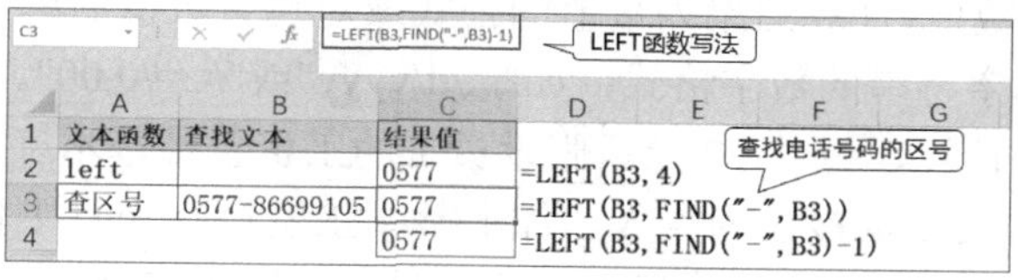


| | A | B | C | D |
|---|---|---|---|---|
| 1 | 文本函数 | 查找文本 | 结果值 | |
| 2 | left | | 0577 | =LEFT(B3,4) |
| 3 | 查区号 | 0577-86699105 | 0577 | =LEFT(B3,FIND("-",B3)) |
| 4 | | | 0577 | =LEFT(B3,FIND("-",B3)-1) |

图 4.77　LEFT 函数的使用

### 4．RIGHT 函数

RIGHT 函数的功能是从一个文本字符串的最后一个字符开始返回指定个数的字符。

语法格式：RIGHT(text, num_chars)

参数说明：text 为包含要提取的字符的文本字符串；num_chars 为要提取的字符的数量，可选，如果省略，则为 1。

例如，要查找去掉区号后的电话号码，可用 RIGHT 函数进行查找，如图 4.78 所示。

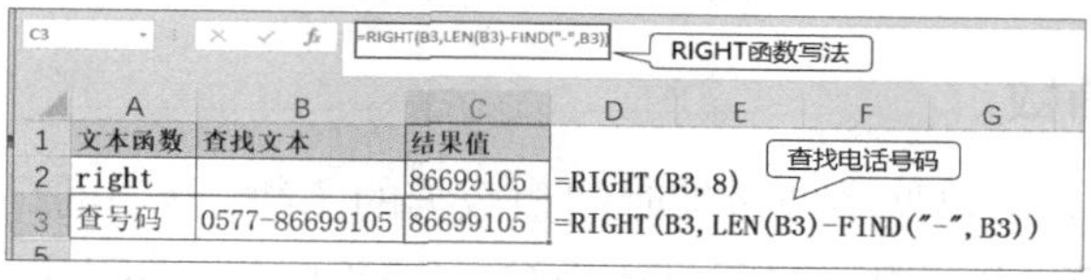


| | A | B | C | D |
|---|---|---|---|---|
| 1 | 文本函数 | 查找文本 | 结果值 | |
| 2 | right | | 86699105 | =RIGHT(B3,8) |
| 3 | 查号码 | 0577-86699105 | 86699105 | =RIGHT(B3,LEN(B3)-FIND("-",B3)) |

图 4.78　RIGHT 函数的使用

### 5．MID 函数

MID 函数的功能是从文本字符串中指定的位置开始返回指定长度的字符。

语法格式：MID(text,start_num,num_chars)

参数说明：text 为包含要提取字符的文本字符串；start_num 为文本中要提取的第一个字符的位置，文本中第一个字符的 start_num 为 1，以此类推；num_chars 为希望从文本中返回的字符的个数。

在使用 MID 函数时要注意以下 3 点。

1）如果参数 start_num 大于文本长度，函数返回空值。

2）如果参数 start_num 小于文本长度，但 start_num 加上 num_chars 超过文本的长度，则返回直到最后的字符。

3）如果 start_num 小于 1 且参数 num_chars 是负数，则返回错误值“#VALUE!”。

例如，从身份证号码中提取出生日期的相关信息，如图 4.79 所示。

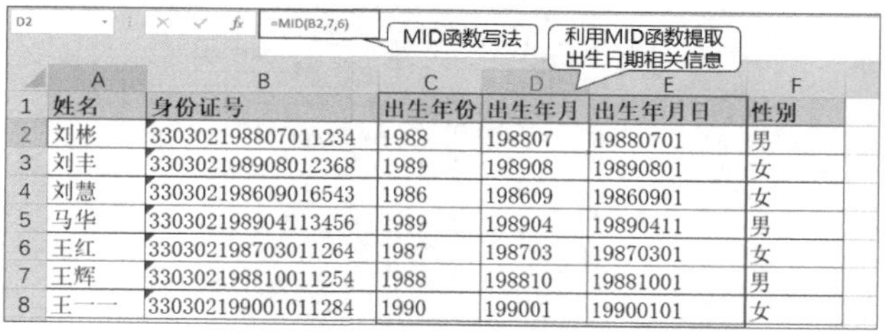


| | A | B | C | D | E | F |
|---|---|---|---|---|---|---|
| 1 | 姓名 | 身份证号 | 出生年份 | 出生年月 | 出生年月日 | 性别 |
| 2 | 刘彬 | 330302198807011234 | 1988 | 198807 | 19880701 | 男 |
| 3 | 刘丰 | 330302198908012368 | 1989 | 198908 | 19890801 | 女 |
| 4 | 刘慧 | 330302198609016543 | 1986 | 198609 | 19860901 | 女 |
| 5 | 马华 | 330302198904113456 | 1989 | 198904 | 19890411 | 男 |
| 6 | 王红 | 330302198703011264 | 1987 | 198703 | 19870301 | 女 |
| 7 | 王辉 | 330302198810011254 | 1988 | 198810 | 19881001 | 男 |
| 8 | 王一一 | 330302199001011284 | 1990 | 199001 | 19900101 | 女 |

图 4.79　MID 函数的使用

6．TEXT 函数

TEXT 函数的功能是将数值转换为指定格式的文本。可以使用特殊格式字符串指定格式。将数字与文本或符号合并时，此函数非常有用。

语法格式：TEXT(value,format_text)

参数说明：value 为数值、计算结果为数值的公式或对包含数值的单元格的引用；format_text 为用引号括起来的文本字符串的数字格式，如"m/d/yyyy"或"#,##0.00"。

例如，工作量按件计算，每件 10 元。假设员工的工资包括基本工资和工作量工资，月底时，公司需要把员工的工作量转换为收入，加上基本工资进行当月工资的核算。这就需要用 TEXT 函数将数字转换为文本格式，并添加货币符号，如图 4.80 所示。

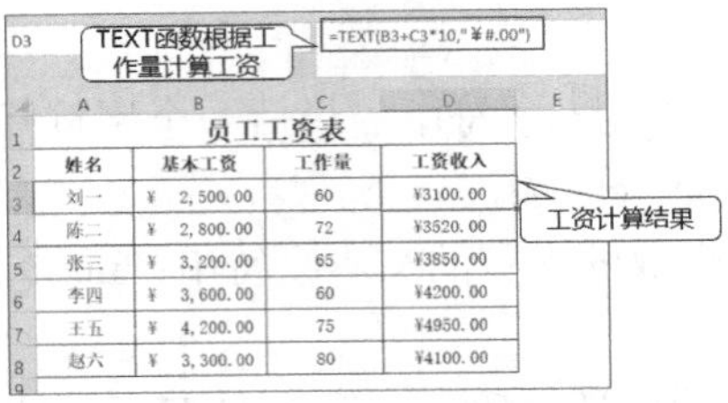


图 4.80　TEXT 函数的使用

## 4.5.4　日期与时间函数

日期与时间函数是处理日期型或日期时间型数据的函数。常用的日期与时间函数有 DATE 函数、TODAY 函数、YEAR 函数、MONTH 函数、DAY 函数、HOUR 函数、MINUTE 函数、SECOND 函数、NETWORKDAYS 函数和 WEEKDAY 函数等。

1．DATE 函数

DATE 函数的功能是返回表示特定日期的连续序列号。在通过公式或单元格引用提供年月日时，DATE 函数最为有用。

语法格式：DATE(year,month,day)

参数说明：

year：可以为 1～4 位数字。

month：代表每年中月份的数字。如果所输入的 month 大于 12，将从指定年份的一月份开始往上加算。例如，DATE(2018,14,2)返回代表 2019 年 2 月 2 日的序列号。

day：代表在该月份中第几天的数字。如果 day 大于该月份的最大天数，则从指定月份的第一天开始往上累加。例如，DATE(2019,1,35)返回代表 2019 年 2 月 4 日的序列号。

例如，某公司从 2019 年开始销售饮品，在 2019 年 1～5 月进行各种促销活动，要想知道各种促销活动的促销天数，可以利用 DATE 函数计算，如图 4.81 所示。

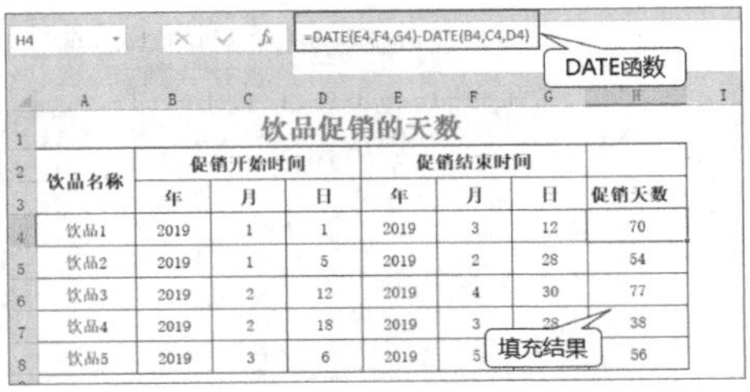


图 4.81　DATE 函数的使用

### 2. TODAY 函数

TODAY 函数的功能是返回当前系统日期。

语法格式：TODAY()

参数说明：此函数没有参数，其返回结果不是固定不变的，而是随着日期的改变而改变的。

如果在输入该函数前，单元格的格式为“常规”，Excel 会将单元格格式自动更改为“日期”。如果要查看序列号，必须将单元格格式更改为“常规”或“数值”。TODAY 函数也可以用于计算时间间隔。

例如，假设 2018 级学生的毕业时间是 2021 年 6 月 30 日，要计算 2018 级学生距离毕业还有多少天，即可使用 DATE 函数和 TODAY 函数计算。当前系统时间为 2020 年 5 月 24 日，结果如图 4.82 所示。

图 4.82 TODAY 函数的使用

### 3. YEAR 函数

YEAR 函数的功能是返回某个日期的年份。以此可类推 MONTH、DAY、HOUR 函数也是类似的，这里就不多介绍了。

语法格式：YEAR(serial_number)

参数说明：serial_number 为一个日期值，其中包含要查找的年份。日期有多种输入方式：带引号的文本串（如"1998/01/30"）、系列数（例如，如果使用 1900 日期系统，则 35825 表示 1998 年 1 月 30 日）或其他公式或函数的结果（如 DATEVALUE("1998/1/30")）。

例如，公司一般会根据员工的工龄来发放工龄工资，可以使用 YEAR 函数计算员工的工龄，如图 4.83 和图 4.84 所示。

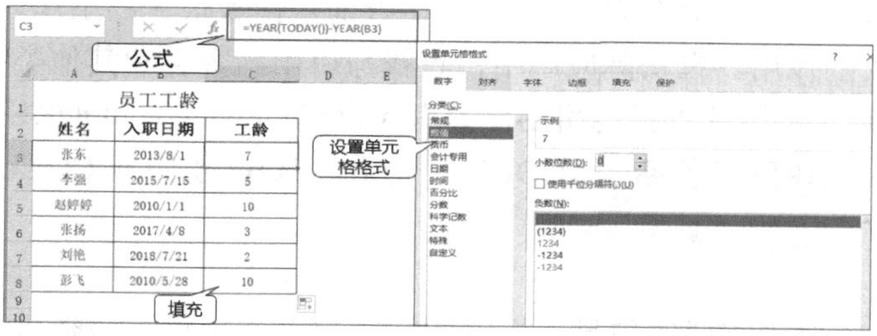


图 4.83 YEAR 函数的使用

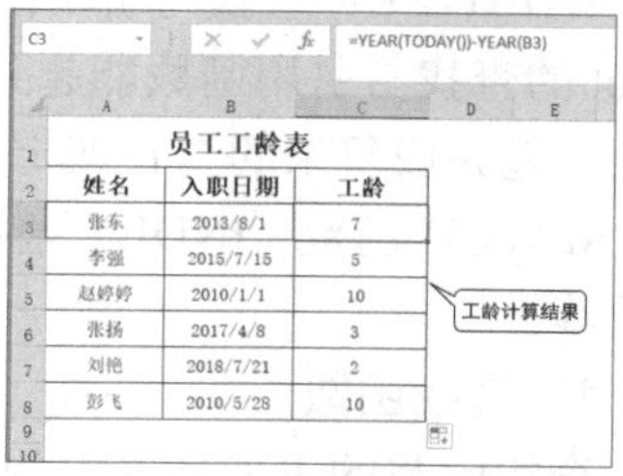


图 4.84 工龄计算结果

### 4. NETWORKDAYS 函数

NETWORKDAYS 函数的功能是返回参数开始日期和结束日期之间完整的工作日（不包括周末和专门指定的假期）。

语法格式：NETWORKDAYS (start_date,end_date,holidays)

参数说明：start_date 代表开始日期；end_date 代表终止日期；holidays 表示不在工作日历中的一个或多个日期所构成的可选区域，如法定假日及其他非法定假日。此数据清单可以是包含日期的单元格区域，也可以是由代表日期的序列号所构成的数组常量。

例如，使用 NETWORKDAYS 函数求某企业员工的工作天数，结果如图 4.85 所示。

=NETWORKDAYS(C2,D2,$B$15:$D$15)  NETWORKDAYS函数用法

| 产品编号 | 产品名称 | 生产日期 | 完工日期 | 生产周期 | 工作日天数 |
|---|---|---|---|---|---|
| 1025 | 产品1 | 2012/9/25 | 2013/10/7 | 377 | 268 |
| 1026 | 产品2 | 2013/9/26 | 2014/10/8 | 377 | 270 |
| 1027 | 产品3 | 2012/9/27 | 2013/10/9 | 377 | 268 |
| 1028 | 产品4 | 2011/9/28 | 2013/10/10 | 743 | 530 |
| 1029 | 产品5 | 2013/9/29 | 2015/10/11 | 742 | 530 |
| 1030 | 产品6 | 2011/9/30 | 2013/10/12 | 743 | 529 |
| 1031 | 产品7 | 2013/10/1 | 2014/10/13 | 377 | 270 |
| 1032 | 产品8 | 2011/10/2 | 2012/10/14 | 378 | 270 |
| 1033 | 产品9 | 2012/10/3 | 2014/10/15 | [illegible] | 529 |
| 1034 | 产品10 | 2013/10/4 | 2015/10/16 | [illegible] | 531 |
| 1035 | 产品11 | 2012/10/5 | 2014/10/17 | 742 | 529 |

填充结果

| 节假日 | 2013/4/4 | 2013/5/1 | 2013/6/1 |
|---|---|---|---|

holidays

图 4.85　NETWORKDAYS 函数的使用

### 5. WEEKDAY 函数

在实际工作中，有时需要计算未来或者过去某个日期的星期值，如果去翻阅日历，就很麻烦。这时，我们只需要使用 WEEKDAY 函数就能快速准确地计算出某个日期的星期值。

WEEKDAY 函数的功能是返回指定日期的星期值。

语法格式：WEEKDAY(serial_number,return_type)

参数说明：serial_number 是要返回星期值的日期；return_type 用来确定返回值类型。如果 return_type 为数字 1 或省略，则 1 至 7 表示星期天到星期六；如果 return_type 为数字 2，则 1 至 7 表示星期一到星期天；如果 return_type 为数字 3，则 0 至 6 表示星期一到星期天，如图 4.86 所示。

| 2020/5/25 | | |
|---|---|---|
| 函数 | 结果 | 说明 |
| =WEEKDAY(A1,1) | 2 | return_type为数字1或省略，则1至7表示星期天到星期六 |
| =WEEKDAY(A1,2) | 1 | return_type为数字2，则1至7表示星期一到星期天 |
| =WEEKDAY(A1,3) | 0 | return_type为数字3，则0至6代表星期一到星期天 |

图 4.86　WEEKDAY 函数说明

## 4.5.5　查找与引用函数

在 Excel 中，查找与引用函数的主要功能是查询各种信息。在查询数据量很大的工作表中，Excel 的查找与引用函数能起到很大的作用。在实际应用中，查找与引用函数会和其他类型的函数一起完成复杂的查找或定位工作。常用的查找与引用函数有 VLOOUP 函数、LOOKUP 函数、MATCH 函数、INDEX 函数、INDIRECT 函数、ADDRESS 函数、ROW 函数和 COLUMN 函数等。

### 1. 查找函数

查找函数的主要功能是快速地定位所需要的信息。根据实际需要，利用这类函数可从工作表或多个工作簿中获取需要的信息或者数据。这里主要介绍 VLOOKUP 函数、LOOKUP 函数和 MATCH 函数的用法。

（1）纵向查找函数：VLOOKUP

VLOOKUP 函数的功能是在某个单元格区域的第一列查找某个值，返回该区域该值所在行上的任何单元格中的数值。VLOOKUP 函数是 Excel 中的一个纵向/按列查找函数。

语法格式：VLOOKUP(lookup_value,table_array,col_index_num,range_lookup)

参数说明：

lookup_value：表示要查找的值，为必选项，可以是数值、引用或文本字符串，当省略该参数时，表示用 0 查找。

table_array：表示要查找的数据表区域，为必选项。

col_index_num：表示返回数据在查找区域的第几列，为正整数，为必选项。

range_lookup：表示匹配方式，其值为 FALSE，表示精确匹配；其值为 TRUE，表示模糊匹配。当其值为 FALSE 时，如果找不到精确匹配值，则返回小于 lookup_value 的最大值。如果 range_lookup 省略，则默认为 0。

VLOOKUP 函数可以用于简单的精确查找，也可以用于区间模糊查找。下面详细介绍这两种情况的查找。

1）精确查找。

例如，要查找某公司员工的工资，即在选定员工工号之后，通过 VLOOKUP 函数查找到对应员工的工资，如图 4. 87 所示。

M2 =VLOOKUP(L2,A2:J13,10,FALSE)

VLOOKUP精确查找

| 工号 | 姓名 | 部门 | 职务 | 基本工资 | 工龄工资 | 补助 | 奖金 | 保险 | 工资 |
|---|---|---|---|---|---|---|---|---|---|
| 001601 | 杨文 | 行政部 | 主管 | ¥1, 500. 00 | ¥800. 00 | ¥400. 00 | ¥300. 00 | ¥216. 00 | ¥2, 784. 00 |
| 001602 | 李小 | 销售部 | 职员 | ¥1, 200. 00 | ¥200. 00 | ¥600. 00 | ¥768. 00 | ¥160. 00 | ¥2, 608. 00 |
| 001603 | 孙晗 | 财务部 | 职员 | ¥1, 800. 00 | ¥100. 00 | ¥400. 00 | ¥0 | ¥184. 00 | ¥2, 116. 00 |
| 001604 | 赵三 | 行政部 | 职员 | ¥1, 500. 00 | ¥500. 00 | ¥400. 00 | ¥0 | ¥192. 00 | ¥2, 208. 00 |
| 001605 | 王彦 | 销售部 | 主管 | ¥1, 800. 00 | ¥450. 00 | ¥600. 00 | ¥865. 00 | ¥228. 00 | ¥3, 487. 00 |
| 001606 | 李明 | 人资部 | 职员 | ¥1, 500. 00 | ¥850. 00 | ¥400. 00 | ¥0 | ¥220. 00 | ¥2, 530. 00 |
| 001607 | 刘婧 | 销售部 | 职员 | ¥1, 200. 00 | ¥50. 00 | ¥600. 00 | ¥624. 00 | ¥148. 00 | ¥2, 326. 00 |
| 001608 | 孙洋 | 采购部 | 主管 | ¥2, 000. 00 | ¥1, 050. 00 | ¥400. 00 | ¥300. 00 | ¥276. 00 | ¥3, 474. 00 |
| 001609 | 刘敏 | 采购部 | 职员 | ¥1, 600. 00 | ¥500. 00 | ¥400. 00 | ¥0 | ¥200. 00 | ¥2, 300. 00 |
| 001610 | 江南 | 销售部 | 职员 | ¥1, 200. 00 | ¥550. 00 | ¥600. 00 | ¥894. 00 | ¥188. 00 | ¥3, 056. 00 |
| 001611 | 赵丽 | 财务部 | 主管 | ¥2, 400. 00 | ¥600. 00 | ¥400. 00 | ¥300. 00 | ¥272. 00 | ¥3, 428. 00 |
| 001612 | 张峰 | 行政部 | 职员 | ¥1, 500. 00 | ¥0 | ¥400. 00 | ¥0 | ¥152. 00 | ¥1, 748. 00 |

| 员工工号 | 工资 |
|---|---|
| 001602 | ¥2, 608. 00 |

查找结果

图 4.87 VLOOKUP 函数用于精确查找

2）区间模糊查找。

例如，根据“考核薪资核算表”中对应考核得分及考核薪资［见图 4.88（a）］，在“部门考核表”中［见图 4.88（b）］的空白区域设置考核得分区间及对应的考核薪资，通过 VLOOKUP 函数，计算出每位员工对应的考核薪资［见图 4.88（c）］。

| 考核得分 | 考核薪资 |
|---|---|
| X>=95 | 2000 |
| 95>X>=80 | 1500 |
| 80>X>=70 | 1000 |
| 70>X>=60 | 500 |
| X<60 | 100 |

部门考核表 考核薪资核算表

（a）考核薪资核算表

| 姓名 | 部门 | 考核得分 | 考核薪资 |
|---|---|---|---|
| 窦海 | 行政部 | 78 | |
| 琳红 | 销售部 | 80 | |
| 樊凤霞 | 研发部 | 69 | |
| 陈秀 | 财务部 | 97 | |
| 郭海英 | 销售部 | 86 | |
| 纪梅 | 研发部 | 75 | |
| 刘彬 | 财务部 | 84 | |
| 刘丰 | 行政部 | 89 | |
| 李国强 | 销售部 | 95 | |
| 李英 | 研发部 | 50 | |

部门考核表 考核薪资核算表

（b）部门考核表

D2 =VLOOKUP(C2,$F$3:$G$7,2,TRUE)

VLOOKUP函数模糊查找

| 姓名 | 部门 | 考核得分 | 考核薪资 |
|---|---|---|---|
| 窦海 | 行政部 | 78 | 1000 |
| 琳红 | 销售部 | [illegible] | 1500 |
| 樊凤霞 | 研发部 | 69 | 500 |
| 陈秀 | 财务部 | 97 | 2000 |
| 郭海英 | 销售部 | 86 | 1500 |
| 纪梅 | 研发部 | 75 | 1000 |
| 刘彬 | 财务部 | 84 | 1500 |
| 刘丰 | 行政部 | 89 | 1500 |
| 李国强 | 销售部 | 95 | 2000 |
| 李英 | 研发部 | 50 | 100 |

查找结果

| 考核最低得分 | 考核薪资 |
|---|---|
| 0 | 100 |
| 60 | 500 |
| 70 | 1000 |
| 80 | 1500 |
| 95 | 2000 |

（c）考核薪资查找结果

图 4.88 VLOOKUP 函数用于区间模糊查找

（2）数据查找函数：LOOKUP

LOOKUP 函数是一个功能非常强大的查找函数，它可以支持横向和纵向两个方向的查找，有向量和数组两种查找形式。因此，其灵活性比 VLOOKUP 函数更好。以下详细介绍两种查找形式的用法。

1）向量形式。

语法格式：LOOKUP(lookup_value,lookup_vector,result_vector)

参数说明：

lookup_value：表示要查找的值，为必选项，可以是对单元格的引用、数字、文本、名称或逻辑值。

lookup_vector：表示查找范围，为必选项，只能是一行或一列；查找区域的值必须按升序排列，否则可能返回错误的结果；可以是对单元格的引用、数字、文本、名称或逻辑值，文本不区分大小写。

result_vector：表示返回结果区域，为可选项。返回结果区域只能是一行或一列，且与查找区域大小相同；如果返回结果区域为一个单元格（如 A2 或 A2:A2），则默认为行（横向），相当于 A2:B2。

2）数组形式。

语法格式：LOOKUP(lookup_value,array)

参数说明：

lookup_value：表示在数组中要查找的值，为必选项；可以是对单元格的引用、数字、文本、名称或逻辑值。

array：表示数组，为必选项；它是行和列中值的集合；可以是对单元格的引用、数字、文本、名称或逻辑值，文本不区分大小写。数组的值必须按升序排列，否则会返回错误的结果。

注意：

① 如果找不到要查找的值，与向量形式一样会返回小于或等于要查找的值的最大值。

② 如果要查找的值小于第一行或第一列的最小值，LOOKUP 函数会返回错误值“#N/A”。

③ 如果数组的列数大于行数，则 LOOKUP 函数会在第一行中查找要找的值。如果数组的行数大于列数，则 LOOKUP 函数会在第一列中查找要找的值。

④ LOOKUP 函数总是返回行或列中最后一个值。

例如，在某公司的应聘者中，我们要查找某应聘者的“期望薪资”，就可以通过 LOOKUP 函数，用“姓名”去查找“期望薪资”，如图 4.89 所示。

| | A | B | C | D | E | F | G | H | I |
|---|---|---|---|---|---|---|---|---|---|
| 1 | 姓名 | 职位 | 面谈得分 | 专业成绩 | 期望薪资 | 公司年薪标准 | | 姓名 | 期望薪资 |
| 2 | 梅子 | 财务经理 | 95 | 95 | 165000 | 150000 | | 梅子 | 135000 |
| 3 | Jojo | 财务经理 | 88 | 82 | 135000 | 150000 | | | |
| 4 | 紫星 | 财务经理 | 97 | 83 | 140000 | 150000 | | | |
| 5 | 水中花 | 财务经理 | 89 | 81 | 110000 | 150000 | | | |
| 6 | 大红花 | 财务经理 | 96 | 96 | 135000 | 150000 | | | |
| 7 | 香奈儿 | 财务经理 | 88 | 82 | 156000 | 150000 | | | |
| 8 | 时光情书 | 财务经理 | 94 | 83 | 123000 | 150000 | | | |

（a）LOOKUP 函数向量形式

图 4.89　LOOKUP 函数示例

（b）LOOKUP 函数数组形式

图 4.89　LOOKUP 函数示例（续）

（3）匹配函数：MATCH

MATCH 函数的主要功能是返回指定数值在指定数组区域中的位置。

语法格式：MATCH(lookup_value, lookup_array, [match_type])

参数说明：

lookup_value：表示需要在 lookup_array 中查找的值，为必选项。例如，要在电话簿中查找某人的电话号码，应该将姓名作为要查找的值，但实际上需要的是电话号码。lookup_value 参数可以为值（数字、文本或逻辑值）或对单元格的引用。

lookup_array：表示要搜索的单元格区域，为必选项。

match-type：为可选项，其值为-1、0 或 1。match_type 参数指定 Excel 如何在 lookup_array 中查找 lookup_value 的值。此参数的默认值为 1。match-type 参数说明如表 4.10 所示。

**表 4.10　match-type 参数说明**

| match-type 取值 | 说　明 |
|---|---|
| 1或省略 | 查找小于或等于指定内容的最大值，而且指定区域的值必须按升序排列 |
| 0 | 查找等于指定内容的第1个数值 |
| -1 | 查找大于或等于指定内容的最小值，而且指定区域的值必须按降序排列 |

例如，已知各产品的数量（见表 4.11），查询某产品数量的位置。

**表 4.11　产品的数量**

| | A | B |
|---|---|---|
| 1 | 产品 | 数量 |
| 2 | 香蕉 | 25 |
| 3 | 橙子 | 38 |
| 4 | 苹果 | 40 |
| 5 | 香梨 | 41 |

1）MATCH(39,B2:B5,1)。

说明：由于此处无精确匹配项，因此函数会返回单元格区域 B2:B5 中最接近的下一个最小值 (38) 的位置。

结果：2

2）MATCH(41,B2:B5,0)。

说明：单元格区域 B2:B5 中值 41 的位置。

结果：4

3）MATCH(40,B2:B5,-1)。

说明：由于单元格区域 B2:B5 中的值不是按降序排列的，因此返回错误。

结果：#N/A

注意：

① 在使用时要注意区分：MATCH 函数用于在指定区域内按指定方式查询与指定内容所匹配的单元格位置；LOOKUP 函数用于在指定区域内查询指定内容所对应的匹配区域内单元格的内容。

② 使用 MATCH 函数时指定区域必须是单行多列或者单列多行；查找的指定内容也必须在指定区域内，否则会返回错误值“#N/A”。

## 2. 引用函数

在 Excel 中，所有的函数操作都是基于单元格地址的。因此，在使用函数时，用户需要首先获取或者分析单元格的地址。这就要用到引用函数，这里主要介绍 INDEX 函数、INDIRECT 函数、ADDRESS 函数、ROW 函数和 COLUMN 函数的用法。

（1）返回指定内容函数：INDEX

INDEX 函数是一个非易失性的、非常灵活的且用途广泛的函数。INDEX 函数可以返回一个值或一组值，可以返回对某个单元格的引用或者对单元格区域的引用，还可以实现返回整行或整列、查找、与其他函数结合实现求和、创建动态区域等功能。

该函数分为数组形式 INDEX 函数和引用形式 INDEX 函数两种。

数组形式的 INDEX 函数，根据给定的数组中的行号和列号，返回指定行列交叉处的单元格的值。

引用形式的 INDEX 函数，返回指定行列交叉处的单元格的值。

1）数组形式。

语法格式：INDEX(array,row_num,column_num)

参数说明：

array：为单元格区域或数组常数。

row_num：为数组中某行的行号，函数从该行返回数值。如果省略 row_num，则必须有 column_num。

column_num：为数组中某列的列号，函数从该列返回数值。如果省略 column_num，则必须有 row_num。

例如，已知各产品的价格和数量（见表 4.12），查询某产品的数量。

表 4.12　产品的价格和数量

| | A | B | C |
|---|---|---|---|
| 1 | 水果 | 价格 | 数量 |
| 2 | 苹果 | 0.69 | 40 |
| 3 | 香蕉 | 0.34 | 38 |
| 4 | 柠檬 | 0.55 | 15 |
| 5 | 柑桔 | 0.25 | 25 |
| 6 | 梨 | 0.59 | 40 |
| 7 | | | |
| 8 | 杏 | 2.8 | 10 |
| 9 | 腰果 | 3.55 | 16 |
| 10 | 花生 | 1.25 | 20 |
| 11 | 胡桃 | 1.75 | 12 |

公式：=INDEX(A2:C6,2,3)

说明：表示在 A2:C6 单元格区域，数组中的行号为 2、列号为 3 的单元格的值。

结果：38

2）引用形式。

语法格式：INDEX ( reference,row_num,column_num,area_num)

参数说明：

reference：表示对一个或多个单元格区域的引用，为必选项。

①如果引用一个不连续的区域，必须将其用括号括起来。

②如果引用中的每个区域只包含一行或一列，则相应的参数 row_num 或 column_num 分别为可选项。

例如，对于单行的引用，可以使用函数 INDEX(reference,,column_num)。

row_num：表示引用中某行的行号，函数从该行返回一个引用，为必选项。

column_num：表示引用中某列的列号，函数从该列返回一个引用，为可选项。

area_num：为可选项，在引用中选择要从中返回 row_num 和 column_num 交叉处单元格的值的区域。选择或输入的第一个区域编号为 1，第二个为 2，依此类推。如果省略 area_num，则 INDEX 使用区域 1。此处列出的区域必须全部位于一个工作表。如果指定的区域不位于同一个工作表，将导致#VALUE!错误。如果需要使用的区域位于不同的工作表，建议使用函数 INDEX 的数组形式，并使用其他函数来计算构成数组的范围。

例如，继续用如表 4.11 所示的数据，查找第二个区域对应单元格的值。

公式：=INDEX((A2:C6,A8:C11),2,2,2)

说明：在 A2:C6 和 A8:C11 这两个不连续的区域中，返回第二个区域中行号为 2，列号为 2 的单元格的值。

结果：3.55

根据表 4.11 所展示的数据，INDEX 函数公式与结果说明如表 4.13 所示。

表 4.13　INDEX 函数公式与结果说明

| 公式 | 结果说明 |
|---|---|
| =INDEX(A2:C6,2,3) | 区域A2:C6中第二行和第三列的交叉处，即单元格C3的内容（38） |
| =INDEX((A2:C6,A8:C11),2,2,2) | 第二个区域A8:C11第二行和第二列的交叉处，即单元格B9的内容（3.55） |
| =SUM(INDEX(A2:C11,,3)) | 对区域A1:C11中的第三列求和，即对C2:C11求和（216） |
| =SUM(B2:INDEX(A2:C6,5,2)) | 返回以单元格B2开始到单元格区域A2:C6中第五行和第二列交叉处结束的单元格区域的和，即单元格区域B2:B6的和（2.42） |

（2）返回指定的引用函数：INDIRECT

当需要更改公式中引用的某个单元格，而不更改公式本身时就可以用 INDIRECT 函数。该函数用于返回指定单元格的值。

语法格式：INDIRECT(ref_text,[a1])

参数说明：

ref_text：表示单元格的引用。单元格的引用，可以是 A1 样式的引用，也可以是 R1C1 样式的引用，也可以是对定义为引用的名称或者对文本字符串单元格的引用。如果这个参数引用了不合法的单元格，那么函数将返回一个错误值“#REF!”。

[a1]：表示一个逻辑值，用来指明包含在单元格 ref_text 中的引用类型。当 a1 的值为 TRUE 或省略时，ref_text 为 A1 样式的引用；当 a1 的值为 FALSE 时，ref_text 为 R1C1 样式的引用。

例如，对如表 4.14 所示的数据，使用 INDIRECT 函数的公式及结果说明如表 4.15 所示。

表 4.14　示例表

| | A | B | C |
|---|---|---|---|
| 1 | 地址 | 数据 | 使用INDIRECT函数的结果 |
| 2 | B2 | 1.333 | 1.333 |
| 3 | B3 | 45 | 45 |
| 4 | George | 10 | #REF! |
| 5 | 5 | 62 | 62 |

表 4.15　INDIRECT 函数的公式及结果说明

| 公式 | 说明（结果） |
|---|---|
| =INDIRECT($A$2) | 单元格A2中的引用值（1.333） |
| =INDIRECT($A$3) | 单元格A3中的引用值(45) |
| =INDIRECT($A$4) | 如果单元格B4中没有定义名"George"，则返回错误值"#REF!" |
| =INDIRECT("B"&$A$5) | 单元格B5中的引用值(62) |

（3）返回引用地址函数：ADDRESS

ADDRESS 函数的功能是根据给定的行号和列号，返回某一个具体的单元格的地址。

语法格式：ADDRESS(row_num,column_num,abs_num,a1,sheet_text)

参数说明：

row_num：代表行号，表示单元格在哪一行。例如，单元格 D2 就表示其在第 2 行。

column_num：代表列标，表示单元格在哪一列。例如，单元格 D2 就表示其在 D 列。

abs_num：代表引用类型。使用函数时，其值可以是 1、2、3、4 中的任意一个值。该参数也可以省略。如果省略该参数，系统将其默认为 1。数字和其代表的引用类型的关系如表 4.16 所示。

表 4.16　数字和其代表的引用类型

| 数字 | 引用类型 |
|---|---|
| 1 | 绝对引用 |
| 2 | 绝对行号，相对列标 |
| 3 | 相对行号，绝对列标 |
| 4 | 相对引用 |

a1：代表引用样式的逻辑值。如果 a1 的值为 TRUE 或者省略，那么函数将返回 A1 样式的引用；如果 a1 的值为 FALSE，那么函数将返回 R1C1 样式的引用。

sheet_text：代表一个文本，指定作为外部引用时的工作表名称。如果省略该参数，那么表示不使用任何工作表名。

ADDRESS 函数的公式、说明及相关结果如表 4.17 所示。

表 4.17 ADDRESS 函数的公式、说明及相关结果

| 公式 | 说明 | 结果 |
|---|---|---|
| =ADDRESS(2, 3) | 绝对单元格引用 | $C$2 |
| =ADDRESS(2, 3, 2) | 绝对行号，相对列标 | C$2 |
| =ADDRESS(2, 3, 2, FALSE) | 绝对行号，R1C1引用样式中的相对列标 | R2C[3] |
| =ADDRESS(2, 3, 1, FALSE, "[日期、时间函数等]sheet2") | 对另一个工作簿和工作表的绝对单元格引用 | [日期、时间函数等]sheet2!R2C3 |
| =ADDRESS(2, 3, 1, FALSE, "引用函数") | 对另一个工作表的绝对单元格引用 | 引用函数!R2C3 |

例如，某公司组织员工进行抽奖活动，现在有员工编号和抽奖编号。根据最后得奖序号来判断员工编号的单元格。

在单元格 E2 中输入公式“=ADDRESS(3,1,1)”，得到得奖员工编号所在单元格，如图 4.90 所示。

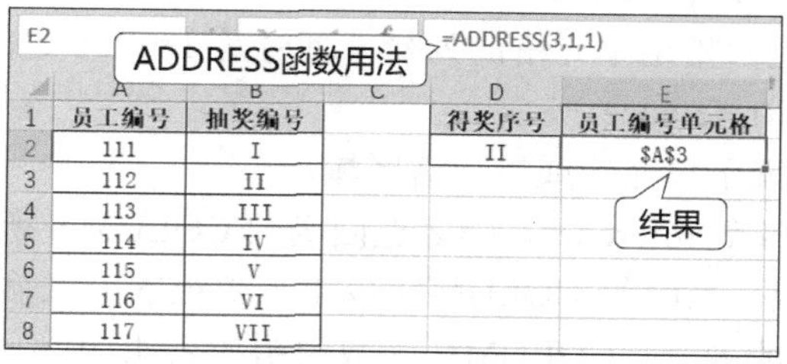


图 4.90 得奖员工编号所在单元格

（4）返回引用行号函数：ROW

ROW 函数的功能是返回指定单元格的行号，或者是指定单元格区域中首行的单元格的行号。返回的值是 1～65536 之间的任意数。

语法格式：ROW(reference)

参数说明：reference 表示指定的单元格或单元格区域。

使用说明：如果参数 reference 是单元格区域，那么函数返回该区域中首行的单元格的行号。参数 reference 不能引用多个单元格区域。如果省略 reference，则返回函数 ROW 所在的单元格的行号。ROW 函数说明如表 4.18 所示。

表 4.18 ROW 函数说明

| | A | B |
|---|---|---|
| 1 | 公式 | 说明（结果） |
| 2 | =ROW() | 公式所在行的行号(2) |
| 3 | =ROW(C10) | 引用所在行的行号(10) |

例如，某公司统计了 1～12 月的销量，现在需要通过销量来确定该销量对应的月份。在单元格 B15 中输入公式“=ROW(B9)-1”，判断销量对应的月份，如图 4.91 所示。

| 月份 | 销量 |
|---|---|
| 1 | 500 |
| 2 | 550 |
| 3 | 400 |
| 4 | 503 |
| 5 | 600 |
| 6 | 450 |
| 7 | 530 |
| 8 | 507 |
| 9 | 540 |
| 10 | 670 |
| 11 | 800 |
| 12 | 511 |

图 4.91　查看销量所在的月份

（5）返回引用列号函数：COLUMN

COLUMN 函数用来返回指定单元格的列号。列号是 1～256 之间的任意整数。

语法格式：COLUMN(reference)

参数说明：reference 表示单元格或单元格区域。

使用说明：如果省略参数 reference，那么返回函数 COLUMN 所在单元格的列号。如果参数 reference 是单元格区域，且函数 COLUMN 以水平数组的方式输入，那么函数将返回位于单元格区域首列的单元格的列号。COLUMN 函数说明如表 4.19 所示。

表 4.19　COLUMN 函数说明

| 公式 | 说明 | 结果 |
|---|---|---|
| =COLUMN() | 公式所在列的列号 | 1 |
| =COLUMN(C10) | 引用所在列的列号(10) | 3 |

例如，某公司统计了三个部门的员工编号，下面需要通过员工编号判断员工所在部门。在单元格 E3 中输入“=COLUMN(C6)”，判断编号为 314 的员工所在的部门，如图 4.92 所示。

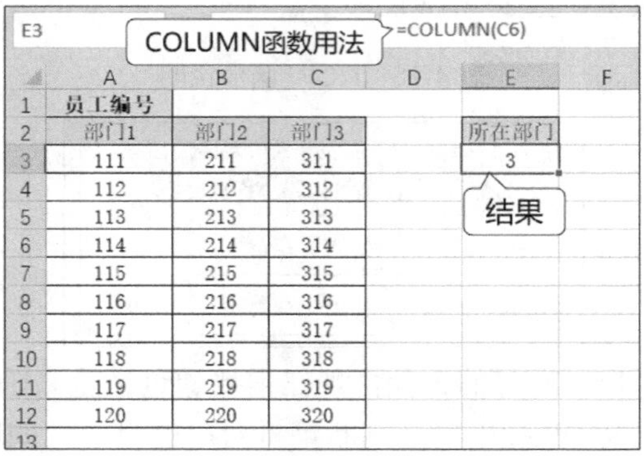


| 部门1 | 部门2 | 部门3 |
|---|---|---|
| 111 | 211 | 311 |
| 112 | 212 | 312 |
| 113 | 213 | 313 |
| 114 | 214 | 314 |
| 115 | 215 | 315 |
| 116 | 216 | 316 |
| 117 | 217 | 317 |
| 118 | 218 | 318 |
| 119 | 219 | 319 |
| 120 | 220 | 320 |

图 4.92　确定员工所在的部门

注意：参数 reference 只能引用一个单元格区域，不能同时引用多个单元格区域。

## 4.6　拓展实训：固定资产管理

X 公司是一家生产机械设备的企业，企业规模虽然不大，但固定资产较多，而且价格较高。因此，固定资产管理对企业来说非常重要。企业有多个部门，主要有厂部、财务部、结算中心、人力资源部和各种车间等。固定资产的管理集中在财务部，每个固定资产都有一张卡片记录着它增加的方式、开始使用日期、固定资产编码、规格等信息。固定资产日常管理的业务有：固定资产增加、减少，部门间的调拨，月折旧的计提，折旧数据的汇总分析。该公司的固定资产有以下几类：房屋建筑类、机械设备类、制冷设备类、汽车类、电子设备类，它们的编码分别为 01、03、06、05、07。

**【实训 4-1】**每月计提完折旧后，X 公司要求对固定资产的折旧额数据分部门、分类别进行汇总分析，部分数据如图 4.93 所示。要求使用不同的折旧方法计算折旧额，进行适当的统计、加工后，实现汇总分析。

| | A | B | C | D | E | F | G | H | I | J | K | L |
|---|---|---|---|---|---|---|---|---|---|---|---|---|
| 1 | 卡片编号 | 固定资产编号 | 固定资产名称 | 使用状态 | 部门 | 预计使用年份 | 净残值率 | 原值 | 累计折旧 | 净值 | 折旧方法 | 月折旧额 |
| 2 | 00001 | 0211001 | 厂房 | 在用 | 机装车间 | 40 | 0.005 | 4000000 | 1293500.00 | 2706500.00 | 1 | |
| 3 | 00002 | 0212001 | 办公楼 | 在用 | 厂部 | 40 | 0.005 | 7000000 | 2263625.00 | 4736375.00 | 1 | |
| 4 | 00003 | 0213001 | 库房 | 在用 | 销售处 | 40 | 0.005 | 2576000 | 833014.00 | 1742986.00 | 1 | |
| 5 | 00004 | 022001 | 职工宿舍 | 在用 | 销售处 | 40 | 0.005 | 2200000 | 273625.00 | 1926375.00 | 1 | |
| 6 | 00005 | 0311001 | 冰柜 | 季节性停用 | 销售处 | 10 | 0.005 | 1000000 | 497500.00 | 502500.00 | 1 | |
| 7 | 00006 | 031201001 | 金属切削设备 | 在用 | 金工车间 | 10 | 0.005 | 800000 | 636800.00 | 163200.00 | 1 | |

图 4.93　固定资产计提折旧数据

## 4.7　练习题

1．在 Excel 2019 的某数据表中，查询满足条件如“年龄>20 或年龄＜50”的数据记录时，应使用“数据”选项卡下的（　　）按钮。

A．“排序”　　B．“筛选”　　C．“分类汇总”　　D．“智能填充”

2．按（　　）键就可以在相对引用、绝对引用和混合引用之间进行切换。

A．F2　　B．F4　　C．F6　　D．F8

3．下面运算符中不是引用运算符的是（　　）。

A．:　　B．,　　C．&　　D．空格

4．在单元格中输入“=DATE(108,1,2)”，则单元格可能会显示（　　）。

A．108-1-2　　B．108-2-1　　C．2008-1-2　　D．2008-2-1

5．如果 2005 年 1 月 2 日为星期日，在单元格中输入“=WEEKDAY("2005-1-5",2)”，则单元格中显示（　　）。

A．1　　B．2　　C．3　　D．4

6．在单元格中输入“=DATE(2006,2,35)”，则单元格中会显示（　　）。

A．2006-2-35　　B．2006-3-7　　C．2006-3-6　　D．2006-3-5

7．运算符“^”的作用是（　　）。

A．文本连接　　B．开方　　C．求对数　　D．乘幂

8．当在单元格中输入公式后，在编辑栏中显示的是（　　）。

A．运算结果　　B．公式　　C．单元格地址　　D．不显示

9．在 Excel 中对数据进行排序时，最多可以设置几个关键字（　　）。

A．2　　B．3　　C．4　　D．5

10．下列关于函数输入的叙述不正确的是（　　）。

A．函数必须以“=”开始

B．函数有多个参数时，各参数间用“,”分开

C．函数参数必须用“()”括起来

D．字符串作参数时直接输入

# 第 5 章

# 数据统计

Excel 的统计函数用于对数据区域进行统计分析，是我们工作中使用最多的函数，它能快速地从复杂、烦琐的数据中提取我们需要的数据。例如，统计函数可以用来统计样本的方差、数据区间的频率分布等。统计函数在日常生活中是很常用的，比如求班级平均成绩、排名等就会用到统计函数。统计函数很多，最常用的有：AVERAGE、COUNT、MAX、MIN、LARGE、SMALL、SUMIF、COUNTIF、SUBTOTAL、FREQUENCY。

本章以生产车间的数据为例，介绍并说明在生产经营管理活动中经常用到的 Excel 统计函数的用法，要求掌握下列函数的用法：

1）COUNTIF/COUNTIFS；

2）SUM/SUMIF/SUMIFS；

3）AVERAGEIF/AVERAGEIFS；

4）ROUND；

5）RANK；

6）MAX/MIN；

7）LARGE/SMALL；

8）INDEX/MATCH。

下面分别说明常用统计函数在汇总统计、分段统计、均值统计、排名统计中的应用。

## 5.1 汇总统计

**【案例 5-1】**表 5.1 显示了某公司不同生产车间的员工的每月产量，每一条记录包括员工的职工号、姓名、性别、生产部门（车间）及一月、二月、三月的产量。现要求计算不同生产部门（车间）的按月统计量。

**表 5.1 员工分月产量表（部分数据）**

| 职工号 | 姓名 | 性别 | 生产部门 | 一月 | 二月 | 三月 |
|---|---|---|---|---|---|---|
| NMG001 | 张梅 | 女 | 第 1 车间 | 55 | 93 | 78 |
| NMG002 | 李想 | 男 | 第 2 车间 | 74 | 50 | 87 |
| NMG003 | 王飞 | 女 | 第 1 车间 | 60 | 62 | 88 |
| NMG004 | 陈坚 | 女 | 第 4 车间 | 82 | 86 | 56 |
| NMG005 | 李一凡 | 女 | 第 3 车间 | 56 | 43 | 87 |
| NMG006 | 张晓初 | 男 | 第 4 车间 | 60 | 80 | 75 |

据表 5.1 所示，统计时需要根据生产部门对值进行求和，当对第 1 车间进行统计时，不能将第 2 车间等其他部门的数据统计在内。因此，在求和统计之前需要进行条件过滤。本案例中使用

函数 SUMIF 来进行统计。假设使用的工作表的名称为“全年件数统计”，则使用的公式如下：

=SUMIF(全年件数统计!$D:$D, $A2, 全年件数统计!E:E)

公式中使用的函数为条件求和函数：SUMIF(range, criteria, sum_range)。该函数用于根据指定条件对若干单元格求和。其中：

1）参数 range 为用于条件判断的单元格区域。

2）参数 criteria 为确定哪些单元格将被相加求和的条件，其形式可以为数字、表达式或文本。

3）参数 sum_range 为需要求和的实际单元格区域。

因此，公式“=SUMIF(全年件数统计!$D:$D, $A2, 全年件数统计!E:E)”中的“全年件数统计!$D:$D”表示用于条件判断的区域，即表 5.1 中的“生产部门”列。“$A2”为表 5.2 中对应行第 1 列“生产部门”单元格中的值，用来设定条件。“全年件数统计!E:E”指定了对哪列数据求和。当且仅当表 5.1 中生产部门的值与表 5.2 中第 1 列生产部门的值相等时，才会对一月份的产量进行累加。依此类推，分别对其他车间进行条件求和。其中，第 2 车间一月份产量的计算公式如下：

=SUMIF(全年件数统计!$D:$D,$A3,全年件数统计!E:E)

**表 5.2　按生产部门分月统计的生产产量**

| 生 产 部 门 | 一月 | 二月 | 三月 |
|---|---|---|---|
| 第 1 车间 | | | |
| 第 2 车间 | | | |
| 第 3 车间 | | | |
| 第 4 车间 | | | |

**【案例 5-2】**根据表 5.1 中的数据，按生产部门统计不同性别员工的生产总件数，统计表如表 5.3 所示。

**表 5.3　按生产部门统计不同性别员工的生产总件数**

| 生 产 部 门 | 男员工总件数 | 女员工总件数 | 总　件　数 |
|---|---|---|---|
| 第 1 车间 | | | |
| 第 2 车间 | | | |
| 第 3 车间 | | | |
| 第 4 车间 | | | |

为完成表 5.3 中第 2 行第 2 列单元格的内容计算，记录需要满足两个条件：

1）员工所在车间是对应值“第 1 车间”。

2）员工性别为“男”。

只有同时满足这两个条件的对应记录的生产件数才可以统计在内。因此需要用到多条件求和函数 SUMIFS，它可以根据多个指定条件对若干个单元格求和，其语法格式如下：

SUMIFS(sum_range, criteria_range1, criteria1, [criteria_range2, criteria2], …)

其中，参数 sum_range 为需要求和的实际单元格区域，其形式为数字或包含数字的名称、区域或单元格引用，忽略空白值和文本值；参数 criteria_range1 为计算关联条件的第一个区域；参数 criteria1 为指定的第一个区域 criteria_range1 需要满足的条件，条件的形式为数字、表达式、单元格引用或者文本。以此类推，criteria_range2 为用于第二个条件判断的单元格区域，而 criteria2 为第二个条件，两者均成对出现。SUMIFS 函数中的参数最多包含 1 个求和区域和 127 对条件设定（条件区域和条件）。

假设工作表“全年件数统计”中的 Q 列存储的是每个员工的生产总件数，则对于第一个空单元格，其对应的公式如下：

=SUMIFS(全年件数统计!$Q:$Q,全年件数统计!$D:$D,[@生产部门],全年件数统计!$C:$C,"男")

上述公式中的“全年件数统计!$D:$D”，表示要满足所指定生产部门的区域，“全年件数统计!$C:$C”为指定要满足性别为“男”的区域。

其他单元格的公式可以通过自动填充来完成。

## 5.2　计数统计

**【案例 5-3】**同样以表 5.1 为数据源，要求分别对不同产量段的人数进行统计，如表 5.4 的第 2 行第 2 列单元格表示 1 月份产量为 40 以下的员工数。

表 5.4　分段统计不同产量的人数

| 产量划分 | 一　月 | 二　月 | 三　月 |
|---|---|---|---|
| 40 以下 | | | |
| 40～59 | | | |
| 60～69 | | | |
| 70～79 | | | |
| 80～89 | | | |
| ＞89 | | | |
| 人均件数 | | | |
| 最高件数 | | | |
| 最低件数 | | | |
| 未完成计划人数 | | | |
| 总人数 | | | |

要对记录进行计数，可使用 COUNT 函数。但在应用中，仅需要统计符合条件的相应员工数。因此，需要使用条件计数函数 COUNTIF(range,criteria)，该函数用于对指定区域中符合指定条件的单元格计数，其中：

1）参数 range 为要计算其中非空单元格数目的区域；

2）参数 criteria 为以数字、表达式或文本形式定义的条件。

例如，第 2 行第 2 列单元格需要统计的是一月份中产量小于或等于 40 的员工数，其条件只有一个。因此，对应的公式如下：

=COUNTIF(全年件数统计!E:E,"<40")

其中“全年件数统计!E:E”为条件区域，“"<40"”表示其需要满足的条件，得到的结果如果为真，则对应结果计为 1，否则为 0，不计入。

而在下一行的单元格中，需要统计一月份产量在 40～59 之间的员工数，即数量不仅要大于 40，并且要小于或等于 59，条件为多个。此时，统计多个区域中满足给定条件的单元格数目需要使用函数 COUNTIFS(criteria_range1,criteria1,criteria_range2,criteria2,⋯)，其中：

1）参数 criteria_range1 为第一个需要计算其中满足某个条件的单元格数目的单元格区域（简称条件区域）。

2）参数 criteria1 为第一个区域中将被计算在内的条件（简称条件），其形式可以为数字、表达式或文本。例如，条件可以表示为 48、"48"、">48" 、 "广州" 或 A3。

同理，criteria_range2 为第二个条件区域，criteria2 为第二个条件，依此类推。最终结果为多个区域中满足所有条件的单元格数目。

对于该单元格，其公式如下：

=COUNTIFS(全年件数统计!E:E,">=40",全年件数统计!E:E,"<=59")

上述公式表示单元格区域“全年件数统计!E:E”，同时满足条件“>=40”和条件“<=59”，才进行计数。

## 5.3 均值统计

**【案例 5-4】**为更好地统计生产力，需要统计每月平均生产件数。如表 5.5 所示，要求求出每个车间每月的生产平均件数。

表 5.5 按生产部门统计每月平均生产件数

| 生产部门 | 一　月 | 二　月 | 三　月 |
|---|---|---|---|
| 第 1 车间 | | | |
| 第 2 车间 | | | |
| 第 3 车间 | | | |
| 第 4 车间 | | | |

不难推测，表 5.5 中需要用到求平均值函数，其对应的条件平均值函数如下：

AVERAGEIF(range,criteria,average_range)

AVERAGEIF 用于对符合条件的单元格求平均值。其中：参数 range 为用于条件判断的单元格区域；参数 criteria 为确定哪些单元格将被相加求和的条件，其形式可以为数字、表达式或文本。例如，条件可以表示为 32、"32"、">32"或"apples"。参数 average_range 是需要求平均值的实际单元格区域。

在求平均值时，为了说明件数是按整数统计的，需要对返回的数据进行四舍五入取整。可以使用四舍五入函数 ROUND(number,num_digits)，它用于返回某个数值按指定位数取整后的数字。其中，参数 Number 为需要进行四舍五入的数字；参数 Num_digits 为指定的位数，即按此位数进行四舍五入。

求第 1 车间一月份的平均产量的公式如下：

=ROUND(AVERAGEIF(全年件数统计!$D:$D,$A2,全年件数统计!E:E),0)

其中，“AVERAGEIF(全年件数统计!$D:$D,$A2,全年件数统计!E:E)”表示对符合条件的值求平均值；“0”表示对求出的平均值进入四舍五入，结果要求为整数，即保留 0 位小数。

**【案例 5-5】**如表 5.6 所示，要求按生产部门统计男性员工的生产平均件数。

表 5.6 按生产部门统计男性员工的生产平均件数

| 生产部门 | 男性员工的生产总件数 | 男性员工人数 | 男性员工的生产平均件数 |
|---|---|---|---|
| 第 1 车间 | | | |
| 第 2 车间 | | | |
| 第 3 车间 | | | |
| 第 4 车间 | | | |

平均件数由总件数除以人数得到。因此，第一种方法可以使用 SUMIFS 求出符合条件的总件数，然后使用 COUNTIFS 求出符合条件的人数，再使用除法求得平均件数。

当然，平均值函数也存在多条件平均值函数（利用多重标准对满足条件的单元格求平均值）。其使用方法同 SUMIFS 函数，格式如下：

AVERAGEIFS(average_range, criteria_range1, criteria1, [criteria_range2, criteria2],…)

其中，参数 average_range 为需要求平均值的实际单元格，包括数字或包含数字的名称、区域或单元格引用，忽略空白值和文本值；参数 criteria_range1 为计算关联条件的第一个区域；参数 criteria1 为条件 1，条件的形式为数字、表达式、单元格引用或者文本，可用来定义对 criteria_range1 参数中的哪些单元格求和。例如，条件可以表示为 32、">32"、B4、"苹果"、或 "32"。参数 criteria_range2 为用于条件 2 判断的单元格区域；参数 criteria2 为条件 2，同样需要成对出现。参数总数不超过 255 个。

因此，第二种方法实现的公式如下：

=ROUND(AVERAGEIFS(全年件数统计!$Q:$Q,全年件数统计!$D:$D,$A2,全年件数统计!$C:$C,"男"), 0)

## 5.4 排名统计

**【案例 5-6】**为了更好地说明数据和体现个人的产量和业绩。在统计出每个员工一年的生产件数后，现需要按表 5.7 计算每个员工的全年生产件数排名。

表 5.7 员工生产件数排名表

| 职工号 | 姓名 | 生产部门 | 全年合计 | 生产件数排名 | 占总件数百分比 |
|---|---|---|---|---|---|
| | | | | | |
| | | | | | |
| | | | | | |

为计算排名，需要使用 Excel 的内置函数 RANK。其调用格式为 RANK(number, ref, [order])，表示求某一个数值在某一区域内的排名。其中，参数 number 为需要求排名的那个数值或者单元格名称（单元格内必须为数字），参数 ref 为排名的参照数值区域，最后一个参数为可选项，order 的取值可以为 0 和 1。默认情况下，得到的结果就是从大到小的排名。若想求从小到大的排名，则将 order 的值设为 1。在本案例中，表 5.7 中“生产件数排名”列的第一个单元格的公式如下：

=RANK([@全年合计],D:D)

其中，“[@全年合计]”指定了当前行对应的生产部件数；“D:D”表示所在的范围，返回对应的生产部件数在“D:D”指定范围内的排名序号。而占总件数百分比的计算公式如下：

=[@全年合计]/SUM(D:D)

## 5.5 最值计算

**【案例 5-7】** 为鼓励优秀员工、督促生产效率较低的员工，设计了如表 5.8 所示的表格，需要求出生产件数排名前 10 名与后 10 名的对应件数。

表 5.8　生产件数排名统计

| 排　名 | 10 个最高总件数 | 10 个最低总件数 |
|---|---|---|
| 1 | | |
| 2 | | |
| 3 | | |
| 4 | | |
| 5 | | |
| 6 | | |
| 7 | | |
| 8 | | |
| 9 | | |
| 10 | | |

相关函数中，LARGE(array, k)用于返回数据集中的第 k 个最大值。其中，参数 array 为需要找到第 k 个最大值的数组或数字型数据区域。参数 k 为返回的数据在数组或数据区域里的位置（从大到小）。需要说明的是，LARGE 函数计算最大值时忽略逻辑值 TRUE 和 FALSE 以及文本型数据。

函数 SMALL(array, k)用于返回数据集中的第 k 个最小值。其中，参数 array 为需要找到第 k 个最小值的数组或数字型数据区域。参数 k 为返回的数据在数组或数据区域里的位置（从小到大）。同样，SMALL 函数计算最小值时忽略逻辑值 TRUE 和 FALSE 以及文本型数据。

假设表 5.7 中的“全年合计”列为每个员工的全年生产总件数，那么求“10 个最高总件数”列中的公式可表示如下：

=LARGE(表 5.7[全年合计],[@排名])

其中，“[@排名]”指定了具体的排名值。

而求“10 个最低总件数”的公式可表示如下：

=SMALL('4.1 排名计算 按合计数'!D:D,[@排名])

此外，求最值的函数中，MIN(range)用于找出指定区域中最小值，参数 range 表示要计算最值的区域。MAX(range)用于找出指定区域中最大值，参数 range 表示要计算最值的区域。该类函数使用相对简单，不再详述。

## 5.6 拓展实训：销售数据统计

**【实训 5-1】** 某网店 2019 年年中大促的销售数据如图 5.1 所示，包括商品分类、商品名称、访客数等数据。

| | A | B | C | D | E | F | G | H | I | J |
|---|---|---|---|---|---|---|---|---|---|---|
| 1 | 商品ID | 商品分类 | 商品名称 | 浏览量 | 访客数 | 成交客户数 | 支付件数 | 商品单价 | 优惠金额 | 销售额 |
| 2 | 20190030 | 其他 | 偏远地区邮费补拍 | 5571 | 4058 | 3663 | 20778 | 1.00 | 0.00 | 20,778.00 |
| 3 | 20190031 | 四轮推车 | 高景观婴儿推车可坐可躺四轮宝宝伞车 | 17812 | 14950 | 4252 | 4933 | 538.00 | 246,650.00 | 2,407,304.00 |
| 4 | 20190032 | 四轮推车 | 轻便折叠橡胶大轮婴儿车童车 | 15575 | 13529 | 5030 | 5664 | 208.00 | 56,640.00 | 1,121,472.00 |
| 5 | 20190033 | 四轮推车 | 超轻便携单手折叠避震儿童手推车 | 9017 | 6877 | 1808 | 2020 | 336.80 | 40,400.00 | 639,936.00 |
| 6 | 20190034 | 四轮推车 | 简易小巧单手秒收实用儿童婴儿手推车 | 10334 | 8259 | 2173 | 2381 | 296.00 | 23,810.00 | 680,966.00 |
| 7 | 20190035 | 四轮推车 | 便携式简易折叠大口袋双向儿童推车 | 15920 | 12960 | 5511 | 6312 | 299.00 | 63,120.00 | 1,824,168.00 |
| 8 | 20190036 | 三轮推车 | 儿童三轮脚踏车1-2-3-4岁轻便溜娃神器 | 14309 | 12877 | 5243 | 5284 | 258.00 | 52,840.00 | 1,310,432.00 |
| 9 | 20190037 | 四轮推车 | [illegible] | 15043 | 13379 | 3322 | 3974 | 468.00 | 79,480.00 | 1,780,352.00 |
| 10 | 20190038 | 三轮推车 | 溜娃神器手推车轻便折叠简易 | 18794 | 15979 | 7481 | 8102 | 136.90 | 40,510.00 | 1,068,653.80 |
| 11 | 20190029 | 三轮推车 | 轻便折叠可上飞机儿童婴儿手推车 | 17373 | 14459 | 4468 | 4713 | 148.00 | 23,565.00 | 673,959.00 |
| 12 | 平均值 | | | | | | | | | |

图 5.1　2019 年年中大促销售数据

现需要按表 5.9 的要求统计出对应的值。

**表 5.9　销售数据统计**

| 商 品 分 类 | 销　售　额 | 平均访客数 | 浏览量大于 10000 次的商品销售额 |
|---|---|---|---|
| 四轮推车 | | | |
| 三轮推车 | | | |
| 其他 | | | |

请在相应的单元格中写出对应的公式。

**【实训 5-2】**该网店还对访问的流量数据进行了监控，其部分数据如图 5.2 所示，主要有商品浏览量、收藏人数、加购人数等信息。

| | A | B | C | D | E | F | G | H | I | J | K | L |
|---|---|---|---|---|---|---|---|---|---|---|---|---|
| 1 | 统计日期 | 商品ID | 商品名称 | 品浏览 | 品访客 | 平均停留 | 收藏 | 加购 | 单买家 | 付买家 | 付金 | 付件 |
| 2 | 2019/5/23 | 20190032 | 轻便折叠橡胶大轮婴儿车童车 | 58 | 39 | 28.19 | 18 | 5 | 3 | 2 | 416 | 2 |
| 3 | 2019/5/24 | 20190032 | 轻便折叠橡胶大轮婴儿车童车 | 98 | 86 | 75.75 | 34 | 12 | 6 | 6 | 1872 | 9 |
| 4 | 2019/5/25 | 20190032 | 轻便折叠橡胶大轮婴儿车童车 | 33 | 14 | 55.37 | 3 | 2 | 2 | 2 | 624 | 3 |
| 5 | 2019/5/26 | 20190032 | 轻便折叠橡胶大轮婴儿车童车 | 92 | 83 | 79.18 | 36 | 11 | 6 | 5 | 1248 | 6 |
| 6 | 2019/5/27 | 20190032 | 轻便折叠橡胶大轮婴儿车童车 | 63 | 48 | 63.12 | 17 | 9 | 7 | 5 | 1040 | 5 |
| 7 | 2019/5/28 | 20190032 | 轻便折叠橡胶大轮婴儿车童车 | 81 | 61 | 82.46 | 23 | 10 | 7 | 6 | 1664 | 8 |
| 8 | 2019/5/29 | 20190032 | 轻便折叠橡胶大轮婴儿车童车 | 73 | 56 | 42.92 | 14 | 10 | 8 | 6 | 1456 | 7 |
| 9 | 2019/5/30 | 20190032 | 轻便折叠橡胶大轮婴儿车童车 | 85 | 70 | 77.44 | 24 | 10 | 6 | 5 | 1456 | 7 |

图 5.2　访客行为监控表

请按表 5.9 的要求，统计出不同商品类别的商品浏览总量、商品 5 月访客平均数等，在表 5.10 中对应的单元格写出相应的公式。

**表 5.10　访问的流量数据统计**

| 商品名称 | 商品<br>浏览总量 | 浏览数<br>排名 | 商品 5 月<br>访客平均数 | 商品收藏总人数 |
|---|---|---|---|---|
| 轻便折叠橡胶大轮婴儿车童车 | | | | |
| 简易小巧单手秒收实用儿童婴儿手推车 | | | | |
| 超轻便携单手折叠避震手推车 | | | | |
| 便携式简易折叠大口袋双向儿童推车 | | | | |

## 5.7　练习题

1．在 Excel 函数中，给条件求和的函数名是（　　）。

A．SUM

B．COUNTIF

C．SUMIF

D．COUNT

2. 在 Excel 中，假设 A1、B1、C1、D1 单元格中的数据分别为 2、3、7、3，则 SUM(A1:C1)/D1 的值为（　　）。

A．15　　B．18　　C．3　　D．4

3．四舍五入函数的格式是________。

4．在 Excel 工作表中存放了第一中学和第二中学所有班级总计 300 个学生的考试成绩，A 列到 D 列分别对应“学校”“班级”“学号”“成绩”，则计算第一中学 3 班的平均分的最优公式是（　　）。

A．=SUMIFS(D2:D301,A2:A301,"第一中学",B2:B301,"3 班")/COUNTIFS(A2:A301,"第一中学",B2:B301,"3 班")

B．=SUMIFS(D2:D301,B2:B301,"3 班")/COUNTIFS(B2:B301,"3 班")

C．=AVERAGEIFS(D2:D301,A2:A301,"第一中学",B2:B301,"3 班")

D．=AVERAGEIF(D2:D301,A2:A301,"第一中学",B2:B301,"3 班")

5．在 Excel 中，“成绩单”工作表包含了 20 个同学的成绩，C 列为成绩值，第一行为标题行，在不改变行列顺序的情况下，在 D 列统计成绩排名，最优的操作方法是（　　）。

A．在 D2 单元格中输入“=RANK(C2,$C2:$C21)”，然后向下拖动该单元格的填充柄到 D21 单元格

B．在 D2 单元格中输入“=RANK(C2,C$2:C$21)”，然后向下拖动该单元格的填充柄到 D21 单元格

C．在 D2 单元格中输入“=RANK(C2,$C2:$C21)”，然后双击该单元格的填充柄

D．在 D2 单元格中输入“=RANK(C2,C$2:C$21)”，然后双击该单元格的填充柄

6．在 Excel 中，如果需要对 A1 单元格数值的小数部分进行四舍五入运算，最优的公式是（　　）。

A．=INT(A1)

B．=INT(A1+0.5)

C．=ROUND(A1,0)

D．=ROUNDUP(A1,0)

7．根据图 5.3 给出的成绩数据，写出符合要求的公式。

| | A | B | C |
|---|---|---|---|
| 1 | 姓名 | 语文 | 数学 |
| 2 | 张三 | 90 | 80 |
| 3 | 李四 | 70 | 85 |
| 4 | 陈平 | 60 | 98 |
| 5 | 刘洋 | 58 | 76 |

图 5.3　成绩表

1）求语文的最高成绩，公式为：________________。

2）求数学的最低成绩，公式为：________________。

3）求语文排名第 2 的成绩，公式为：________________。

# 第 6 章

# 数据分析

Excel 具有强大的数据处理和数据分析功能，本章重点介绍利用 Excel 进行数据的各类分析，包括描述性统计分析、趋势分析、对比分析及其他分析，借助 Excel 图表可更加直观、形象地呈现数据结果，为用户提供决策信息。通过本章的学习，要求掌握以下知识与技能：

1）各描述性统计量的含义；

2）图表趋势预测法和时间序列预测法；

3）对比分析的概念与方法，包括同比分析法、环比分析法；

4）频数分析、分组分析、结构分析、平均分析、交叉分析和漏斗图分析。

## 6.1 描述性统计分析

### 6.1.1 认识描述性统计量

在利用 Excel 进行描述性统计分析之前，我们先来认识有关描述性统计的一些概念，包括描述变量集中趋势的统计量、描述变量离散程度的统计量和描述变量分布情况的统计量。

**1. 描述变量集中趋势的统计量**

集中趋势是指一组数据向某一中心值靠拢的程度，反映了该组数据中心值的位置。集中趋势统计主要是寻找数据水平的代表值或中心值，其度量指标包括均值、中位数、众数与和。

（1）均值

均值又称为算术平均数，表示一组数据或统计总体的平均特征值，是常见的代表值，主要反映了某个变量在该组观测数据中的集中趋势和平均水平。

（2）中位数

中位数是将一组数据按大小排序后处于最中间位置的数。当数据个数为偶数时，中位数是位于中间位置的两个数据的算术平均数。

（3）众数

众数是一组数据中出现频率最高的数，众数只有在数据较多而又有明确的集中趋势时才有意义。

（4）和

和是指某变量的所有变量值之和。

**2. 描述变量离散程度的统计量**

离散程度是指各个观测值之间的差异程度，也可以理解为一组数据远离其中心值的程度。通过对数据离散程度的分析，不仅可以反映各个数值之间的差异大小，还可以反映中心值对各个数值的代表性。其度量指标包括方差、标准差、极差、最大值、最小值等。

（1）标准差

标准差用来描述变量值关于均值的偏离程度，是变量值偏离均值的距离的平均数，是方差的平方根，是反映随机变量分布离散程度的指标。标准差跟方差一样，其数值越大表明变量值之间的差异越大。

（2）方差

方差是标准差的平方，是各个变量值与其均值的离差平方的均值，主要用于研究变量值和均值之间的偏离程度。样本方差的值越大，表示变量值之间的差异越大。

（3）极差

极差又称区域、全距，用 $R$ 表示，是变量的最大值与最小值之间的绝对差，也可以理解为变量的最大值与最小值之间的区间跨度。

（4）最大值

最大值是指某变量所有取值的最大值。

（5）最小值

最小值是指某变量所有取值的最小值。

**3．描述变量分布情况的统计量**

分布形态主要用于分析数据的具体分布情况，如分析数据的分布是否对称、数据的偏斜度，以及分析数据分布的陡缓情况等。一般情况下，可以用偏度与峰度两个统计量进行分析。

（1）偏度

偏度是描述统计量取值分布的对称或偏斜程度的指标，它衡量的是样本分布的偏斜方向和程度。偏度为 0 表示对称，大于 0 表示右偏，小于 0 表示左偏。

（2）峰度

峰度是描述统计量取值分布的陡缓程度的指标，也用来衡量取值分布的集中程度。峰度为 0 表示陡峭程度和正态分布相同，大于 0 表示比正态分布陡峭，小于 0 表示比正态分布平缓。

## 6.1.2 数据的描述性统计分析

上面我们介绍了描述性统计相关的术语，本节介绍如何利用 Excel 进行数据的描述性统计分析。具体操作步骤如下。

**1．在 Excel 中添加“数据分析”加载项**

打开 Excel，单击“文件”→“选项”按钮，在弹出的“Excel 选项”对话框中单击“加载项”，在“管理”区域的下拉列表中选择“Excel 加载项”，并单击“转到”按钮，即可弹出“加载项”对话框，如图 6.1 所示。

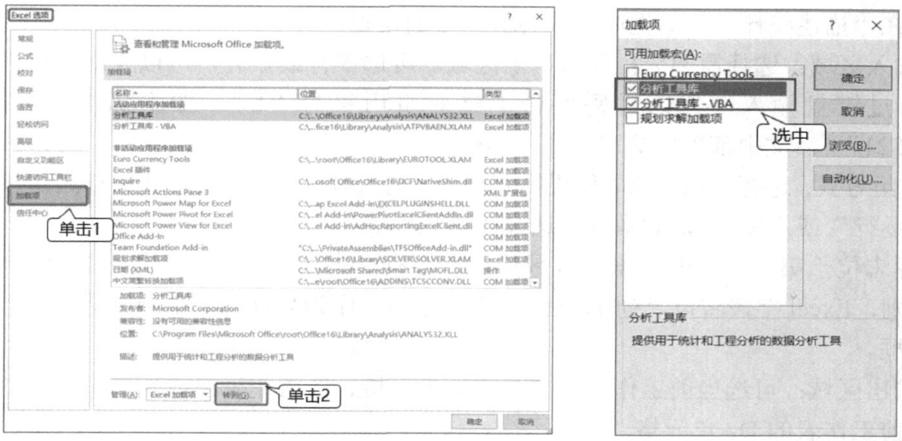


图 6.1 Excel 选项设置

在“加载项”对话框中勾选“分析工具库”和“分析工具库-VBA”（分析工具库的编程加载项）复选框，单击“确定”按钮，即可完成“数据分析”功能项的添加。在“数据”功能区的右上角即出现“数据分析”功能项，如图 6.2 所示。

图 6.2 “数据分析”功能项

## 2．利用 Excel 进行数据的描述性统计分析

以某电商平台 11 月的“活动访问数据表”为例，进行数据的描述性统计分析。具体操作步骤如下。

（1）打开“描述统计”对话框

单击“数据”→“分析”→“数据分析”按钮，在弹出的“数据分析”对话框中选择“描述统计”分析工具，如图 6.3 所示。单击“确定”按钮，弹出“描述统计”对话框，如图 6.4 所示。

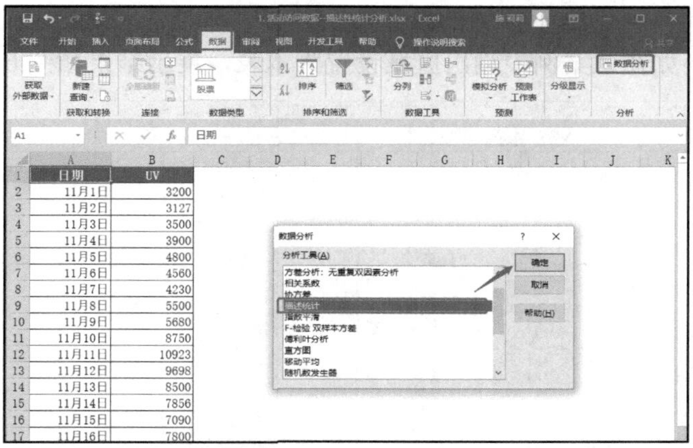


图 6.3 选择“描述统计”分析工具

（2）在“描述统计”对话框中完成各类参数的设置

1）输入区域：选择需要分析的数据源区域，可选多行或多列，可以采用鼠标进行框选，也可以通过键盘输入，输入时需要带上绝对引用符号“$”，如本例中数据源区域为“$B$1:$B$21”（后文中都采用简写，如 B1:B21）。

2）分组方式：选择分组方式，如果需要指出“输入区域”中的数据是按行还是按列分组，则选择“逐行”或“逐列”，如本例中选择“逐列”。

3）标志位于第一行：若数据源区域第一行含有标志（字段名、变量名），则应勾选该复选框，否则，Excel 字段将以“列 1、列 2、列 3……”作为列标志，本例勾选“标志位于第一行”复选框。

4）输出区域：可选当前工作表的某个活动单元格、新工作表组或新工作簿，本例将结果输出至当前工作表的 D2 单元格。

5）汇总统计：包括平均值、标准误差（相对于平均值）、中位数、众数、标准差、方差、峰度、偏度、最小值、最大值、求和、观测数等相关指标，本例勾选“汇总统计”复选框。

6）“第 K 大（小）值”：表示输入数据组的第几位最大（小）值。本例勾选此复选框，并输入“1”，结果出现最大值和最小值。

7）平均数置信度：置信度也称为可靠度或置信水平、置信系数，是指总体参数值落在样本统计值某一区域内的概率，常用的置信度为 95%或 90%，本例勾选此复选框，并输入“95”，如图 6.4 所示，可计算在显著性水平为 5%时的平均数置信度。

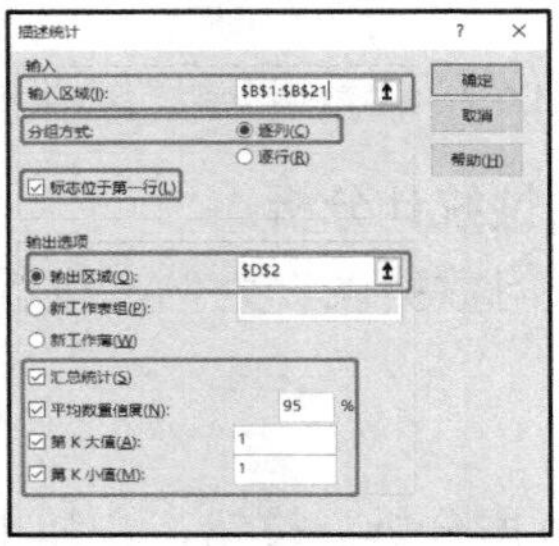


图 6.4　“描述统计”对话框中参数的设置

（3）输出结果并描述

完成“描述统计”对话框中参数的设置后，单击“确定”按钮，描述统计结果就会出现在设定的输出区域，如在此案例中输出区域设置为本表，展示结果如图 6.5 所示。

| 日期 | UV |
|---|---|
| 11月1日 | 3200 |
| 11月2日 | 3127 |
| 11月3日 | 3500 |
| 11月4日 | 3900 |
| 11月5日 | 4800 |
| 11月6日 | 4560 |
| 11月7日 | 4230 |
| 11月8日 | 5500 |
| 11月9日 | 5680 |
| 11月10日 | 8750 |
| 11月11日 | 10923 |
| 11月12日 | 9698 |
| 11月13日 | 8500 |
| 11月14日 | 7856 |
| 11月15日 | 7090 |
| 11月16日 | 7800 |
| 11月17日 | 6860 |
| 11月18日 | 6950 |
| 11月19日 | 7120 |
| 11月20日 | 6860 |

| UV | |
|---|---|
| 平均 | 6345.2 |
| 标准误差 | 498.952422 |
| 中位数 | 6860 |
| 众数 | 6860 |
| 标准差 | 2231.38306 |
| 方差 | 4979070.38 |
| 峰度 | -0.7006292 |
| 偏度 | 0.22948777 |
| 区域 | 7796 |
| 最小值 | 3127 |
| 最大值 | 10923 |
| 求和 | 126904 |
| 观测数 | 20 |
| 最大(1) | 10923 |
| 最小(1) | 3127 |
| 置信度(95.0%) | 1044.31942 |



图 6.5　描述统计结果

根据描述统计分析最后呈现的结果，我们可以进行如下描述：

由于“双十一”的到来，随着平台各种推广活动的开展，访客量在“双十一”前呈增长趋势，且在“双十一”当天访客量达到最高。随着活动结束，店铺的访客量有所下降。但是整体来看，本次活动让店铺访客量的平均水平得到了提高。

## 6.2 趋势分析

趋势分析是在已有数据的基础上，利用科学的方法和手段，对未来一定时期内的市场需求、发展趋势和影响因素的变化做出判断，进而为营销决策服务。

绘制简单的数据趋势图，并不算是趋势分析，趋势分析更多的是需要明确数据的变化，以及对变化原因进行分析，包括对外部原因和内部原因进行分析。

本节介绍图表趋势预测分析和时间序列预测分析。

### 6.2.1 图表趋势预测分析

Excel 图表的趋势线不仅可以帮助我们分析数据，还可以对未来几个周期的数据进行预测。预测的数据也是通过趋势线分析的公式计算出来的。图表趋势预测分析的基本流程如下：

1）根据给出的数据制作散点图或者折线图。

2）观察图表形状并添加适当类型的趋势线。

3）利用趋势线外推或利用回归方程计算预测值。

以下介绍图表趋势预测分析中涉及的相关概念。

趋势线分析是一种回归分析的基本方法。回归分析是确定两个或两个以上变量间相互依赖的定量关系的一种统计分析方法。通过回归分析，可以使趋势线延伸至事实数据之外，从而预测未来值。趋势线的作用大到编制组织战略规划，小到编制工作计划，用途很广。

趋势线分为线性趋势线、指数趋势线、对数趋势线、乘幂趋势线和移动平均趋势线等。

趋势线分析的公式：$R$=回归平方和÷总离差平方和（$0<R<1$）

其中，$R$ 为总离差平方和中可以由回归平方和解释的比例，这一比例越大越好，模型越精确，回归效果越显著。一般认为 $R$ 超过 0.8 的模型拟合度比较高。

以下我们将重点介绍线性趋势线、指数趋势线和多项式趋势线。

**1．利用线性趋势线预测店铺销售额**

打开“某店铺销售额数据.xlsx”文件，选择 A2:B12 单元格区域，单击“插入”→“图表”→“折线图”下拉按钮，从下拉列表中选择“带数据标记的折线图”，即可完成折线图的添加，如图 6.6 所示。

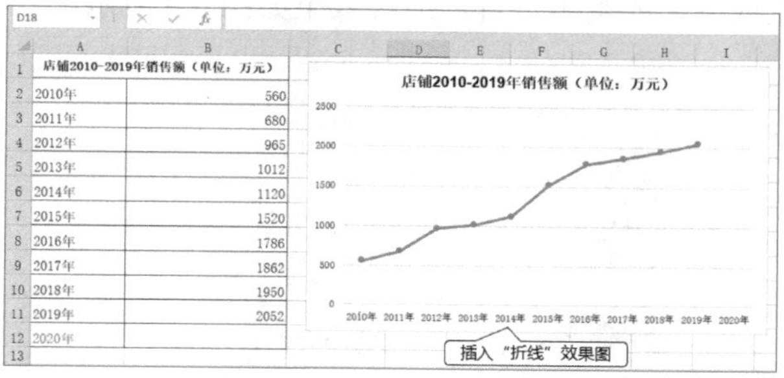


图 6.6　带数据标记的折线图

选中折线图表，单击“图表工具”→“设计”→“添加图表元素”下拉按钮，从下拉列表中选择“趋势线”→“线性”，即可完成线性趋势线的添加，如图 6.7 所示。

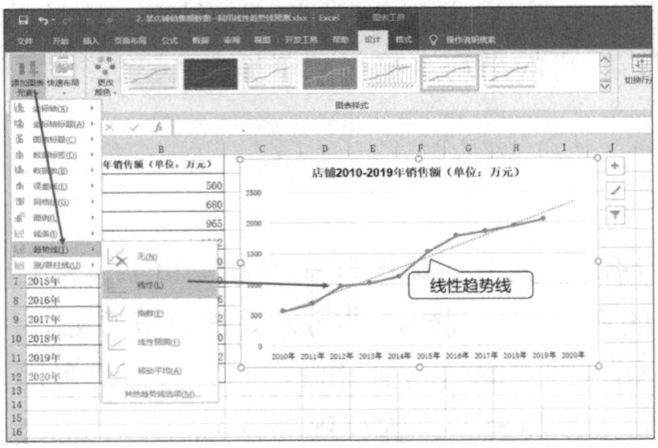


图 6.7　添加线性趋势线

双击插入的趋势线，弹出“设置趋势线格式”任务窗格，本例中需预测未来 1 年的销售额，故在“趋势预测”区域中的“前推”文本框中输入“1”，勾选“显示公式”复选框，然后单击“关闭”按钮，如图 6.8 所示。

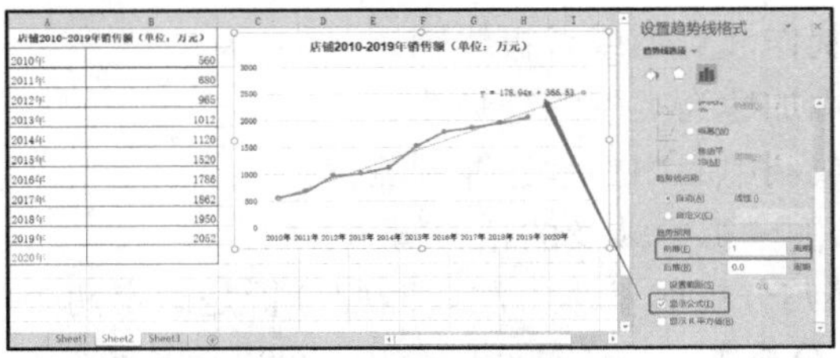


图 6.8　设置线性趋势线格式及结果

在图表中查看预测公式，使用公式计算未来年份的预测销售额。

本例中公式为 $y$=178.94$x$+366.53，其中 $x$ 是预测年份对应第几个数据点，$y$ 是对应年份的销售额。

由于 2020 年是第 11 个数据点，由此计算出 2020 年的预测销售额如下：

$y_{2020}$=178.94×11+366.53=2334.87（万元）

以此类推，2021 年和 2022 年也可以通过以上相应设置及公式进行计算。

**2．利用指数趋势线预测店铺销量**

打开“某店铺销量数据.xlsx”文件，选择 A2:B13 单元格区域，单击“插入”→“图表”→“XY 散点图”下拉按钮，从下拉列表中选择“仅带数据标记的散点图”，散点图插入完成后，添加图表标题，完成图表的基本设置，最终效果如图 6.9 所示。

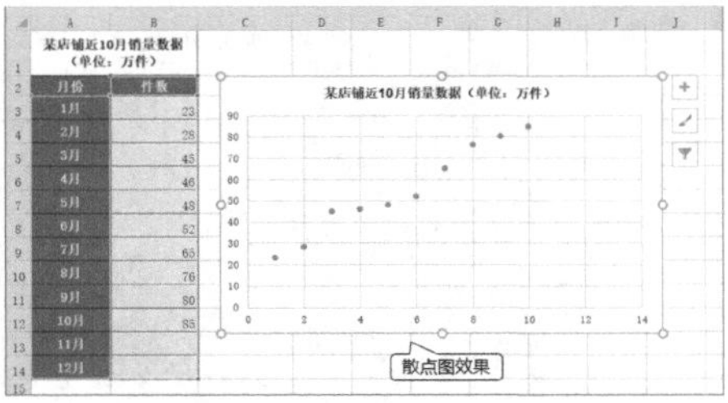


图 6.9　某店铺近 10 个月的销售散点图

选中散点图图表，单击“图表工具”→“设计”→“添加图表元素”下拉按钮，从下拉列表中选择“趋势线”→“指数”，完成趋势线添加，如图 6.10 所示。

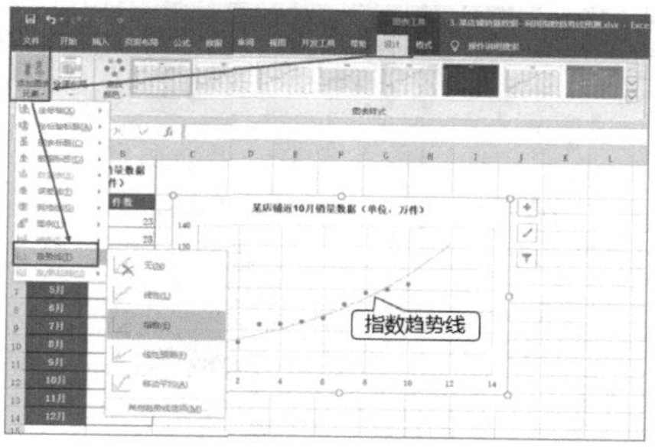


图 6.10　添加指数趋势线

双击插入的趋势线，弹出“设置趋势线格式”任务窗格，本例中需预测未来两月的销量，故在“趋势预测”区域中“前推”文本框中输入“2”，勾选“显示公式”复选框和“显示 R 平方值”复选框，然后单击“关闭”按钮，如图 6.11 所示。

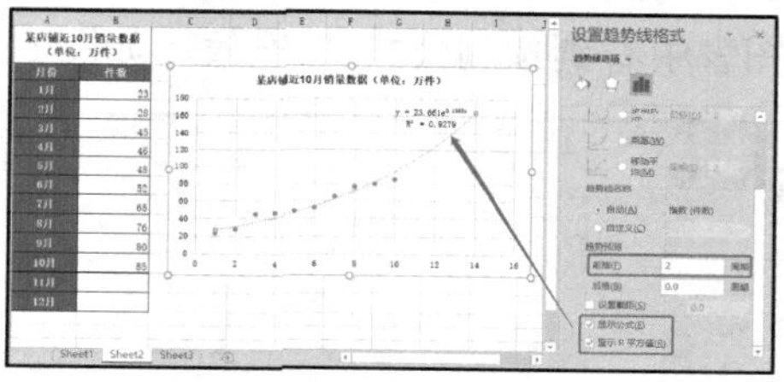


图 6.11　设置指数趋势线格式及结果

根据公式或趋势线预测“11 月”和“12 月”的销量。本例中公式为 $y=23.661e^{0.1385x}$”，其中 $x$ 是预测月份对应第几个数据点，$y$ 是对应月份的销量。

由于 11 月是第 11 个数据点，12 月是第 12 个数据点，由此计算出 11 月、12 月的预测销量如下：

$$y_{11月}=23.661e^{0.1385\times11}\approx94.52 \text{（万件）}$$

$$y_{12月}=23.661e^{0.1385\times12}\approx108.56 \text{（万件）}$$

**3．利用多项式趋势线预测销售费用**

打开“销售额和销售费用分析.xlsx”文件，选择 B2:C22 单元格区域，单击“插入”→“图表”→“XY 散点图”下拉按钮，从下拉列表中选择“仅带数据标记的散点图”，完成散点图的插入。调整图表的大小和位置，添加图表标题，散点图即设置成功，如图 6.12 所示。

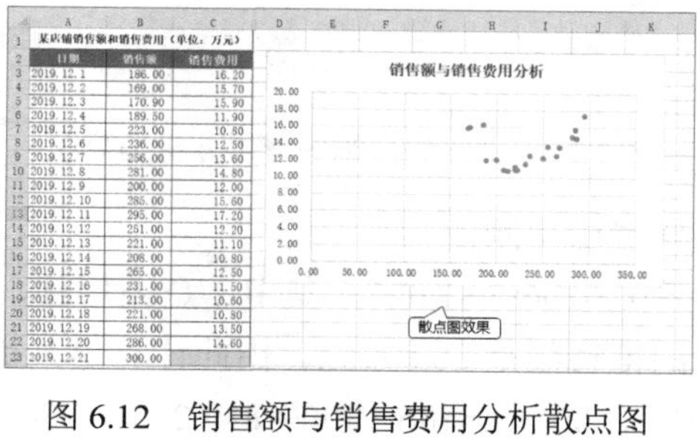


图 6.12　销售额与销售费用分析散点图

选中散点图图表，单击“图表工具”→“设计”→“添加图表元素”下拉按钮，从下拉列表中选择“趋势线”→“线性”，即可完成线性趋势线的添加，如图 6.13 所示。

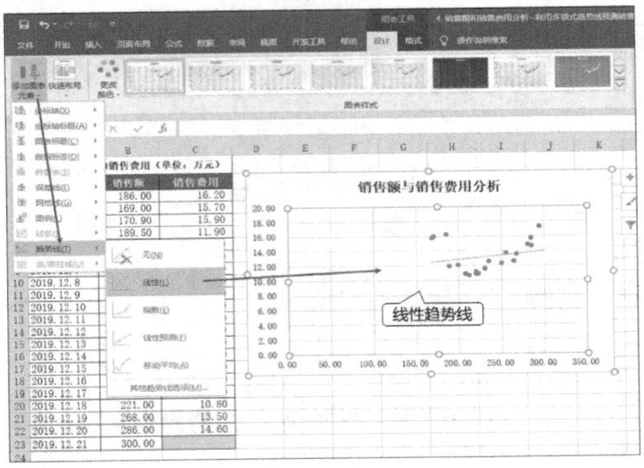


图 6.13　添加线性趋势线

双击插入的趋势线，在弹出的“设置趋势线格式”任务窗格中选中“多项式”单选按钮，在“阶数”数值框中输入“2”，勾选“显示公式”复选框和“显示 R 平方值”复选框，然后单击“关闭”按钮，即可在图表中看到预测公式和 $R^2$ 值，如图 6.14 所示。

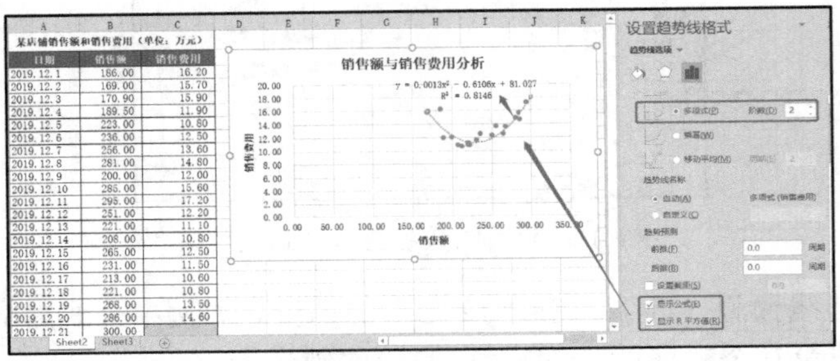


图 6.14　设置多项式趋势线格式及结果

选中散点图图表，单击“图表工具”→“设计”→“添加图表元素”下拉按钮，从下拉列表中选择“坐标轴标题”，分别对“主要横坐标轴”和“主要纵坐标轴”的标题及格式进行调整，即完成了销售额与销售费用分析趋势图，如图 6.15 所示。

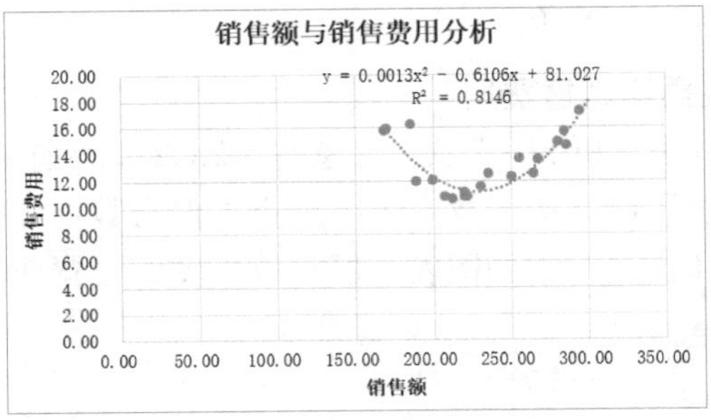


图 6.15　销售额与销售费用分析趋势图

根据公式计算对应的销售费用预测值。

本例中公式为 $y=0.0013x^2-0.6106x+81.027$，其中 $x$ 是销售额，$y$ 是该销售额对应的销售费用。已知 12 月 21 日该店铺的销售额是 300 万元，由此计算出其销售费用的预测值如下：

$$y=0.0013\times300^2-0.6106\times300+81.027\approx14.847\text{（万元）}$$

### 6.2.2 时间序列预测分析

时间序列是指某种变量在一定时间段内不同时间点上观测值的集合，这些观测值是按时间顺序排列的，时间点之间的间隔是相等的，可以是年、季度、月、周、日或其他时间段。

时间序列预测分析基本原理：承认事物发展的延续性，运用过去时间序列的数据进行统计分析，推测事物的发展趋势；充分考虑偶然因素的影响而产生的随机性，为了消除随机波动的影响，会先对数据进行适当处理，然后进行趋势预测。

时间序列预测分析基本特点：假设事物的发展趋势会延伸到未来；预测所依据的数据具有不规则性；不考虑事物发展之间的因果关系。

时间序列预测分析优点：在分析现在、过去、未来的联系时，以及未来的结果与过去、现在的各种因素之间的关系时，效果比较好；进行数据处理时并不复杂。

时间序列预测分析缺点：反映了对象线性的、单向的联系；适合预测在时间方面稳定延续的过程，并不适合进行长期预测。

时间序列预测分析的一般步骤如下。

1）收集、整理历史资料，编制时间序列。

要求：时间序列要完整、准确；各数据间应具有可比性，要将不可比的数据整理为可比的数据；如果在时间序列中存在极端值，要将其剔除。

2）绘制图形。

把时间序列绘制成统计图，这样能更好地体现变量的发展变化趋势和统计数据的分布特点。

3）建立预测模型，进行预测计算。

选择预测模型时主要考虑：预测期的长短、时间序列的类型、预测费用、预测准确度的大小、预测方法的实用程度。

4）评价预测结果。

从统计检验和直观判断两个方面对使用统计、数学方法取得的预测结果进行评价，以判断预测结果的可信程度以及是否切合实际。

时间序列预测方法一般可分为确定性时间序列预测法和随机时间序列预测法。确定性时间序列预测法有移动平均法、指数平滑法、差分指数平滑法、自适应过滤法、直线模型预测法、成长曲线模型预测法和季节波动预测法等。随机时间序列预测法是通过建立随机时间序列模型来预测的，对方法和数据的要求都很高，精度也很高。

以下重点介绍：季节波动法、移动平均法和指数平滑法。

#### 1. 季节波动法

季节波动法又称季节周期法、季节指数法、季节变动趋势预测法，是对包含季节波动的时间序列进行预测的方法。

季节波动是指某些社会经济现象由于受自然因素和消费习惯、风俗习惯等社会因素的影响，在一年内随着季节的变换而产生有规律性的变动。

具体操作步骤如下。

1）收集历年（通常至少有三年）各月或各季度的统计资料，作为观察值。

2）求出各年同月或同季观察值的平均数（用 $A$ 表示）。

3）求出历年间所有月份或季度的平均值（用 $B$ 表示）。

4）计算各月或各季度的季节指数，又称季节比率，即 $S=A/B$。

5）根据未来年度的全年趋势预测值，求出各月或各季度的平均趋势预测值，然后乘以相应的季节指数，即得出未来年度内各月和各季度包含季节变动的预测值。

**【案例 6-1】季节销量分析。**

打开“某商品连续五年季度销量统计.xlsx”文件，选中 B8 单元格，在编辑栏中输入公式“=AVERAGE(B3:B7)”，并按 Enter 键确认，计算同季度平均值。接着，选中 B8 单元格，向右拖动 B8 单元格的填充柄至 E8 单元格，填充其他三个季度的平均值，如图 6.16 所示。

SUM　=AVERAGE(B3:B7)

| | A | B | C | D | E | F |
|---|---|---|---|---|---|---|
| 1 | 某商品连续五年季度销量统计 | | | | | |
| 2 | 年份 | 第一季度 | 第二季度 | 第三季度 | 第四季度 | 合计 |
| 3 | 2015 | 350 | 1680 | 5500 | 212 | |
| 4 | 2016 | 656 | 2765 | 7780 | 436 | |
| 5 | 2017 | 1120 | 4536 | 10600 | 725 | |
| 6 | 2018 | 1315 | 5000 | 11400 | 520 | |
| 7 | 2019 | 1420 | 5220 | 12500 | 766 | |
| 8 | 同季度平均值 | =AVERAGE(B3:B7) | | | | |
| 9 | 所有季度平均值 | AVERAGE(number1, [number2], ...) | | | | |
| 10 | 季节比率 | | | | | |
| 11 | 2020年预测值 | | | | | |



图 6.16　计算季度平均值

选中 B9 单元格，在编辑栏中输入公式“=AVERAGE(B8:E8)”，并按 Enter 键确认，计算所有季度平均值，如图 6.17 所示。

SUM　=AVERAGE(B8:E8)

| | A | B | C | D | E | F |
|---|---|---|---|---|---|---|
| 1 | 某商品连续五年季度销量统计 | | | | | |
| 2 | 年份 | 第一季度 | 第二季度 | 第三季度 | 第四季度 | 合计 |
| 3 | 2015 | 350 | 1680 | 5500 | 212 | |
| 4 | 2016 | 656 | 2765 | 7780 | 436 | |
| 5 | 2017 | 1120 | 4536 | 10600 | 725 | |
| 6 | 2018 | 1315 | 5000 | 11400 | 520 | |
| 7 | 2019 | 1420 | 5220 | 12500 | 766 | |
| 8 | 同季度平均值 | 972.2 | 3840.2 | 9556 | 531.8 | |
| 9 | 所有季度平均值 | =AVERAGE(B8:E8) | | | | |
| 10 | 季节比率 | | AVERAGE(number1, [number2], ...) | | | |
| 11 | 2020年预测值 | | | | | |



图 6.17　计算所有季度平均值

选中 B10 单元格，在编辑栏中输入公式“=B8/$B$9”，并按 Enter 键确认，计算第一季度的季节比率，如图 6.18 所示。

B9　=B8/$B$9

| | A | B | C | D | E | F |
|---|---|---|---|---|---|---|
| 1 | 某商品连续五年季度销量统计 | | | | | |
| 2 | 年份 | 第一季度 | 第二季度 | 第三季度 | 第四季度 | 合计 |
| 3 | 2015 | 350 | 1680 | 5500 | 212 | |
| 4 | 2016 | 656 | 2765 | 7780 | 436 | |
| 5 | 2017 | 1120 | 4536 | 10600 | 725 | |
| 6 | 2018 | 1315 | 5000 | 11400 | 520 | |
| 7 | 2019 | 1420 | 5220 | 12500 | 766 | |
| 8 | 同季度平均值 | 972.2 | 3840.2 | 9556 | 531.8 | |
| 9 | 所有季度平均值 | 3725.05 | | | | |
| 10 | 季节比率 | =B8/$B$9 | | | | |
| 11 | 2020年预测值 | | | | | |
| 12 | | | | | | |



图 6.18　计算季节比率

按住 Ctrl 键分别选择“B2:E2”和“B10:E10”单元格区域，单击“插入”→“图表”→“折线图”下拉按钮，从下拉列表中选择“折线图”，即可完成折线图的添加。接着，调整折线图图表的位置和大小，添加图表标题，如图 6.19 所示。

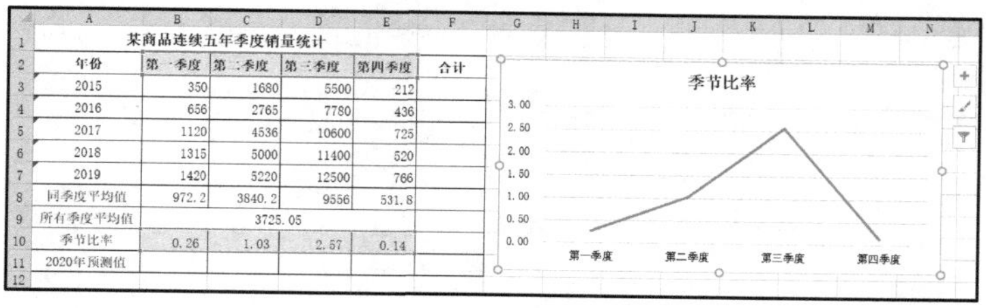

| | A | B | C | D | E | F |
|---|---|---|---|---|---|---|
| 1 | 某商品连续五年季度销量统计 | | | | | |
| 2 | 年份 | 第一季度 | 第二季度 | 第三季度 | 第四季度 | 合计 |
| 3 | 2015 | 350 | 1680 | 5500 | 212 | |
| 4 | 2016 | 656 | 2765 | 7780 | 436 | |
| 5 | 2017 | 1120 | 4536 | 10600 | 725 | |
| 6 | 2018 | 1315 | 5000 | 11400 | 520 | |
| 7 | 2019 | 1420 | 5220 | 12500 | 766 | |
| 8 | 同季度平均值 | 972.2 | 3840.2 | 9556 | 531.8 | |
| 9 | 所有季度平均值 | 3725.05 | | | | |
| 10 | 季节比率 | 0.26 | 1.03 | 2.57 | 0.14 | |
| 11 | 2020年预测值 | | | | | |



图 6.19　季节比率走势折线图

选中 F3 单元格，在编辑栏中输入公式“=SUM(B3:E3)”，并按 Enter 键确认，即可得出 2015 年全年销量合计。选中 F3 单元格，向下拖动 F3 单元格的填充柄至 F7 单元格，填充数据，即可得出 2016—2019 年各年的全年销量合计，如图 6.20 所示。

| | A | B | C | D | E | F |
|---|---|---|---|---|---|---|
| 1 | 某商品连续五年季度销量统计 | | | | | |
| 2 | 年份 | 第一季度 | 第二季度 | 第三季度 | 第四季度 | 合计 |
| 3 | 2015 | 350 | 1680 | 5500 | =SUM(B3:E3) | |
| 4 | 2016 | 656 | 2765 | 7780 | 436 | |
| 5 | 2017 | 1120 | 4536 | 10600 | 725 | |
| 6 | 2018 | 1315 | 5000 | 11400 | 520 | |
| 7 | 2019 | 1420 | 5220 | 12500 | 766 | |
| 8 | 同季度平均值 | 972.2 | 3840.2 | 9556 | 531.8 | |
| 9 | 所有季度平均值 | 3725.05 | | | | |
| 10 | 季节比率 | 0.26 | 1.03 | 2.57 | 0.14 | |
| 11 | 2020年预测值 | | | | | |

图 6.20　计算各年度销量合计

选中 F11 单元格，在编辑栏中输入公式“=F7*1.2”，并按 Enter 键确认，计算预测合计值。本例中 2020 年该商品的销售目标是提高 20%的销量，因此 2020 年全年销量预测值为 2019 年销量合计*(1+20%)，即 F7*1.2，如图 6.21 所示。

| | A | B | C | D | E | F |
|---|---|---|---|---|---|---|
| 1 | 某商品连续五年季度销量统计 | | | | | |
| 2 | 年份 | 第一季度 | 第二季度 | 第三季度 | 第四季度 | 合计 |
| 3 | 2015 | 350 | 1680 | 5500 | 212 | 7742 |
| 4 | 2016 | 656 | 2765 | 7780 | 436 | 11637 |
| 5 | 2017 | 1120 | 4536 | 10600 | 725 | 16981 |
| 6 | 2018 | 1315 | 5000 | 11400 | 520 | 18235 |
| 7 | 2019 | 1420 | 5220 | 12500 | 766 | 19906 |
| 8 | 同季度平均值 | 972.2 | 3840.2 | 9556 | 531.8 | |
| 9 | 所有季度平均值 | 3725.05 | | | | |
| 10 | 季节比率 | 0.26 | 1.03 | 2.57 | 0.14 | |
| 11 | 2020年预测值 | | | | | =F7*1.2 |

图 6.21　2020 年销量预测值合计

选中 B11 单元格，在编辑栏中输入公式“=F11/4*B10”，并按 Enter 键确认，计算 2020 年第一季度销量预测值，即 2020 年销量预测合计值在四个季度的均值与各季度季节比率的乘积，如图 6.22 所示。

图 6.22　2020 年第一季度销量预测值

选中 B11 单元格，向右拖动 B11 单元格的填充柄至 E11 单元格，即可完成 2020 年各季度销量预测值计算，如图 6.23 所示。

图 6.23　2020 年各季度销量预测值

## 2. 移动平均法

移动平均法是用一组最近的实际数据值来预测未来一期或几期内数据值的常用方法，如预测公司产品的需求量、公司产能等。当产品的需求量既不快速增长也不快速下降，且不存在季节性因素时，移动平均法能有效地消除预测中的随机波动。

### （1）利用移动平均公式预测店铺利润

打开“某店铺利润预测分析.xlsx”，选中 D8 单元格，在编辑栏中输入公式“=AVERAGE(C3:C14)”，并按 Enter 键确认，计算一次平均值。选中 D8 单元格，向下拖动 D8 单元格的填充柄至 D20 单元格，填充数据，如图 6.24 所示。

图 6.24　计算一次平均值并填充

选中 E9 单元格，在编辑栏中输入公式“=AVERAGE(D8:D9)”，并按 Enter 键确认，计算二次平均值。选中 E9 单元格，向下拖动 E9 单元格的填充柄至 E20 单元格，进行数据填充，如图 6.25 所示。

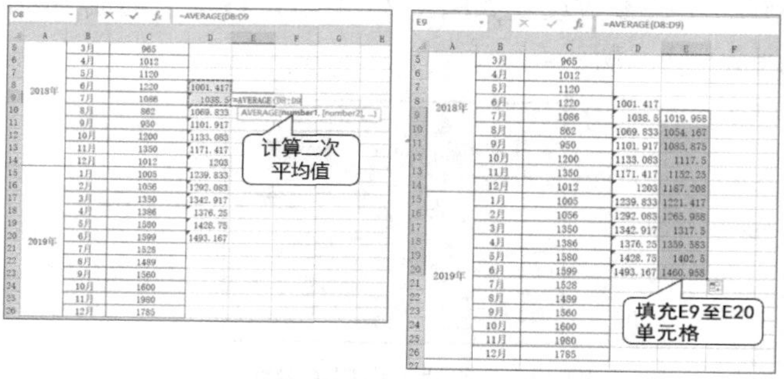


图 6.25　计算二次平均值并填充

按住 Ctrl 键分别选择“C2:C26”和“E2:E26”单元格区域，单击“插入”→“图表”→“折线图”下拉按钮，从下拉列表中选择“带数据标记的折线图”。调整图表的大小和位置，添加图表标题，完成图表的基本设置。此时，卖家即可查看预测的店铺利润及其变化趋势，如图 6.26 所示。

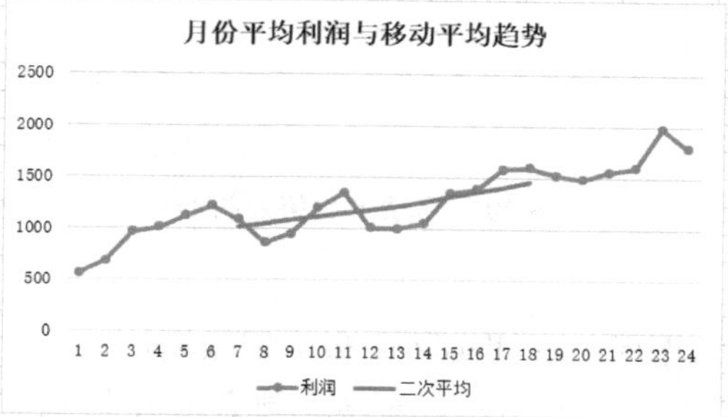


图 6.26　月份平均利润与移动平均趋势折线图

**（2）利用“移动平均”分析工具预测店铺利润**

打开“某店铺利润预测分析.xlsx”，单击“数据”→“分析”→“数据分析”按钮，在弹出的“数据分析”对话框中选择“移动平均”分析工具，然后单击“确定”按钮，如图 6.27 所示。

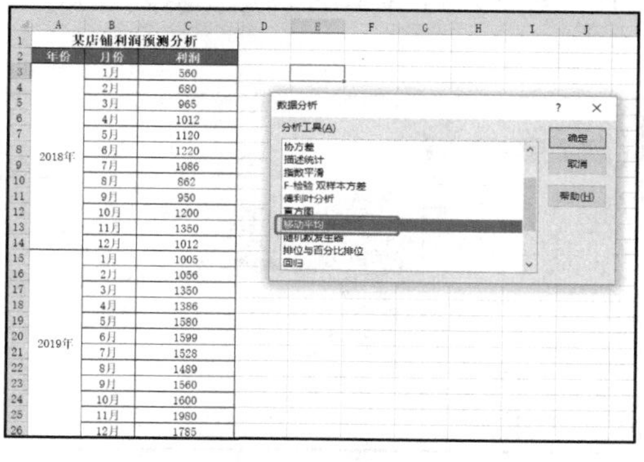


图 6.27　选择“移动平均”分析工具

在弹出的“移动平均”对话框中设置参数，勾选“标志位于第一行”“图表输出”“标准误差”（标准误差是实际数据与预测数据即移动平均数据的标准差，用以显示预测值与实际值的差距，这个数据越小表明预测数据越准确）3 个复选框，然后单击“确定”按钮，即可输出移动平均数值及趋势线。相关参数设置如图 6.28 所示，移动平均值结果如图 6.29（a）所示，移动平均折线图如图 6.29（b）所示。

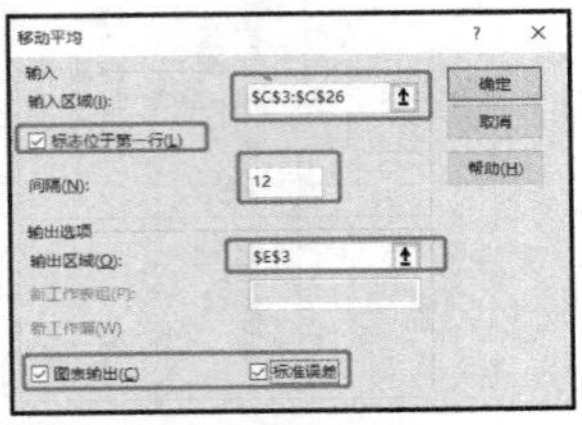


图 6.28　移动平均相关参数设置

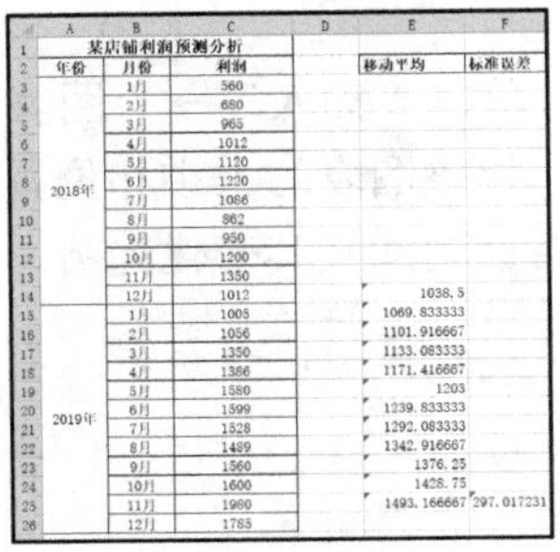


（a）移动平均值

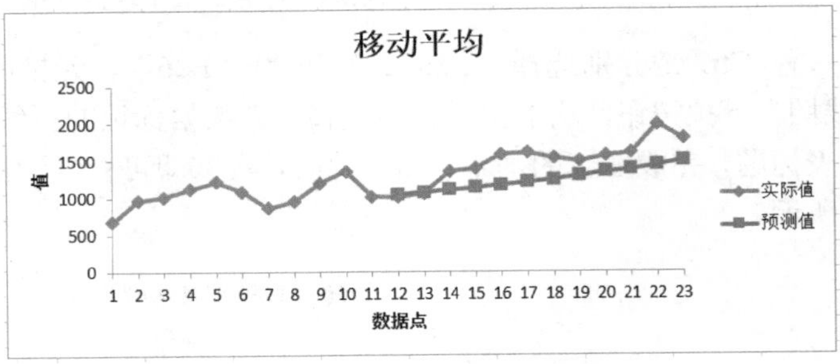


（b）移动平均折线图

图 6.29　移动平均值及折线图

### 3. 指数平滑法

指数平滑法是指以某种指标的本期实际值和本期预测值为基础，引入一个简化的加权因子，即平滑系数，以求得平均数的预测法。平滑系数必须大于 0 且小于 1，如 0.1、0.4、0.6 等。其计算公式为：下期预测值=本期实际值×平滑系数+本期预测值×（1−平滑系数）。

例如，某种产品销量的平滑系数为 0.4，2019 年实际销量为 50 万件，本期预测销量为 55 万件，则 2020 年的预测销量为 50×0.4+55×(1−0.4)=53（万件）。

**【案例 6-2】生产量数据分析。**

打开“某产品 1-11 月生产量数据.xlsx”文件，单击“数据”→“分析”→“数据分析”下拉按钮，从下拉列表中选择“数据分析”，在弹出的“数据分析”对话框中选择“指数平滑”分析工具，如图 6.30 所示。

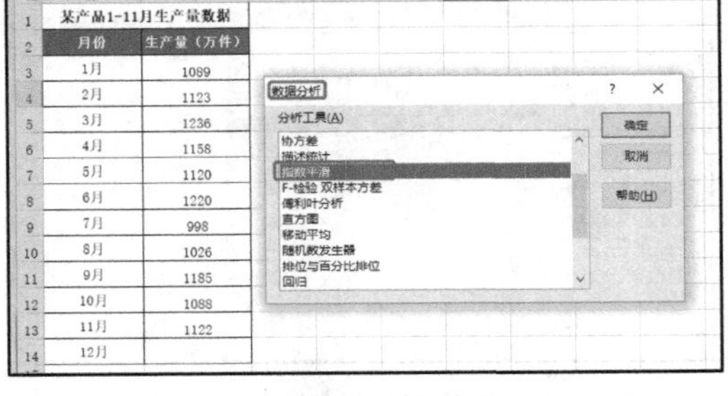


图 6.30　选择“指数平滑”分析工具

单击“确定”按钮，弹出“指数平滑”对话框。设置“输入区域”为 B3:B13 单元格区域，在“阻尼系数”文本框中输入“0.6”，设置“输出区域”为 C3 单元格，如图 6.31 所示。单击“确定”按钮，返回工作表中，即可得出一次指数预测结果，如图 6.32 所示。

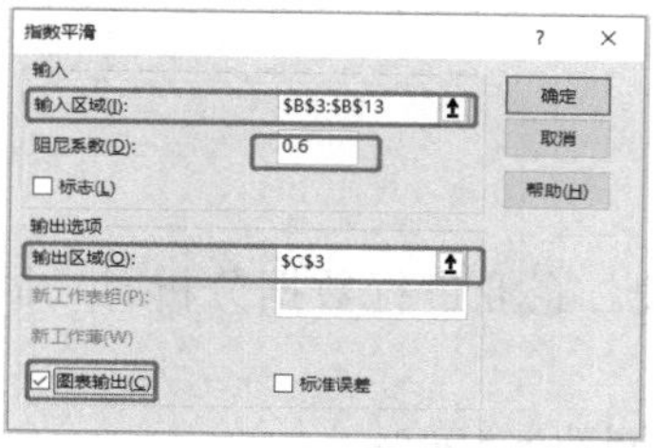


图 6.31　指数平滑相关参数设置

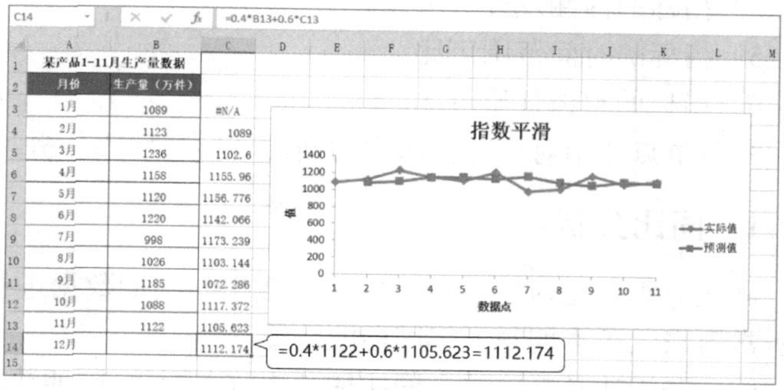


图 6.32　指数平滑结果

## 6.3 对比分析

对比分析法也称比较分析法，是将两个或两个以上有关联的指标进行对比，从数量上展示和说明这几个指标的规模大小、速度快慢、关系亲疏、水平高低等情况。

使用对比分析法可以直观地看到被比较指标之间的差异或变动，并通过数据量化的方式展现被比较指标之间的差距。

对比分析的应用如图 6.33 所示。

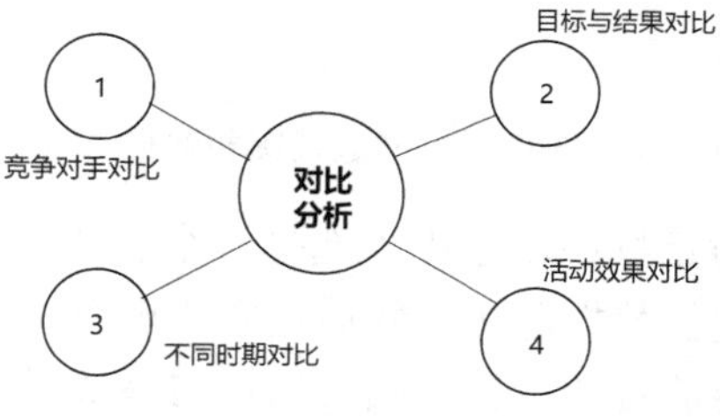


图 6.33　对比分析的应用

### 1．竞争对手对比

竞争对手对比是指将企业自身指标数据与竞争对手指标数据进行行业上的对比，通过了解竞争对手的信息、发展策略及行动，对比企业自身情况后采取合理的应对措施，以达到提升企业竞争力的目的。

### 2．目标与结果对比

目标与结果对比是指指标的目标与实际完成值进行对比，以此分析两者之间的差距以及差距的数值等情况。

### 3．不同时期对比

不同时期对比是指将指标在不同时期的数据进行对比，以了解同一指标的发展情况。

### 4．活动效果对比

活动效果对比是指将指标在活动开展前后的情况进行对比，从而反映活动产生的效果。

对比分析需要注意以下事项：

1）指标的类型一致。

2）指标的计量单位一致。

3）指标的计算方式一致。

4）指标的内涵及外延可比。

5）指标的时间范围可比。

6）指标的整体性质可比。

本节重点介绍对比分析法中的同比分析和环比分析。

## 6.3.1 同比分析

同比分析是指对同类指标的本期数据与同期数据进行比较。企业进行数据分析时，同比分析常用来比较本期与上年同期的数据。

同比分析法及其计算：**同比增长率=(本期数−同期数)÷同期数×100%**

比如，某企业 2019 年 9 月访客数为 1896 人，2018 年 9 月访客数为 1359 人，其同比增长率=(1896−1359)÷1359×100%=39.51%

在 Excel 中进行同比分析的具体步骤如下。

打开“对比分析.xlsx”文件，在“同比分析表”中，单击“插入”→“图表”→“数据透视图”下拉按钮，从下拉列表中选择“数据透视图和数据透视表”，如图 6.34 所示。

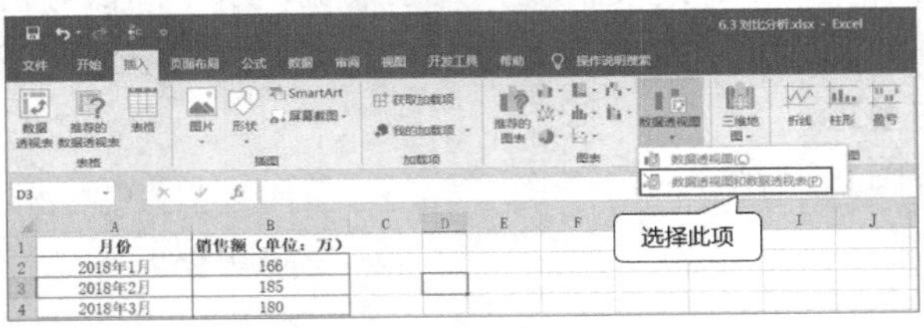


图 6.34　选择“数据透视图和数据透视表”

在“创建数据透视表”对话框中，选中“选择一个表或区域”单选按钮，在“表/区域”文本框中，输入需要进行处理的数据区域，然后选中“现有工作表”单选按钮，并在“位置”文本框中输入数据透视表将要放置的位置。相关操作与参数设置如图 6.35 所示。

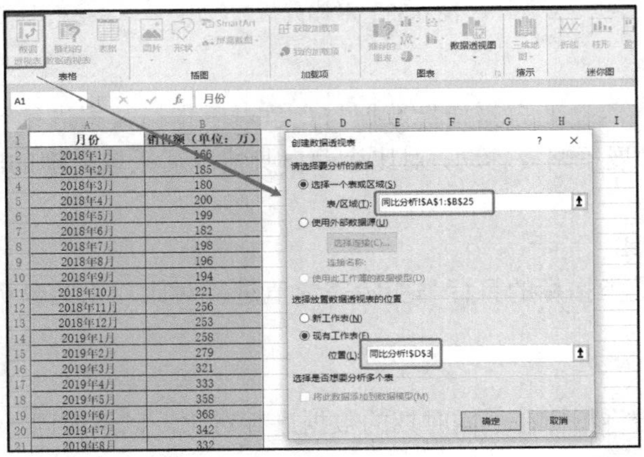

图 6.35　“创建数据透视表”对话框

在右侧“数据透视图字段”任务窗格中，选择“销售额（单位：万）”“季度”“年”这几个需要呈现在数据透视图中的指标。随后，将“求和项：销售额（单位：万）”拖至“值”区域，将“季度”拖至“轴（类别）”区域，将“年”拖至“图例（系列）”区域。数据透视图字段相关设置如图 6.36 所示。

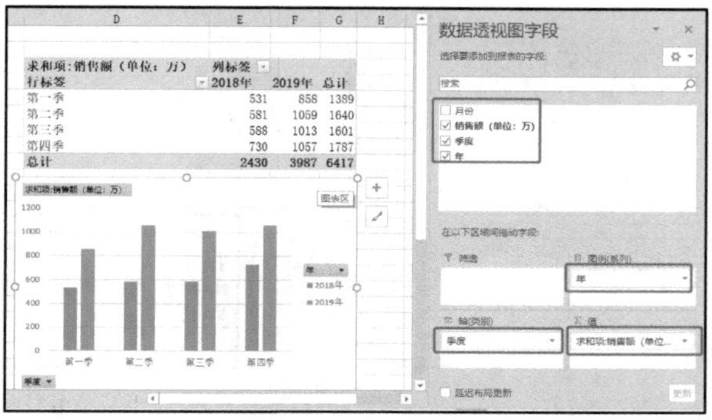


图 6.36　数据透视图字段相关设置

选中透视表中的某一个数据并右击，从弹出的快捷菜单中选择“值显示方式”→“差异”命令，如图 6.37 所示。

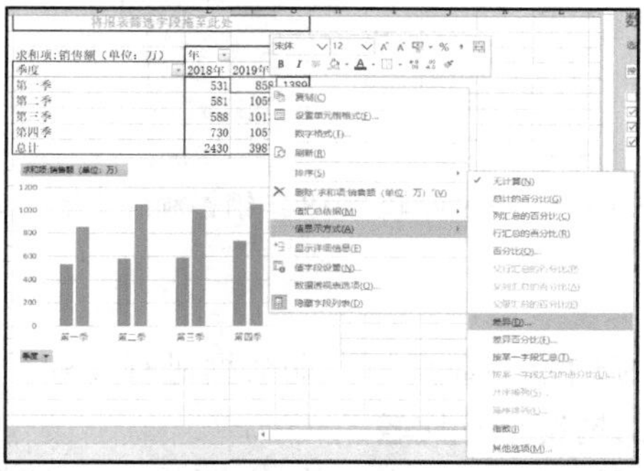

图 6.37　选择“值显示方式”→“差异”命令

在弹出的对话框中设置“基本字段”为“年”，设置“基本项”为“(上一个)”，如图 6.38 所示。

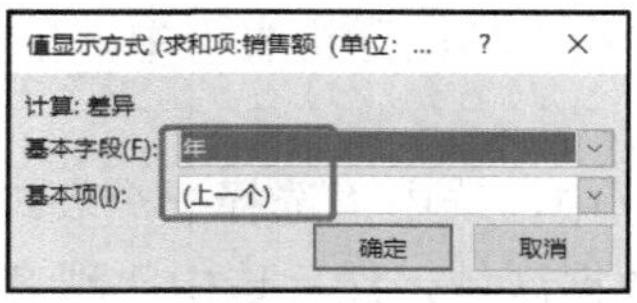


图 6.38　设置“值显示方式”

经过以上操作，得到 2018 年和 2019 年各季度的同比增长值，如图 6.39 所示。

图 6.39　2019 年较 2018 年同比增长值

接下来，进行同比增长率的计算。首先在“数据透视表字段”任务窗格中新增一个“销售额”求和项，操作方法是：单击“销售额”，将其拖至“值”区域。

选中透视表中的某一个数据并右击，从弹出的快捷菜单中选择“值显示方式”→“差异百分比”命令。在弹出的对话框中设置“基本字段”为“年”，设置“基本项”为“(上一个)”，如图 6.40 所示。

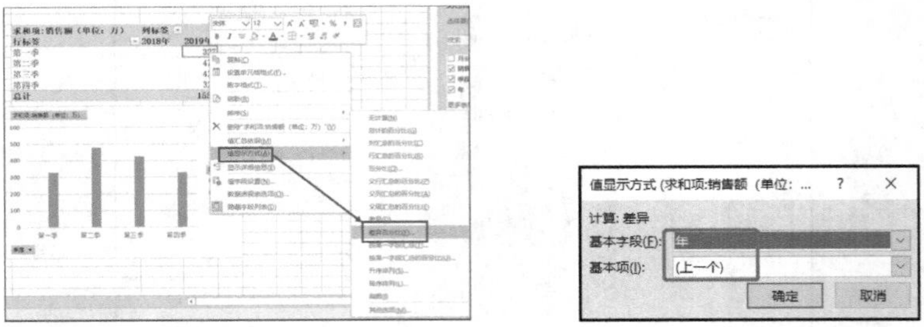


（a）　　　　　　　　　　（b）

图 6.40　设置“值显示方式”

至此，得到 2018 年和 2019 年各季度的同比增长值和同比增长率，如图 6.41 所示。

图 6.41　2019 年较 2018 年销售额同比增长率

## 6.3.2　环比分析

环比分析是指对同类指标的本期数据与上期数据进行比较。企业进行数据分析时，环比分析常用来对同年不同时期的情况进行比较。

环比分析法及其计算：**环比增长率=(本期数-上期数)÷上期数×100%**

比如，某企业 2019 年 9 月成交额为 13658 元，2019 年 8 月成交额为 12534 元。其环比增长率=(13658-12534)÷12534×100%=8.97%

在 Excel 中进行环比分析的具体步骤如下：

打开“对比分析.xlsx”文件，在“环比分析表”中，单击“插入”→“图表”→“数据透视表”按钮。

在“创建数据透视表”对话框中，选中“选择一个表或区域”单选按钮，在“表/区域”文本框中，输入需要进行处理的数据区域，然后选中“现有工作表”单选按钮，并在“位置”文本框中输入数据透视表将要放置的位置，如图 6.42 所示。

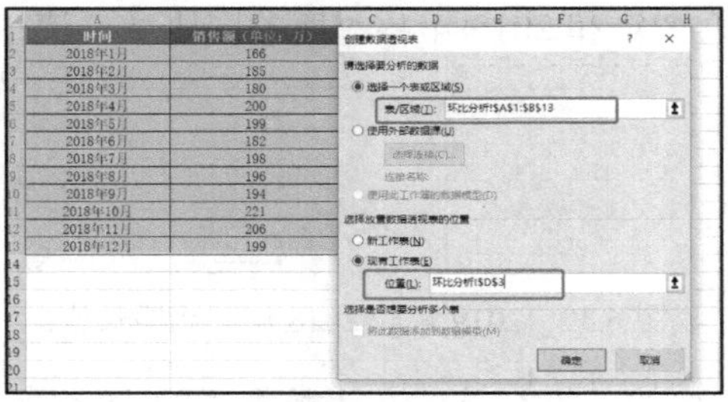

图 6.42　数据透视表设置

在右侧“数据透视表字段”任务窗格中，选择“时间”“销售额（单位：万）”“月”这几个需要呈现在数据透视表中的指标。随后，将“销售额（单位：万）”拖至“值”区域，将“月”和“时间”拖至“行”区域，如图 6.43 所示。

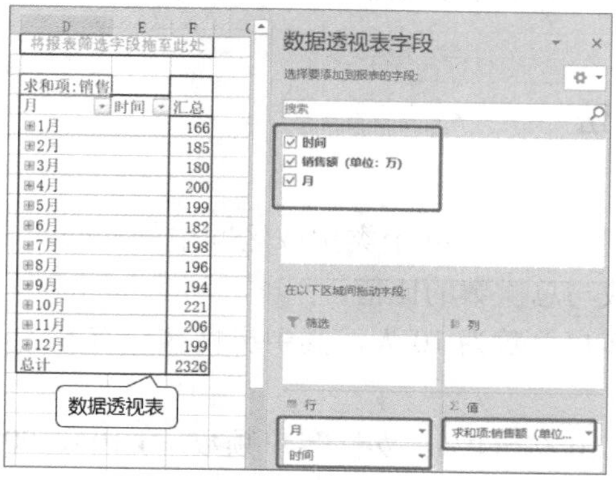


图 6.43　数据透视表字段设置

选中汇总的某一个数据并右击，从弹出的快捷菜单中选择“值显示方式”→“差异百分比”命令，如图 6.44（a）所示，在弹出的对话框中设置“基本项”为“(上一个)”，如图 6.44（b）所示。

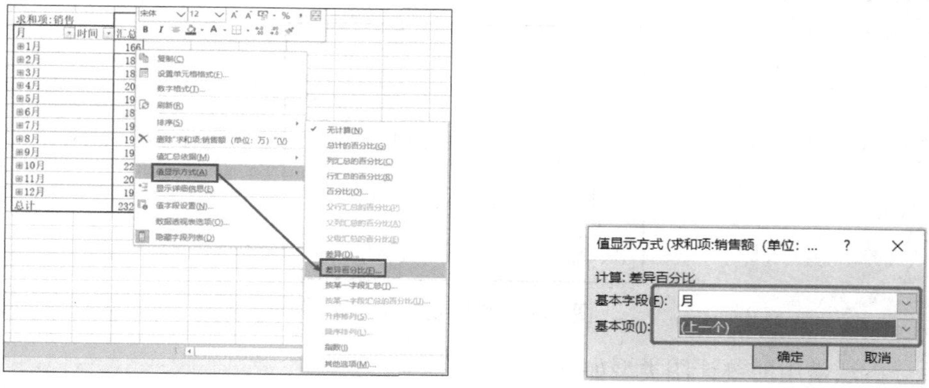


（a）　　　　（b）

图 6.44　设置“值显示方式”

经过以上操作，会自动生成企业 2018 年各月的环比增长率及环比增长图，如图 6.45 所示。

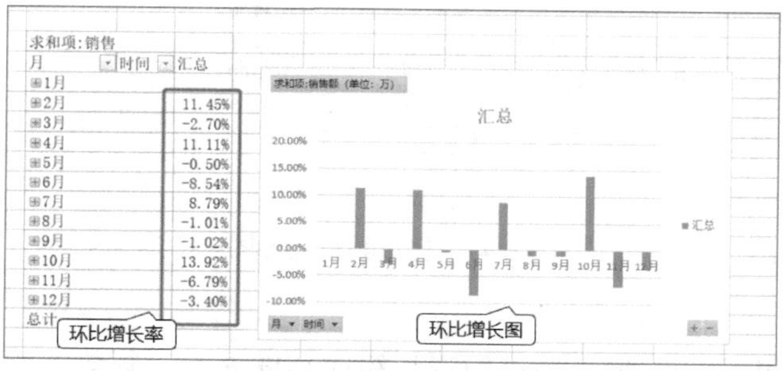


图 6.45　2018 年各月销售额环比增长率及环比增长图

## 6.4 其他分析方法

本节主要介绍频数分析法、分组分析法、结构分析法、平均分析法、交叉分析法与漏斗图分析法。

### 6.4.1 频数与频数分析法

**1．频数**

频数也称次数，是变量值出现在某个类别或区间中的次数，与频数相关的百分比值是频率，频率是对象出现的次数与总次数的比值。

比如，某企业某天的客户总数为 10 人，其中男性客户有 6 人。问：男、女性客户的频数比例各是多少？

男性客户频数：6/10×100%=60%。女性客户频数：4/10×100%=40%。

**2．频数分析法**

频数分析法是指对变量的情况进行分析，从而了解变量取值的状况及数据的分布特征。

运用频数分析法分析某一年每个月的客户数，可以从整体上了解企业这一年客户数的分布情况。通过客户频数折线图，可以直观地看到该企业客户出现最多的时间集中在 1～4 月，5 月客户人数跌至谷底，随后逐渐回升，如图 6.46 所示。

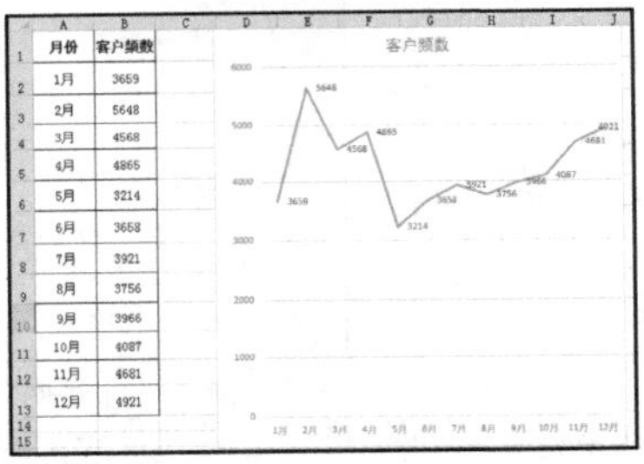


图 6.46 客户频数折线图

频数分析法常用的统计图类型如下。

（1）直方图

直方图是用矩形的面积来表示频数分布情况的图形，一般在直方图上还会加上展示频率变化的趋势线，如图 6.47 所示。

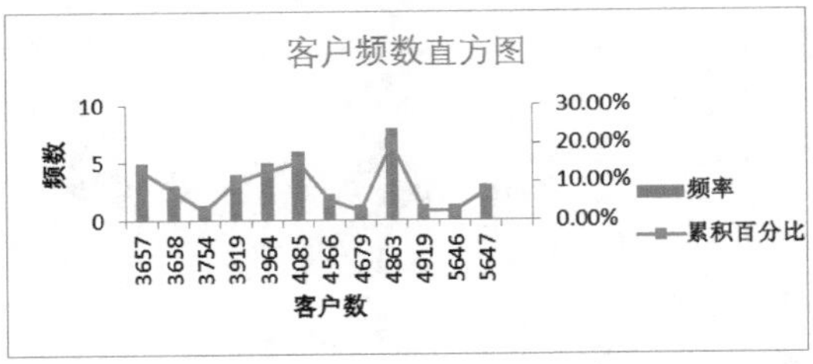


图 6.47 客户频数直方图

（2）条形图

条形图是用宽度相同的矩形，通过矩形长短或高低来表示频数的变化情况的图形。条形图的横坐标和纵坐标都可以用来表示频数，也可以用来表示频率，如图 6.48 所示。

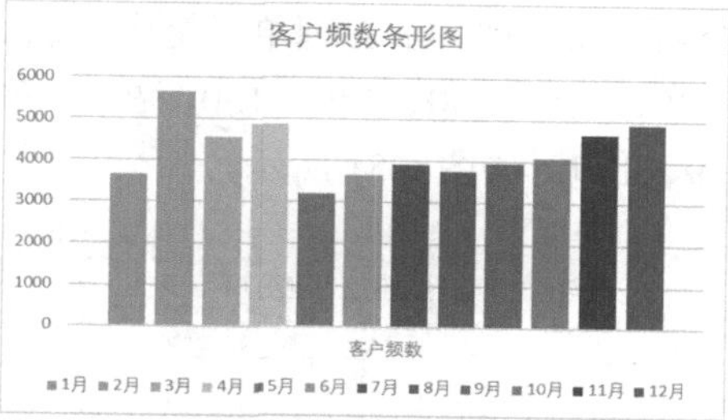


图 6.48　客户频数条形图

（3）饼状图

饼状图是用圆形里的扇面来表示频率变化和分布情况的图形，饼状图中的扇面可以表示频数，也可以表示频率，如图 6.49 所示。

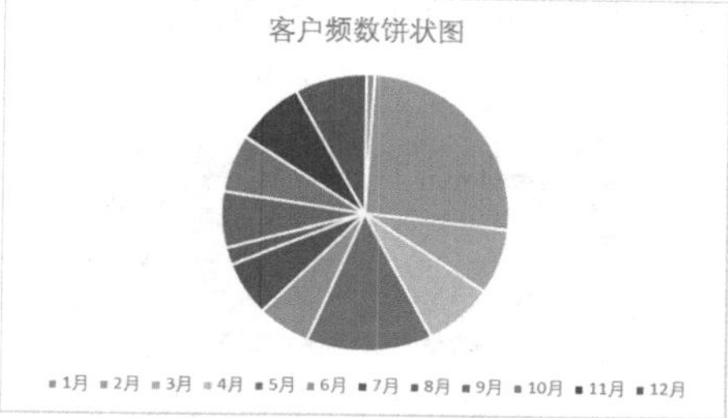


图 6.49　客户频数饼状图

**3. Excel 中频数分析法的操作要点**

1）排序：对原始数据按照数值大小进行排序，包括从小到大（升序）、从大到小（降序）两种排序方式。

2）分组：对要进行频数分析的指标进行分组，所分的组即指标需要落到的区间。

3）分组上限：用 Excel 制作频数分布表时，每一组的频数为分组的上限值。

**4. 在 Excel 中频数分析法操作实例**

具体操作步骤如下：

1）打开“其他分析.xlsx”中的“频数分析表”，能看到“日期”和“购买人数”数据放在 A 列单元格和 B 列单元格中。

2）添加“排序”列。复制“购买人数”中的数据粘贴在 C 列单元格中，之后选中 C2:C31 单元格区域，右击，从弹出的快捷菜单中选择“排序”→“升序”命令，完成排序，如图 6.50 所示。

| | A | B | C |
|---|---|---|---|
| 1 | 日期 | 购买人数 | 排序 |
| 2 | 7月1日 | 120 | 96 |
| 3 | 7月2日 | 126 | 98 |
| 4 | 7月3日 | 123 | 99 |
| 5 | 7月4日 | 140 | 99 |
| 6 | 7月5日 | 134 | 100 |
| 7 | 7月6日 | 135 | 101 |
| 8 | 7月7日 | 133 | 106 |
| 9 | 7月8日 | 128 | 112 |
| 10 | 7月9日 | 136 | 115 |
| 11 | 7月10日 | 129 | 120 |
| 12 | 7月11日 | 141 | 120 |
| 13 | 7月12日 | 139 | 120 |
| 14 | 7月13日 | 100 | 123 |
| 15 | 7月14日 | 112 | 126 |
| 16 | 7月15日 | 98 | 128 |
| 17 | 7月16日 | 99 | 128 |
| 18 | 7月17日 | 96 | 128 |
| 19 | 7月18日 | 101 | 129 |
| 20 | 7月19日 | 120 | 130 |
| 21 | 7月20日 | 128 | 133 |

图 6.50　增加“排序”列并按升序排序

3）添加“分组”列与“分组上限”列。在 E 列单元格中添加 6 个分组，依次为 90～100、100～110、110～120、120～130、130～140、140～150，在 C 列单元格中添加分组上限，依次为 99、109、119、129、139、149，如图 6.51 所示。

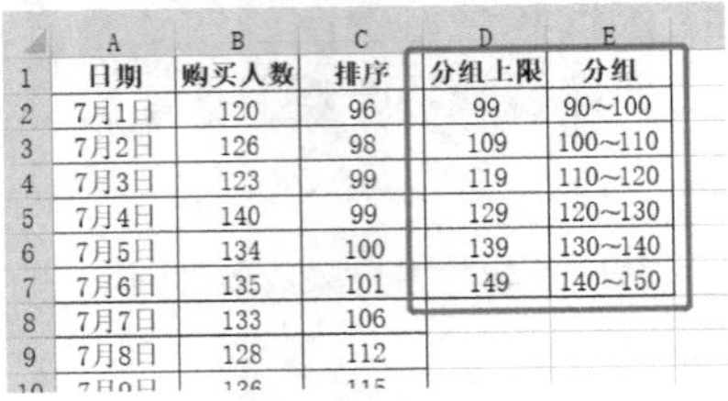

| | A | B | C | D | E |
|---|---|---|---|---|---|
| 1 | 日期 | 购买人数 | 排序 | 分组上限 | 分组 |
| 2 | 7月1日 | 120 | 96 | 99 | 90~100 |
| 3 | 7月2日 | 126 | 98 | 109 | 100~110 |
| 4 | 7月3日 | 123 | 99 | 119 | 110~120 |
| 5 | 7月4日 | 140 | 99 | 129 | 120~130 |
| 6 | 7月5日 | 134 | 100 | 139 | 130~140 |
| 7 | 7月6日 | 135 | 101 | 149 | 140~150 |
| 8 | 7月7日 | 133 | 106 | | |
| 9 | 7月8日 | 128 | 112 | | |

图 6.51　分组上限与分组设置

4）单击“数据”→“分析”→“数据分析”按钮，在弹出的“数据分析”对话框中选择“直方图”分析工具，单击“确定”按钮，如图 6.52 所示。

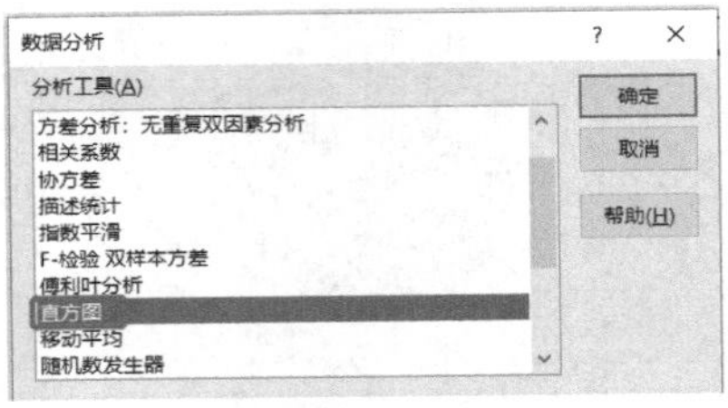


图 6.52　选择“直方图”分析工具

5）在弹出的“直方图”对话框中的“输入区域”文本框中输入排序的数值区域，在“接收区域”文本框中输入分组上限的数值区域，在“输出区域”文本框中输入将要形成表格的起始单元格，最后勾选“累积百分率”和“图表输出”两个复选框并单击“确定”按钮，如图 6.53 所示。

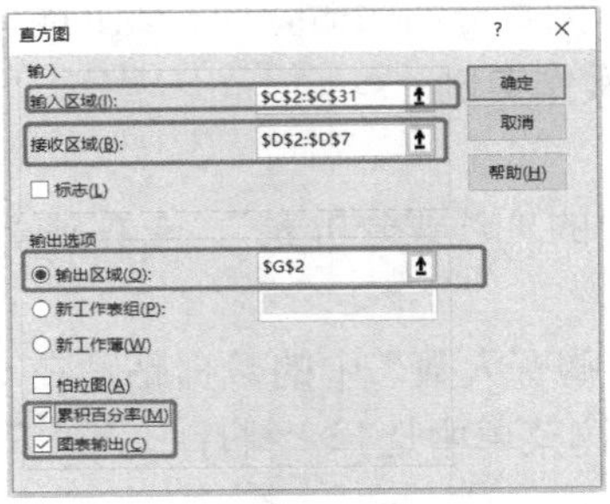


图 6.53　直方图相关参数设置

以上操作完成后，会自动生成频数累积统计表与直方图，如图 6.54 所示。

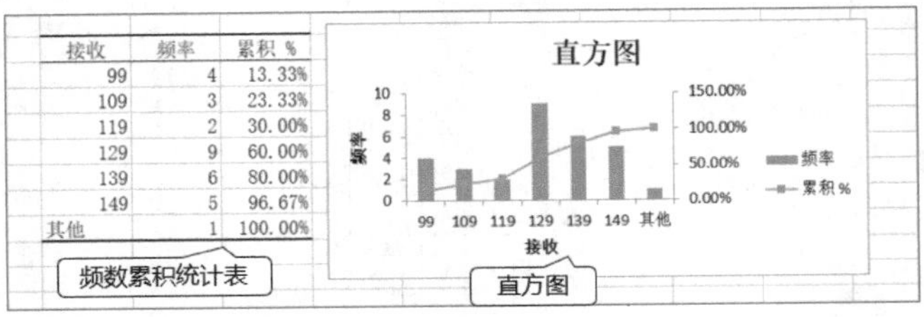

| 接收 | 频率 | 累积 % |
|---|---|---|
| 99 | 4 | 13.33% |
| 109 | 3 | 23.33% |
| 119 | 2 | 30.00% |
| 129 | 9 | 60.00% |
| 139 | 6 | 80.00% |
| 149 | 5 | 96.67% |
| 其他 | 1 | 100.00% |



图 6.54　频数累积统计表与直方图

## 6.4.2 分组分析法

分组分析法是根据分析对象的特征，按照一定的指标，将对象划分为不同类别进行分析的方法。这种分析方法能够揭示分析对象内在的联系和规律。

分组分析法是指将总体中同一性质的对象合并于同一分组，将总体中不同性质的对象放在其他分组，之后进行对比，得出分析结果。

### 1. 分组分析法的类型

1）数量分组分析法：研究总体内结构及结构间相互关系的分析方法。图 6.55 所示示例中，按客户的年龄进行了分组，分析了不同年龄段的用户数。

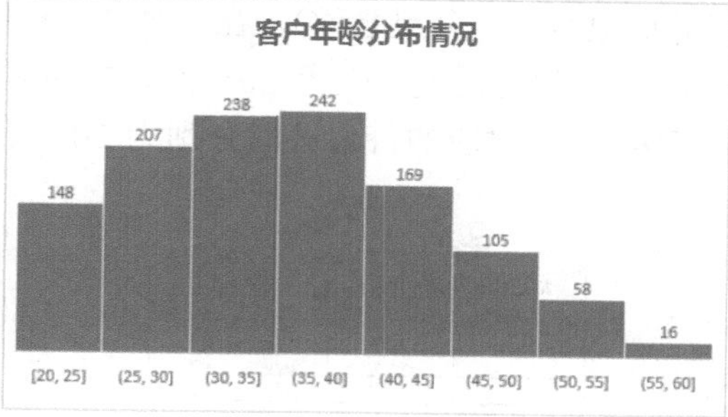


图 6.55 客户年龄分布情况

2）关系分组分析法：对关系紧密的变量与自变量进行分析，从而得出其依存关系的分析方法。

3）质量分组分析法：将指标内复杂的数据按照质量进行分组，从而找出规律的分析方法，常用来分析行业经济现象的类型特征、相互关系等。

### 2. 分组分析法的原则

（1）无遗漏原则

无遗漏原则是指在进行分组时，总体中的每一个单位都需要归属于一组，所有组中应包含所有单位，不能有遗漏。

（2）排他性原则

排他性原则是指进行分组时每一个单位都只能属于一个分组，不能同时属于两个或两个以上的分组。

### 3. Excel 中分组分析法的操作要点

（1）组数

组数是分组的个数。

（2）组限

组限是用来表示各组范围的数值，包括各组的上限和下限。

（3）组距

组距是一个分组中最大值与最小值之差，可以根据全部分组的最大值、最小值和组数来计算。

$$组距=(最大值-最小值)\div组数$$

图 6.55 中的组距：$(60-20)\div8=5$。

（4）VLOOKUP 函数分组

VLOOKUP 是一个纵向查找函数，其功能是按列查找，最终返回符合查找条件的对应列的值。

比如，将需要进行分组分析的数据排成一列后，VLOOKUP 函数可以快速地将这些数据分配到对应的分组中。

### 4. Excel 中频数分析法操作实例

具体操作步骤如下：

1）打开“其他分析.xlsx”中的“分组分析表”，能看到“商品价格”和“价格分组”两列。利用 Excel 的 D～F 列单元格区域制作分组表格，在 D 列单元格区域设置分组下限（价格最小值），在 E 列单元格区域设置分组并标记组限（分组名称），在 F 列单元格区域设置分组价格区间。

2）设置分组表（见图 6.56），此处设置组限为 20～25、25～30、30～35、35～40，对应的分组下限分别为 20、25、30、35，对应的价格区间分别为 $20\leqslant X<25$、$25\leqslant X<30$、$30\leqslant X<35$、$35\leqslant X<40$。

| D | E | F |
|---|---|---|
| 价格最小值 | 分组名称 | 价格区间 |
| 20 | 20～25 | 20≤X＜25 |
| 25 | 25～30 | 25≤X＜30 |
| 30 | 30～35 | 30≤X＜35 |
| 35 | 35～40 | 35≤X＜40 |

图 6.56　设置分组表

3）选中 B2 单元格，输入“=VLOOKUP(A2,$D$2:$E$5,2)”（见图 6.57），按 Enter 键，将 A2 单元格中的商品价格自动分到 30～35 组中。

VLOOKUP(A2,$D$2:$E$5,2)的含义如下：

①“A2”为需要分组的数值；

②“$D$2”为 A2 对应数值中的最小值。

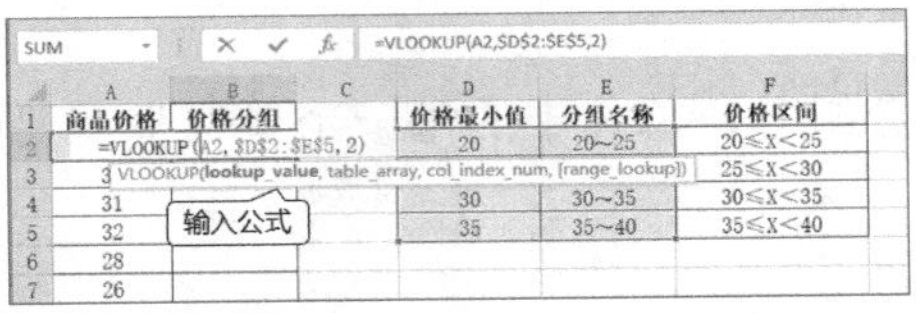


图 6.57　输入公式

4）选中 B2 单元格，向下拖动 B2 单元格的填充柄至 B20 单元格。操作完成后，Excel 会自动套用公式快速完成分组，如图 6.58 所示。

| | A | B | C | D | E | F |
|---|---|---|---|---|---|---|
| 1 | 商品价格 | 价格分组 | | 价格最小值 | 分组名称 | 价格区间 |
| 2 | 30 | 30～35 | | 20 | 20～25 | 20≤X＜25 |
| 3 | 30 | 30～35 | | 25 | 25～30 | 25≤X＜30 |
| 4 | 31 | 30～35 | | 30 | 30～35 | 30≤X＜35 |
| 5 | 32 | 30～35 | | 35 | 35～40 | 35≤X＜40 |
| 6 | 28 | 25～30 | | | | |
| 7 | 26 | 25～30 | | | | |
| 8 | 27 | 25～30 | | | | |
| 9 | 35 | 35～40 | | | | |
| 10 | 34 | 30～35 | | | | |
| 11 | 29 | 25～30 | | | | |
| 12 | 25 | 25～30 | | | | |
| 13 | 38 | 35～40 | | | | |
| 14 | 35 | 35～40 | | | | |
| 15 | 30 | 30～35 | | | | |
| 16 | 24 | 20～25 | | | | |
| 17 | 29 | 25～30 | | | | |
| 18 | 30 | 30～35 | | | | |
| 19 | 34 | 30～35 | | | | |
| 20 | 29 | 25～30 | | | | |

图 6.58　价格分组计算结果

根据填充结果，我们可以得出以下结论：

1）20～25 区间商品价格出现了 1 次。

2）25～30 区间商品价格出现了 7 次。

3）30～35 区间商品价格出现了 8 次。

4）35～40 区间商品价格出现了 3 次。

由此可见，该商品的价格通常集中在 25～30 和 30～35 这两个区间内。

### 6.4.3 结构分析法

结构分析法又称比重分析法，是测定某个指标各个构成部分在总体中占比的情况并加以分析的方法。

该方法能够说明各部分在总体中的地位和作用，一般而言，占比越大，重要程度越高，对总体的影响也越大。此外，使用结构分析法也可以了解企业生产经营活动的效果，如分析产品成本结构的变化，挖掘降低成本的途径。

结构相对占比（比例）=（总体某部分的数值÷总体总量）×100%

比如以市场占有率为例。

市场占有率=（某企业该产品销量÷该产品的市场总销量）×100%

根据图 6.59 所示数据，以 2018 年第一季度为例计算企业产品 A 的季度市场占有率：

企业产品 A 的季度市场占有率=（企业产品 A 第一季度销量÷产品 A 第一季度市场总销量）×100%=（30÷93）×100%=32.26%。

| 年份 | 时间 | 企业产品A销量 | 产品A市场总销量 |
|---|---|---|---|
| 2018年 | 第一季度 | 30万件 | 93万件 |
| | 第二季度 | 42万件 | 96万件 |
| | 第三季度 | 40万件 | 96万件 |
| | 第四季度 | 38万件 | 98万件 |
| 2017年 | 第一季度 | 32万件 | 96万件 |
| | 第二季度 | 43万件 | 113万件 |
| | 第三季度 | 39万件 | 110万件 |
| | 第四季度 | 40万件 | 103万件 |

图 6.59　企业产品 A 和市场产品 A 销量表

以 2018 年为例计算企业产品 A 的年市场占有率：

企业产品 A 的年市场占有率=（企业产品 A 的 2018 年销量÷产品 A 的 2018 年市场总销量）×100%=（30+42+40+38）÷（93+96+96+98）×100%=39.16%

### 6.4.4 平均分析法

平均分析法是通过计算平均数，呈现总体在一定时间、特定条件下某一分析指标的一般水平的方法。

#### 1．平均分析法的作用

1）比较同类指标在不同地区、行业、企业的差异。

2）比较某些指标在不同时间段内的情况，以说明其发展规律和趋势。

3）分析指标之间的依存关系。

#### 2．平均分析法使用的平均数的分类

平均分析法中常应用不同的平均数计算方法，使用的平均数包括数值平均数和位置平均数，如图 6.60 所示。其中数值平均数又包括算术平均数、调和平均数以及几何平均数。位置

平均数有众数和中位数。算术平均数又称均值，是统计学中最基本、最常用的一种平均指标，分为简单算术平均数、加权算术平均数。

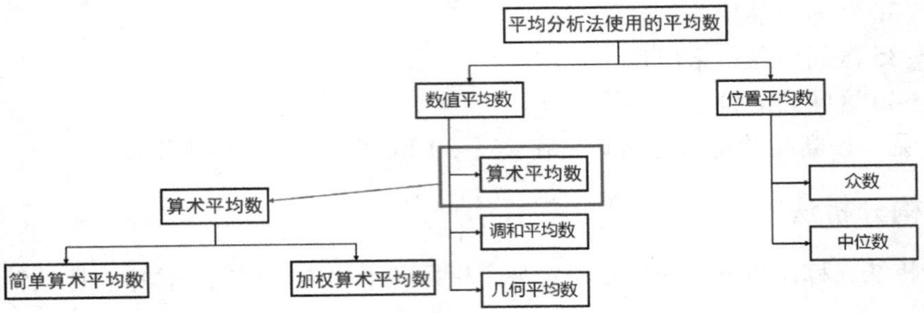


图 6.60　平均分析法使用的平均数的分类

### 3．算术平均数的计算公式

（1）简单算术平均数的计算公式

简单算术平均数=各指标单位对应数值的总和÷指标单位个数

（2）加权算术平均数的计算公式

加权算术平均数=（分组 A 指标总和+分组 B 指标总和+分组 C 指标总和+…）÷（分组 A 指标个数+分组 B 指标个数+分组 C 指标个数+…）

## 6.4.5　交叉分析法

交叉分析法也称立体分析法，通常用来分析两个变量之间的关系，如产品销量和地区的关系。该方法将两个有所关联的变量及其数值同时呈现在一个表格内，然后通过在 Excel 中创建透视表的方法，形成交叉表。通过交叉表，可以快速明确两个变量之间的关系，如图 6.61 所示。

| 地区 | 核桃 | 香蕉 | 苹果 | 猕猴桃 | 水蜜桃 | 行总计 |
|---|---|---|---|---|---|---|
| 周至 | 23 | 30 | 21 | 22 | 24 | 120 |
| 户县 | 18 | 26 | 19 | 23 | 23 | 109 |
| 蓝田 | 9 | 21 | 19 | 21 | 17 | 87 |
| 高陵 | 22 | 23 | 18 | 20 | 19 | 102 |
| 列总计 | 72 | 100 | 77 | 86 | 83 | 418 |

图 6.61　交叉分析法图表

图 6.61 显示了西安四个县城 2019 年 9 月五种果品的销售数据及统计信息。行总计显示了每个县城五种果品的总数，列总计显示了每种果品在四个县城的总数。中间的单元格则显示了每种果品在每个县城的数量。

### 1．交叉分析的常见维度

交叉分析是从多个维度对数据进行分析的，其常见维度有时间、客户、地区和流量来源。

（1）时间

从时间维度可看出指标数据在不同时间段的变化情况。

（2）客户

从客户维度可看出指标数据对不同类型客户的变化情况。

（3）地区

从地区维度可看出指标数据在不同地区的变化情况。

（4）流量来源

从流量来源可看出指标数据在不同流量渠道的变化情况。

**2. Excel 中进行交叉分析操作实例**

具体操作步骤如下：

1）打开“其他分析.xlsx”中的“交叉分析表”，能看到 6 月、7 月不同地区的产品和销量。选中数据区域，单击“插入”→“图表”→“数据透视图”下拉按钮，如图 6.62 所示。

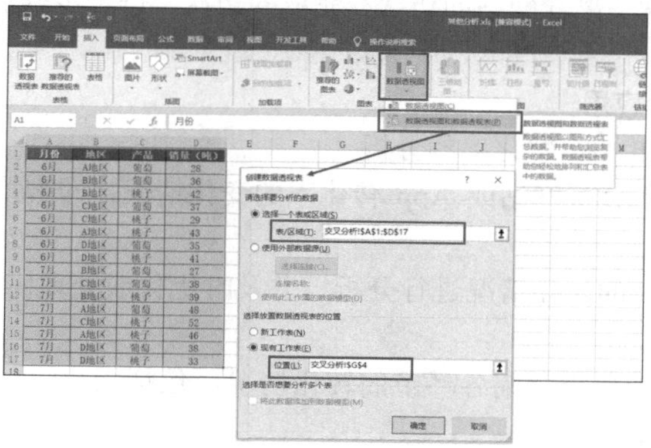

图 6.62　插入数据透视图和数据透视表

2）从下拉列表中选择“数据透视图和数据透视表”，进入“创建数据透视表”对话框。在“创建数据透视表”对话框中选中“选择一个表或区域”单选按钮，输入需要进行处理的数据区域。选中“现有工作表”单选按钮，在“位置”文本框中输入数据透视表将要放置的位置。

3）在右侧“数据透视表字段”任务窗格中，将“产品”字段拖动到“列”区域。随后自动生成新的数据透视表，新的数据透视表生成后，数据透视图同时完成更新。

通过以上操作，表格中会同时出现原始数据、数据透视表和数据透视图，如图 6.63 所示。

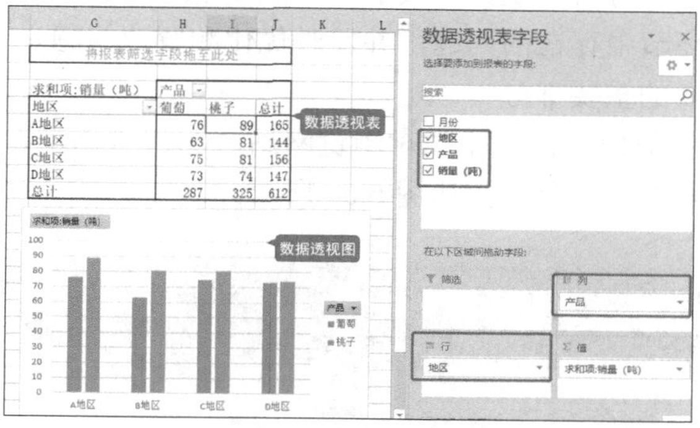


图 6.63　数据透视表字段设置及结果

通过以上数据透视表和数据透视图，得出以下结论。

1）在 2019 年 6 月和 7 月，B 地区葡萄销量在四个区域中最少，为 63 吨，可见四个地区中，B 地区在 6 月和 7 月较不适合销售葡萄。

2）在 2019 年 6 月和 7 月，A 地区桃子销量在四个区域中最多，为 89 吨，可见四个地区中，A 地区在 6 月和 7 月较适合销售桃子。

3）在 2019 年 6 月和 7 月，葡萄和桃子总销量较多的依次为 A 地区、C 地区，销量分别为 165 吨、156 吨，可见在四个区域中这两个区域较适合同时销售葡萄和桃子。

4）除以上分析结果外，还可以清楚地看到 A、B、C、D 四个区域在 2019 年 6 月和 7 月葡萄和桃子的对应销量、总销量以及四个区域的整体销量。

### 6.4.6 漏斗图分析法

漏斗图分析法是使用漏斗图展示数据分析过程和结果的方法。该方法适合分析业务周期长、流程规范且环节多的指标，如网站转化率、销售转化率等。漏斗图可以提供的信息主要有：进入的访次、离开的访次、离开网站的访次、完成的访次、每个步骤的访次、总转化率、步骤转化率等。

**1．漏斗图分析法的应用**

（1）电子商务网站和 App 转化率的分析

漏斗图分析法可用于分析网站或 App 转化率的变化情况，即客户从进入网站到实现购物的最终转化率。

企业可以对各个环节的转化情况进行分析，并及时优化或处理问题。

（2）营销推广

漏斗图分析法可用于分析营销各环节的转化情况，包括因点击、访问营销链接所产生的客户流量。

企业可以分析各个环节客户数及流失情况，并进行优化。

（3）客户关系管理

漏斗图分析法可用于分析客户各个阶段的转化情况，包括潜在客户、意向客户、谈判客户、成交客户、签约客户等。

企业可以分析客户的转化数据并进行优化。

**2．漏斗图分析法的作用**

（1）漏斗图分析法可以直观展示问题

漏斗图能够直观展示业务流程及其相关的数据，同时说明数据规律，通过漏斗图分析法，企业可以快速发现业务环节中存在的问题，并及时优化和解决问题。

（2）漏斗图是端到端的重要部分

漏斗图能实现闭环的数据分析，比如对浏览网站、加入购物车、生成订单、支付订单、完成交易这个购物闭环数据进行分析，如图 6.64 所示。

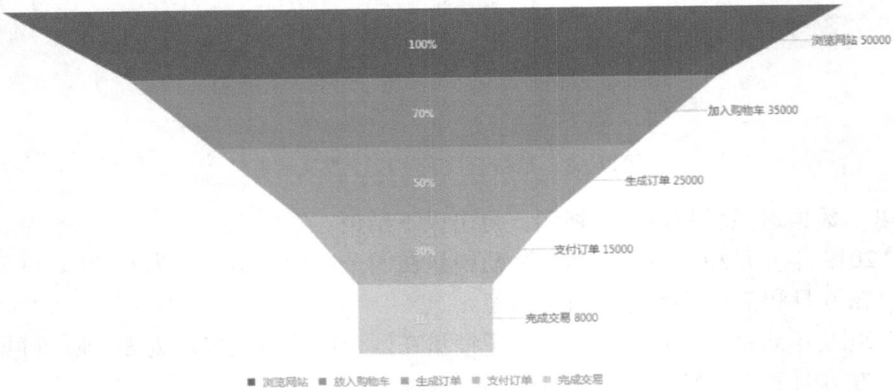


图 6.64　漏斗图效果

### 3. Excel 中进行漏斗图分析操作实例

具体操作步骤如下：

1）打开“其他分析.xlsx”中的“漏斗图分析表”，能看到如图 6.65 所示数据。

| 步骤环节 | 客户数 | 上一环节转化率 | 总体转化率 |
|---|---|---|---|
| 浏览产品 | 2000 | 0 | 100% |
| 加入购物车 | 1050 | 52.50% | 52.50% |
| 订单生成 | 600 | 57.14% | 30% |
| 订单支付 | 430 | 71.67% | 21.50% |
| 完成交易 | 350 | 81.40% | 17.50% |

图 6.65　漏斗图分析数据

2）添加“占位数据”。在 B 列单元格添加“占位数据”。

占位数据的计算方式如下：占位数据=(最初环节数据−正在进行环节数据)÷2。

例如，订单生成对应的占位数据=(浏览产品客户数−订单生成客户数)÷2=(2000−600)÷2=700。选中 B2 单元格，输入“=($C$2−C2)/2”，按 Enter 键。选中 B3 单元格，输入“=（$C$2−C3）/2，按 Enter 键，向下填充即可，结果如图 6.66 所示。

=($C$2-C3)/2　计算公式

| 步骤环节 | 占位数据 | 客户数 | 上一环节转化率 | 总体转化率 |
|---|---|---|---|---|
| 浏览产品 | 0 | 2000 | 0 | 100% |
| 加入购物车 | 475 | 1050 | 52.50% | 52.50% |
| 订单生成 | 700 | 600 | 57.14% | 30% |
| 订单支付 | 785 | 430 | 71.67% | 21.50% |
| 完成交易 | 825 | 350 | 81.40% | 17.60% |

填充结果

图 6.66　占位数据计算与填充

3）添加条形图。选中 A1:C6 单元格区域后，单击“插入”→“图表”→“堆积条形图”按钮，生成堆积条形图。选中数据条，右击，从弹出的快捷菜单中选择“设置网格线格式”命令，在“设置主要网格线格式”任务窗格中，选中“无线条”单选按钮，如图 6.67 所示。

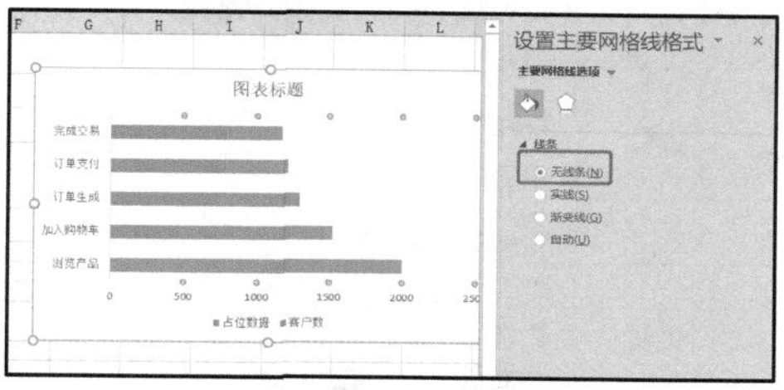


图 6.67　设置主要网络线格式

4）选中“占位数据”显示条，在右侧“设置数据系列格式”任务窗格中，选中“无填充”单选按钮，如图 6.68 所示。

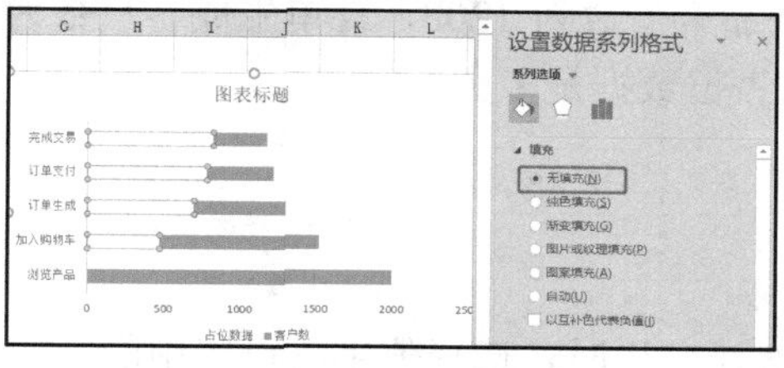


图 6.68　设置数据系列格式

5）选中图表左侧文字（纵坐标轴），右击，从弹出的快捷菜单中选择“设置坐标轴格式”命令。在右侧“设置坐标轴格式”任务窗格中，勾选“逆序类别”复选框，如图 6.69 所示。

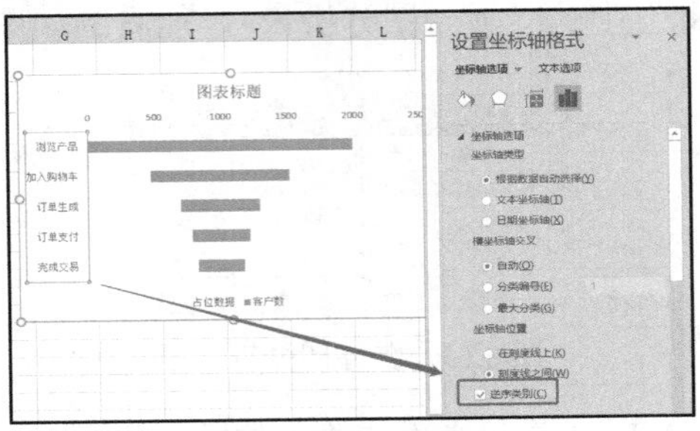


图 6.69　设置坐标轴格式

然后将“标签位置”设置为“无”，如图 6.69（b）所示。

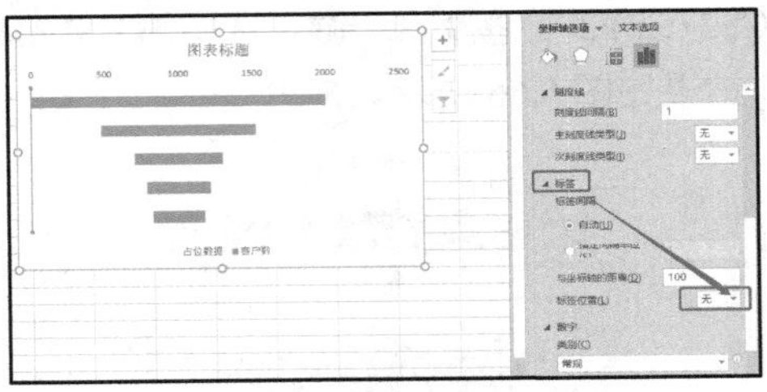


图 6.70　设置标签位置

横坐标轴的设置方法同纵坐标轴，再加上图表标题，经过以上操作后，得到漏斗图，如图 6.71 所示。

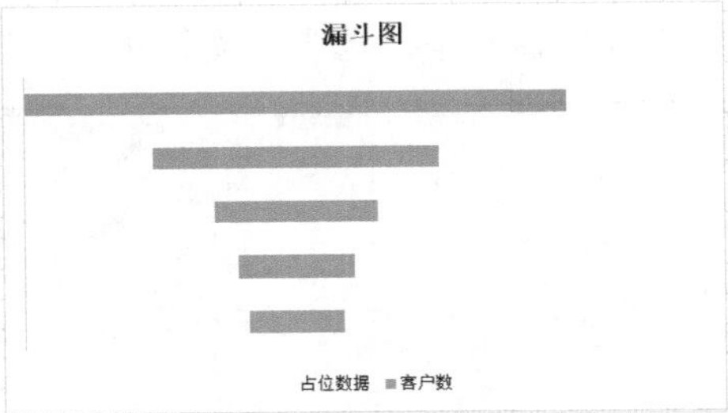


图 6.71　漏斗图

## 6.5　拓展实训：漏斗图分析法的应用

**【实训 6-1】**已知浏览产品客户数为 1200，订单生成客户数为 360，请想一想在进行漏斗图分析时，订单生成对应的占位数据是多少？

## 6.6　练习题

1．当需要对数据进行对比分析时，选择值字段设置中的（　　）选项。

A．值汇总形式　　B．值显示形式　　C．分类轴显示格式　D．分类轴显示形式

2．在 Excel 的图表中，横坐标轴通常作为（　　）。

A．排序轴　　B．时间轴　　C．数值轴　　D．分类轴

3．在 Excel 的图表中，有很多图表类型可供选择，能够很好地表现一段时间内数据变化趋势的图表类型是（　　）。

A．柱形图　　B．饼图　　C．折线图　　D．XY 散点图

4．在 Excel 的图表中，能够很好地反映个体和整体的关系的图表类型是（　　）。

A．柱形图　　B．饼图　　C．折线图　　D．XY 散点图

5．在 Excel 的图表中，数据源发生变化时，相应的图表（　　）。

A．手动跟随变化

B．自动跟随变化

C．不跟随变化

D．不受任何影响

6．Excel 所包含的图表类型共有（　　）。

A．10 种　　B．11 种　　C．20 种　　D．30 种

# 第 7 章

# 数据报表制作

一般地，数据分析流程可以分为以下六步：明确目的、收集数据、数据处理、数据分析、数据展现、撰写报告，如图 7.1 所示。

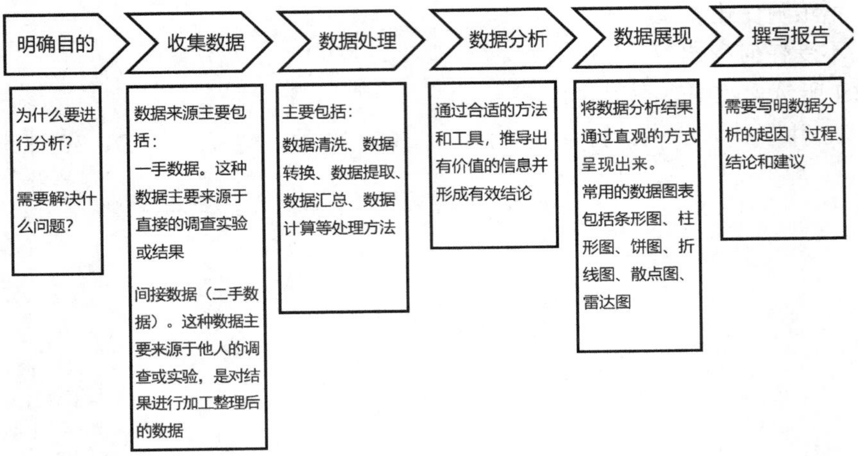


图 7.1　数据分析流程

数据展现是指将数据分析结果通过直观的方式呈现出来。在撰写报告时，需要写明数据分析的起因、过程、结论和建议。本章主要介绍数据展现和撰写报告两步中所用到的知识，主要包括以下内容：

1）数据图表的类型；

2）数据图表的制作；

3）迷你图；

4）数据透视图；

5）切片器；

6）数据报表的制作。

## 7.1　数据图表

数据展现过程中，常用的数据图表的类型有：柱形图、折线图、饼图、散点图、气泡图、热力图、雷达图等，如图 7.2 所示。使用不同类型的图表可以展现不同的数据分析结果。

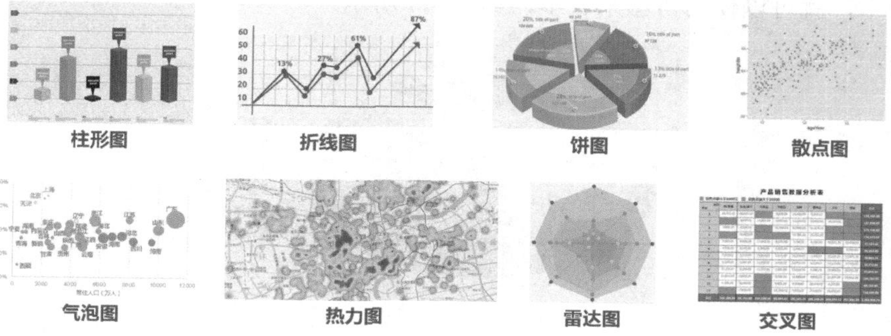


图 7.2　常见的数据图表类型

1）柱形图。柱形图是普遍使用的图表类型，它很适合用来表现一段时间内数量上的变化，或是比较不同项目之间的差异，将各种项目放置在水平坐标轴上，其值以垂直的长条显示。柱子的高度可直观反映数据的差异。柱形图适用于展示二维数据集，但只有一个维度可以比较。图 7.3 展示了各品牌高级房车在第一季度每个月的销量，比较了不同月份数据的区别。

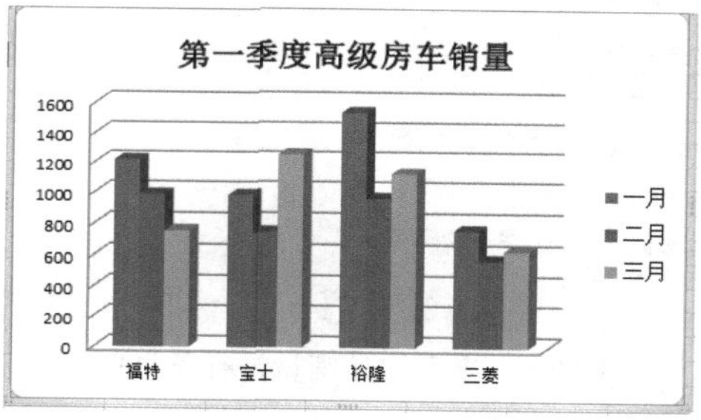


图 7.3　第一季度高级房车销量图

2）折线图。折线图能很好地展现某个维度的变化趋势，并且可以比较多组数据在同一个维度上的变化趋势。折线图适合展示二维的大数据集，还适合进行多个二维数据集的比较。与柱形图不同，折线图更适合那些趋势比单个数据点更重要的场合。例如，某公司想查看各分公司每一季度的销售状况，就可以利用折线图来显示，如图 7.4 所示。

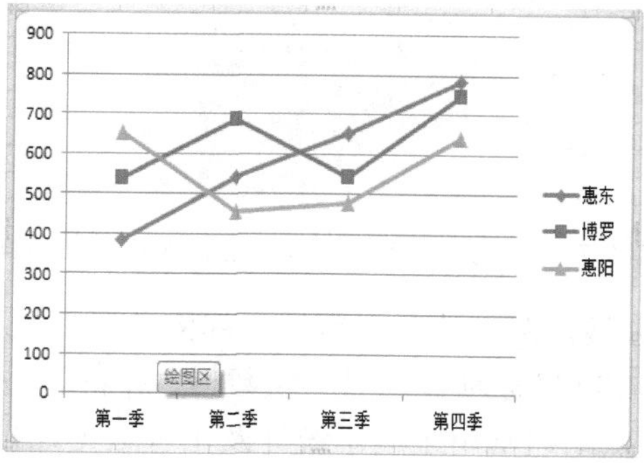


图 7.4　分公司各季度销量图

3）饼图。饼图可展现各项数据的占比情况，反映单项与单项、单项与整体的数据关系。饼图适用于单维度多项数据占总数据的比例情况的对比，以及展示各项数据的分布情况。饼图只能表示一组数据，每项数据都用唯一的色彩或是图样来显示。例如，要查看各杂志中卖得最好的是哪一本，就可以使用饼图来表示，如图 7.5 所示。

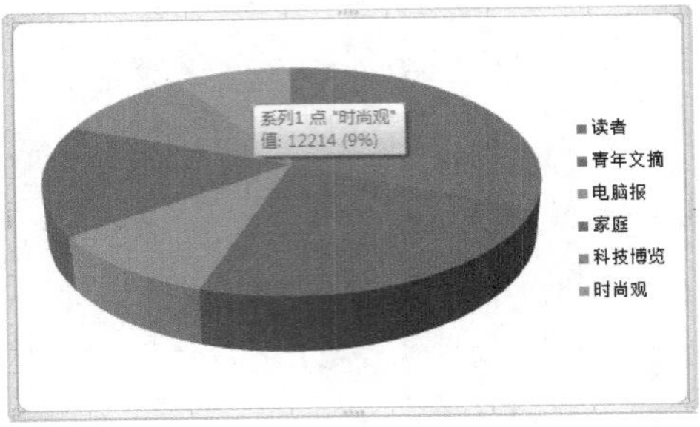


图 7.5　六月杂志销量图

4）条形图。条形图可以显示每个项目之间的差异，纵坐标轴表示类别项目，横坐标轴表示值。条形图主要强调各项目之间的对比，不强调时间。例如，要查看各地区的销售额，或是列出各项商品的人气指数，可使用如图 7.6 所示的条形图来展现数据差异。

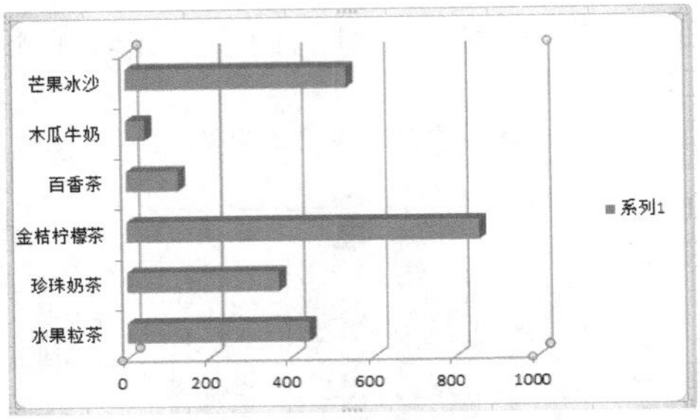


图 7.6　夏季饮品销量排行条形图

5）区域图。区域图强调一段时间内某指标数据的变动程度，可由值看出不同时间或类别的趋势。例如，可用区域图强调某个时间的利润数据或某个地区的销售状况。下面以惠州近年来各县市新生儿人口数为例来绘制区域图，如图 7.7 所示。

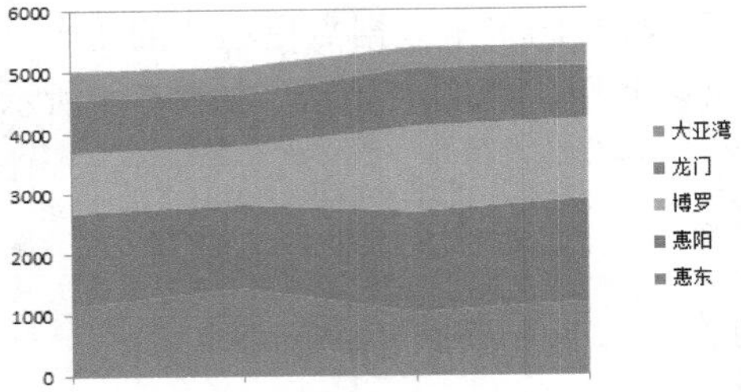


图 7.7　惠州近年来各县市新生儿人口数区域图

6）散点图。散点图用来显示两组或多组数据之间的关联。散点图若包含两组坐标轴，会在横坐标轴显示一组数据，在纵坐标轴显示另一组数据，并将这些值合并成单一的数据点，以不均匀间隔显示这些值。散点图通常用于展示统计及工程数据，也可以用来进行产品的比较。例如，想知道气温变化会如何影响冷饮和热饮的销量，可绘制温度与饮料销量关系的散点图，如图 7.8 所示，由该图可知气温越高，冷饮的销量越好。散点图可以展示数据的分布情况，适合展示较大的数据集。散点图适用于三维数据集中只有两维数据需要展示和比较的场合。

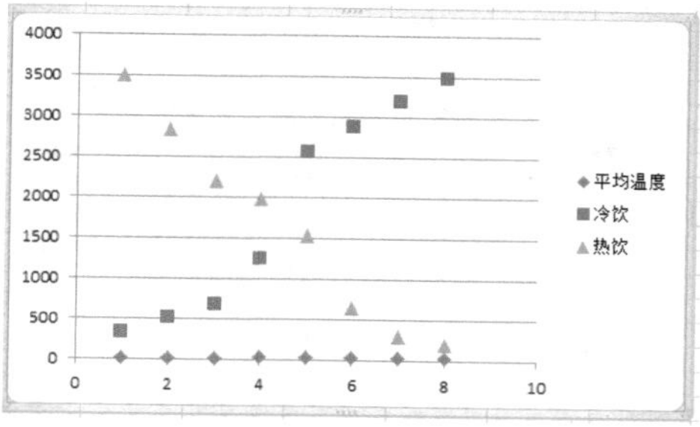


图 7.8　温度与饮料销量关系散点图

7）气泡图。气泡图和散点图类似，不过气泡图可比较三组数据，这组数据在工作表中是以列进行排列的，横坐标轴的数据在第一列中，而对应纵坐标轴的数据及泡泡的大小值则放在相邻的列中。如图 7.9 所示，横坐标轴代表产品的销量，纵坐标轴代表产品的销售额，而泡泡的大小则代表广告费的多少。显然，气泡图可从多维度展示数据信息，适用于展示三维数据之间的关系。

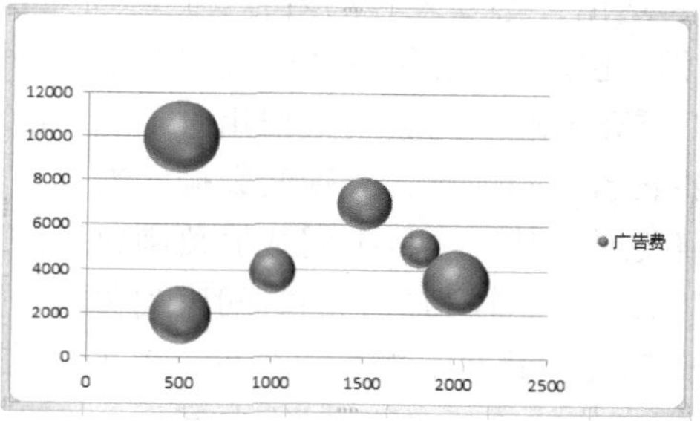


图 7.9　液晶电视广告费泡泡图

8）圆环图。圆环图与饼图类似，不过圆环图可以包含多组数据，而饼图只能包含一组数据。由图 7.10 所示的圆环图可以看出四个品牌的空调近四年的销售状况。

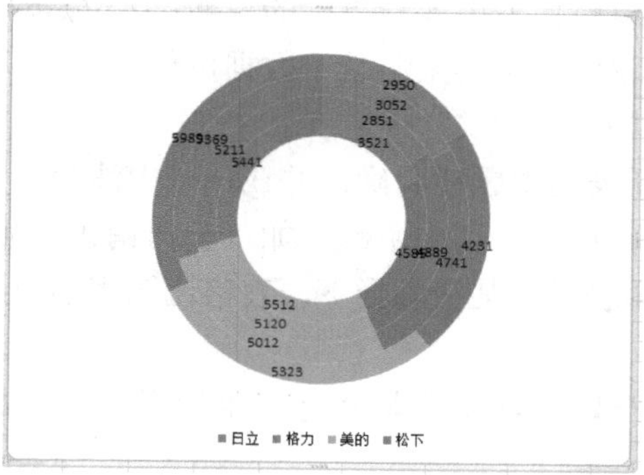


图 7.10　四个品牌的空调近四年的销量圆环图

9）雷达图。雷达图适用于展现某个数据集的多个关键特征。雷达图适用于多维（四维以上）数据的展示，且每个维度必须可以排序，主要用来了解各项数据指标的变动情况及趋势。如图 7.11 所示，可以用雷达图来了解每位学生最擅长及最不擅长的科目。

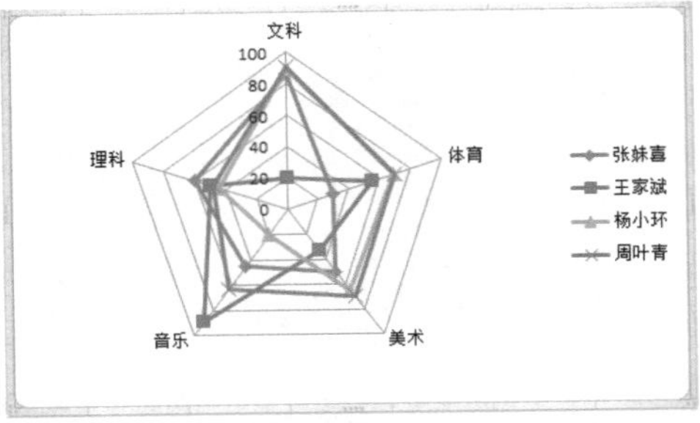


图 7.11　不同学生分科目成绩雷达图

10）瀑布图。当用户想表达两个数据点之间数量的演变过程时，可使用瀑布图。瀑布图适用于表达多个特定数值之间的数量变化关系。

11）热力图。热力图用于显示访客热衷的页面区域和访客所在的地理区域。由热力图可以清楚直观地看到页面上访客感兴趣的区域。

不同类型图表适用的场合不同。根据数据展现需要，选择适当的图表类型展现数据可帮助用户理解数据间的关系和传达用户想要表达的内容。在梳理并分析已统计数据的基础上，为选择合适的图表类型表达数据，还要先明确想表达的数据关系。这些数据关系包括构成、比较、分布、趋势与联系。“构成”需要展现不同类别数据相对于总体的占比情况，可使用饼图、百分比堆积图等。“比较”需要展示不同项目、类别间数据的差异，根据不同的场合，可以选用柱形图、条形图。“分布”需要展示某一项目不同数值范围包含的具体数据记录数，可以选用箱形图、直方图等。“趋势”需要表达较为常见的时间序列关系，展示数据如何随着时间变化而变化，如每周、每月、每年的变化趋势是增长、减少、上下波动或基本不变。使用折线图可以更好地表现各项指标随时间变化的趋势。“联系”需要展示两个变量之间具有某种模式关系，用于表达“与……有关”“随……而增长”“随……而不同”变量间的关系，可以选用散点图、气泡图、雷达图等。

图表包含标题、图例、单位、脚注、资料来源等元素。其中，图表标题表明图表的主题；图例是对图上各种符号和颜色所代表内容与指标的说明；单位是对图表中数据单位的说明；脚注是对图表中的某一元素的说明；资料来源赋予数据可信度。

图表制作要遵从以下原则：

1）设置图表标题时，图表的主题应明确，并在标题中清晰体现。在图表的标题中可直接说明观点或者需要强调的重点信息，切中主题，如“公司销售额翻了一番”。

2）避免生成无意义的图表。在某些场合下，表格比图表能更有效地传递信息，因此应避免生成无意义的图表。

3）纵坐标轴刻度从 0 开始，若使用非 0 起点坐标必须有充足的理由，并且要添加截断标记。

使用特殊的图表类型时，需要遵循其本身的一些默认规则。

（1）柱形图

制作柱形图前，首先将数据按由大到小的顺序进行排列，以方便阅读。当柱形图中分类标签文字特别长时，可将柱形图切换为条形图，效果更好。将分类轴标签放在条形图各数据条之间可节省横向的空间，图表也更加紧凑。柱形图中同一数据系列应使用相同的颜色。柱形图中最好添加数据标签，以方便阅读和理解。

（2）折线图

折线图选用的折线线型要相对粗一些，需要比坐标轴、网格线更为突出。同一个图表中，折线一般不超过五条，否则容易显得凌乱，数据系列过多时建议分开绘制。折线图中，图表横坐标轴不要使用倾斜的标签，否则会增加阅读的难度。

（3）饼图

饼图的制作应按照用户的阅读习惯，将数据按从大到小的顺序进行排序，最大的扇区以时钟的 12 点处为起点，顺时针旋转。其数据项不应过多，尽量保持在五项以内。对于想要强调的扇区，可以将其单独分离出来。饼图不建议使用图例，因为不方便阅读，可将标签直接标在扇区内或旁边。当扇区内使用不同颜色填充时，推荐使用白色的边框线，这样得到的饼图会具有较好的切割感。

图表的存在就是为了更加生动和形象地反映数据，因此想要制作图表，必须有和图表相对应的数据。生成图表的步骤如下：

1）选择数据。

2）切换到“插入”选项卡，在“图表”组中选择一种需要的图表类型进行创建，如图 7.12 所示。

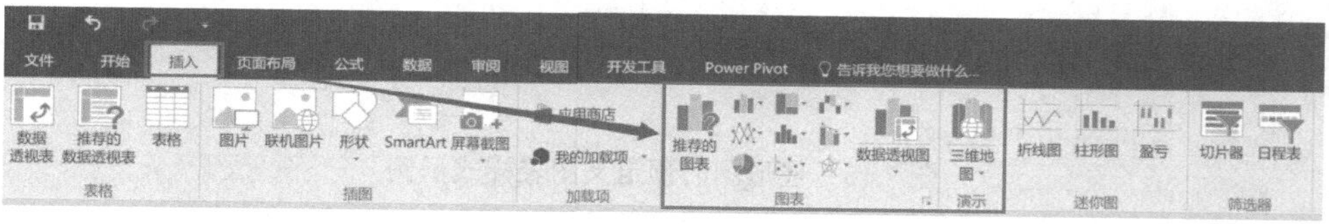


图 7.12　插入图表

3）根据需要，修改图表格式。

## 7.1.1　快速布局

Excel 中的每一种图表类型都具有多种布局方式，用户只需选择所需的一种即可。同时，用户也可以手动更改每个图表元素（如绘图区、数据区域、图例等）的布局和格式。Excel 的快速布局功能可以帮助用户对创建好的图表的布局进行快速的调整。应用预定义的图表布局时，会有一组特定的图表元素，如标题、图例、数据表或者数据标签按照特定的排列顺序显示在图表中。用户可以从每种图表类型各种布局中进行选择。

在 Excel 中单击图表，会自动切换到“图表工具”的“设计”选项卡。可以通过单击“设计”→“图表布局”→“快速布局”按钮，如图 7.13 所示，选择需要的图表布局，快速完成图表布局设计。

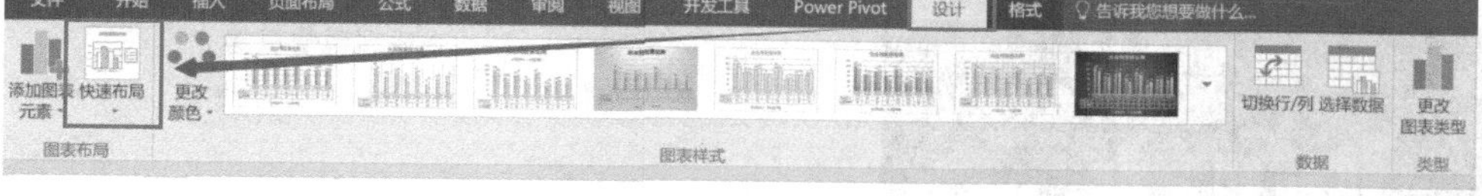


图 7.13　快速布局

当预定义的图表布局不能满足要求时，可以通过“设计”→“图表布局”→“添加图表元素”下拉列表进行增加、修改，如图 7.14 所示。可以修改的项目有图表标题、坐标轴标题、图例、数据标签、坐标轴、网格线等。

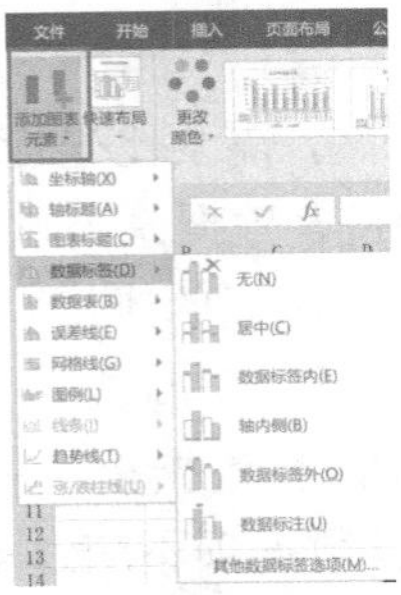


图 7.14 “添加图表元素”下拉列表

## 7.1.2 快速样式

Excel 2007 及以上版本提供了许多漂亮的预定义图表样式，可以使用这些图表样式快速地创建图表。如果预定义的图表样式不能满足需要，还可以创建并应用自定义的图表样式。其中，柱形图的预定义图表样式示例如图 7.15 所示。

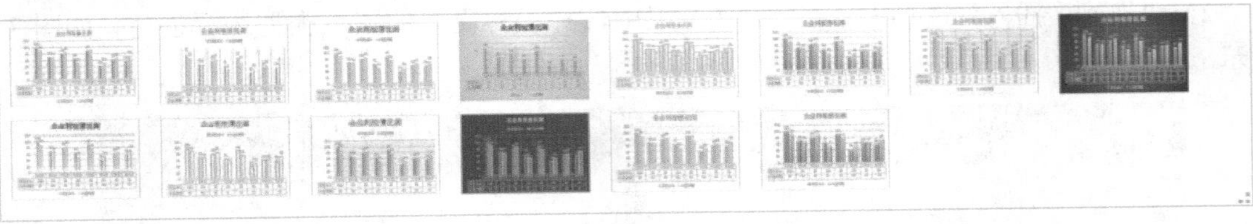

图 7.15 柱形图的预定义图表样式示例

## 7.1.3 图表的修改

当图表创建好后，若觉得原先设定的图表类型不恰当，可在选中图表后，单击“图表工具”→“设计”→“类型”→“更改图表类型”按钮来更换。图表类型的更换非常方便。

图表修改相关的工具，除了在“设计”选项卡中，在“格式”选项卡中也有。根据需要，可以设计出非常美观又易读的图表。

**【案例 7-1】**已知企业的利税合计与公益捐赠情况，如表 7.1 所示，要求设计如图 7.16 和图 7.17 所示的企业利税情况图。

**表 7.1 企业利税情况表**

| 企业名称 | 利税合计 | 公益捐赠 |
|---|---|---|
| A 企业 | 100 | 90 |
| B 企业 | 70 | 68 |
| C 企业 | 80 | 85 |

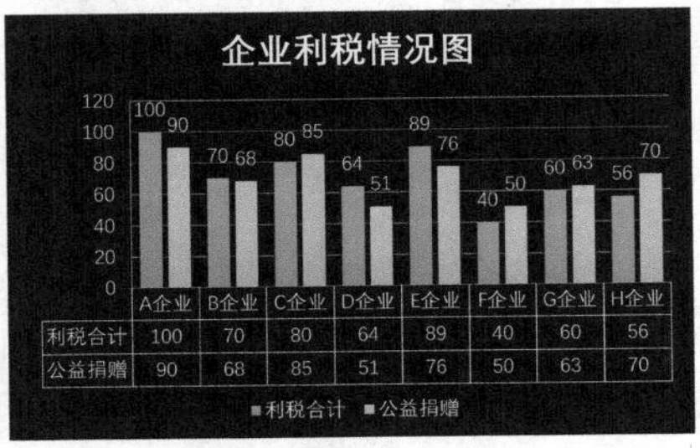


图 7.16 企业利税情况图（柱形图）

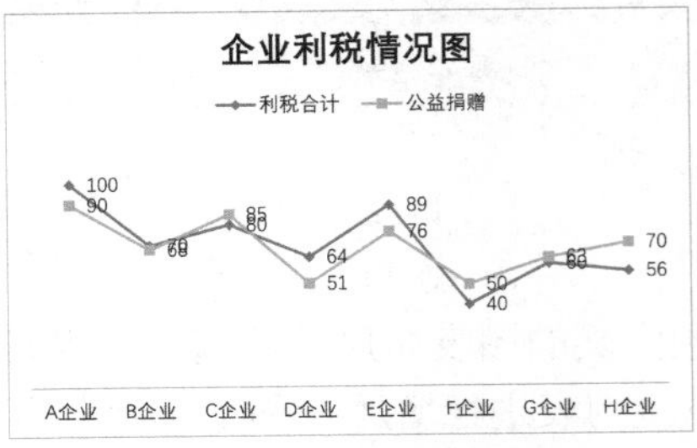


图 7.17 企业利税情况图（折线图）

简要操作步骤如下：

1）打开工作簿，选择表 7.1 所示的整个数据区域。

2）单击“插入”→“图表”→“三维柱形图”按钮，生成初始图表。

3）选中初始图表，单击“图表工具”→“设计”→“图表布局”→“快速布局”按钮，从下拉列表中选择“布局 5”。

4）单击“设计”→“添加图表元素”→“图例”下相应的按钮，为图表底部添加“图例”元素，结果如图 7.16 所示。

5）单击“设计”→“更改图表类型”按钮，将柱形图更改为折线图，结果如图 7.17 所示。

**【案例 7-2】**已知消费者预期指数、满意指数、信心指数，如表 7.2 所示，要求设计如图 7.18 所示的消费者指数情况图。

表 7.2　消费者指数数据表

| 时　　间 | 预 期 指 数 | 满 意 指 数 | 信 心 指 数 |
|---|---|---|---|
| 2019.08 | 99.9 | 93.3 | 97.3 |
| 2019.09 | 99.6 | 92.9 | 96.9 |
| 2019.10 | 99.2 | 92.4 | 96.5 |

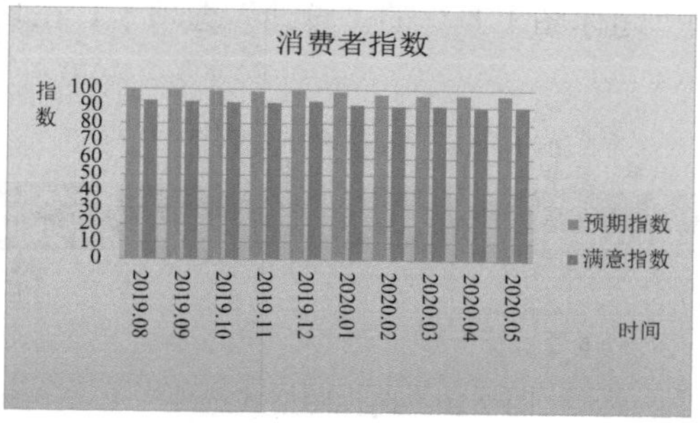


图 7.18　消费者指数情况图

简要操作步骤如下：

1）打开工作簿，选择表 7.2 所示的整个数据区域。

2）单击“插入”→“图表”→“二维柱形图”→“簇状柱形图”按钮，生成初始图表。

3）在图表区域中右击，从弹出的快捷菜单中选择“选择数据”命令，弹出“选择数据源”对话框。

4）在“选择数据源”对话框中的“图例项（系列）”区域中删除“日期”“信心指数”。

5）在“选择数据源”对话框中的“水平（分类）轴标签”区域中，单击“编辑”按钮，设置“时间”列为图表中水平标签的值。

6）返回图表区域，右击图表区域中的不同图例的条形框，从弹出的快捷菜单中选择“修改数据系列格式”命令，将图例的颜色修改为对应的颜色。

7）右击图表区域中水平坐标轴，从弹出的快捷菜单中选择“设置坐标轴格式”命令，将日期的文字方向设置为“竖排”。

8）单击“设计”→“添加图表元素”→“图例”下相应的按钮，为图表右方添加“图例”元素，逐步完成图 7.18 所示的效果。

## 7.2 迷你图

迷你图是可放置在单元格中的微小图表，以可视化的方式帮助用户了解数据的变化状态，如业绩的起伏、价格的涨跌等。使用迷你图的最大好处是可以将其放置于数据附近，就近了解数据的走势与变化情况。

切换到“插入”选项卡，在“图表”→“迷你图”下可以选择要绘制的迷你图类型，如折线图、柱形图、盈亏图。例如，使用迷你图功能将每月的收支记录绘制成如图 7.19 所示的折线图。

个人每月收入及支出记录

| | 1月 | 2月 | 3月 | 4月 | 5月 | 6月 | 分析图表 |
|---|---|---|---|---|---|---|---|
| 工资收入 | 3500 | 3500 | 3500 | 3500 | 3500 | 3500 | |
| 保险 | 3600 | 3600 | 3600 | 3600 | 3600 | 3600 | |
| 饮食费 | 320 | 310 | 421 | 251 | 1269 | 453 | |
| 置装费 | 500 | 320 | 412 | 211 | 114 | 141 | |
| 交通费 | 120 | 114 | 20 | 252 | 310 | 150 | |
| 娱乐费 | 600 | 500 | 332 | 656 | 441 | 210 | |
| 婚丧支出 | 600 | 450 | 0 | 0 | 1000 | 300 | |
| 储蓄 | 1500 | 1200 | 1522 | 500 | 800 | 1551 | |

图 7.19　个人每月收支记录迷你图示例

以上所示的迷你图中的折线图不太方便辨识，所以需要加入一些标记，单击折线图所在的单元格，便会自动切换到“迷你图工具”的“设计”选项卡，在功能区中可看到折线图相关的格式选项，如图 7.20 所示。

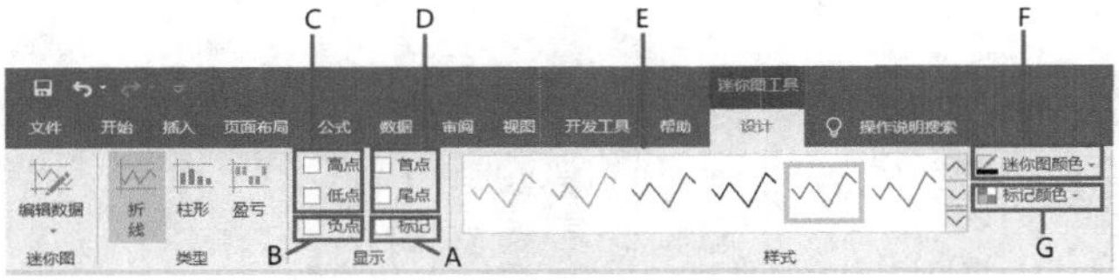


图 7.20　迷你图格式选项

图 7.20 中选项的功能说明如下。

A：选择此项可以显示所有的数据标记。

B：选择此项可以显示负值。

C：选择“高点”或“低点”复选框，可以显示最高值或最低值。

D：选择“首点”或“尾点”复选框，可以显示第一个值或最后一个值。

E：提供了许多折线图的样式，可从中选取一种样式。

F：设定折线图的颜色。

G：设定标记的颜色。

另外，由于迷你折线图是内嵌在单元格中的小图表，所以还可以在单元格中输入文字，然后使用迷你折线图作为背景，如图 7.21 所示。

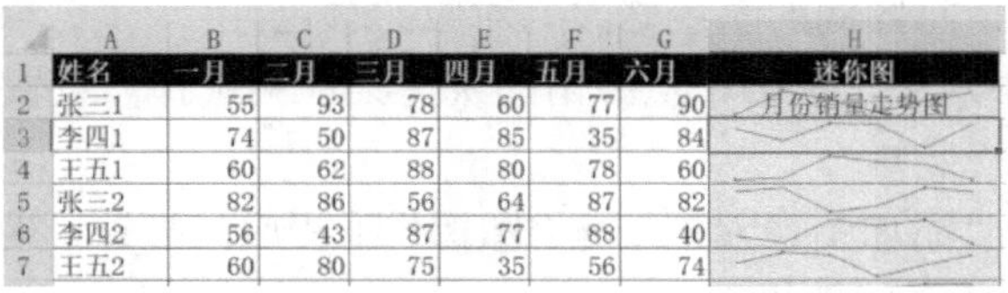

| 姓名 | 一月 | 二月 | 三月 | 四月 | 五月 | 六月 | 迷你图 |
|---|---|---|---|---|---|---|---|
| 张三1 | 55 | 93 | 78 | 60 | 77 | 90 | 月份销量走势图 |
| 李四1 | 74 | 50 | 87 | 85 | 35 | 84 | |
| 王五1 | 60 | 62 | 88 | 80 | 78 | 60 | |
| 张三2 | 82 | 86 | 56 | 64 | 87 | 82 | |
| 李四2 | 56 | 43 | 87 | 77 | 88 | 40 | |
| 王五2 | 60 | 80 | 75 | 35 | 56 | 74 | |

图 7.21　迷你折线图中添加文字示例

## 7.3 数据透视图

利用数据透视表中数据还可以方便地生成数据透视图，方法如下：选中数据源区域，单击“插入”→“数据透视表”→“数据透视图”按钮。数据透视图的设置过程同第 4 章中的数据透视表，不再详述。图 7.22 为数据透视图。

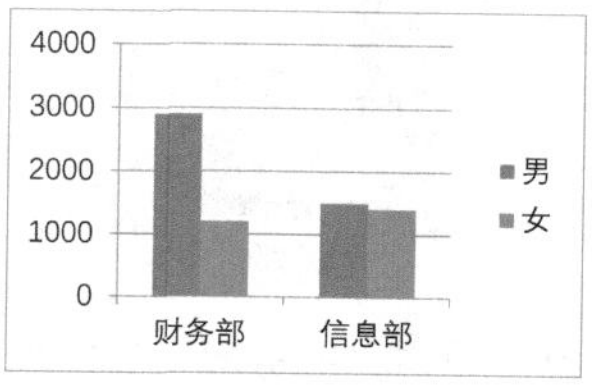


图 7.22　数据透视图

对于数据透视图中图表的格式设置与上述基本图表的设置过程相同。

## 7.4 切片器

切片器提供了一种可视性极强的筛选方法以筛选数据透视表中的数据。一旦插入切片器，即可使用多个按钮对数据进行快速分段和筛选，达到仅显示所需数据的目的。此外，对数据透视表应用多个筛选器之后，将不再需要打开列表查看数据所应用的筛选器，这些筛选器会显示在切片器中。为切片器设置适当的格式，能够实现在其他数据透视表、数据透视图和多维数据集函数中轻松地重复使用这些切片器。

要插入切片器，可单击“插入”→“筛选器”→“切片器”按钮，在弹出的“插入切片器”对话框（见图 7.23）中选择需要的字段，单击“确定”按钮。

图 7.23　“插入切片器”对话框

设置完成后，Excel 将创建 21 个切片器，切片器效果如图 7.24 所示。通过切片器可以很直观地筛选要查询的数据。

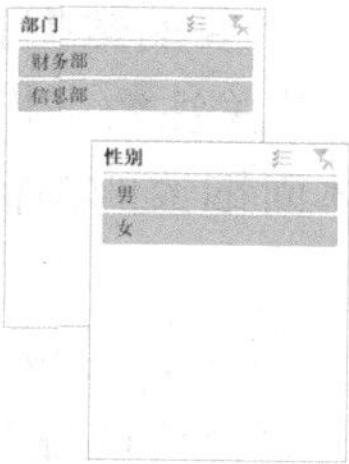


图 7.24　切片器效果图

当单击“财务部”时，图 7.22 所示的数据透视图中的“信息部”已消失，剩余一个部门，如图 7.25 所示。

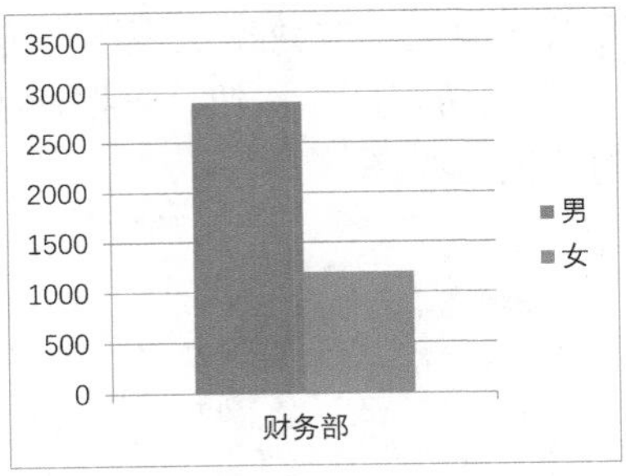


图 7.25　单击“财务部”后的效果图

## 7.5　数据报表

数据报表主要包括两类：日常数据报表和专项数据报表。制作日常数据报表有利于了解经营动态，进行整体评估；可以统计数据，便于随时查找数据，也能够为经营策略的调整提供系统的参考信息。专项数据报表一般是指针对某一特定问题的数据分析报表，用于针对某一特定问题进行详细深入的分析。比如，在电子商务中，市场数据报表需要结合行业发展数据、市场需求数据、目标客户数据、竞争对手销售及活动数据展开，产品数据报表需要围绕相关产品行业数据、产品盈利能力数据展开，而运营数据报表需要综合呈现客户行为数据、推广数据、交易数据、服务数据、采购数据、物流数据、仓储数据，所以要结合分析目标灵活选择数据指标。

制作数据报表主要包括以下步骤：

1）明确数据汇报的需求。

2）构思报表的大纲。

3）选择数据指标。

4）搭建报表框架。

5）进行数据的采集与处理。

6）制作与美化报表。

数据报表的制作需要围绕数据汇报的需求展开，明确需要达成的目标，据此搭建报表框架。如在电子商务中，可进行网店运营分析、销售分析、用户分析、竞品分析等，据此形成日报表、周报表、月报表。

接着，需要针对确定的分析目标，构思报表的大纲，即从哪些维度来构建数据分析逻辑。

确定了报表的维度后，需要选择其中重要的数据指标。此外，还需要结合报表的目标用户选择数据指标，目标用户的职务决定了其关注数据指标的差异。例如在电子商务活动中，一线运营人员更关注有利于开展工作的具体而细致的指标；决策层领导相比较而言更关注结论性指标。

报表框架搭建时，可根据需求设计日报表、周报表、月报表等框架。日报表是对企业每日各类数据指标的持续追踪，可在报表中综合体现各个维度的关键指标。例如在电商数据中，这些关键指标包括流量、销量、转化率等；也可结合汇报需求，就某个维度单独搭建日报表框架，如广告投入日报表、营销活动日报表等。周报表需要体现一周的统计数据，并与上周的统计数据进行比较，计算环比增长率；对其中的异常数据进行分析，并将分析结果呈现在报表中。月报表需要展现月度运营的重要信息。图 7.26 所示的店铺运营月报表包含了销售额、流量、转化率等指标。月报表一般提交给管理层人员，其更为关注结果性指标。根据店铺历史数据，如同比、环比数据，以及依据所处的行业设定各类关键指标的正常浮动范围，制作日报表、周报表、月报表，可对数据进行监控。

| | A | B | C | D | E | F | G | H |
|---|---|---|---|---|---|---|---|---|
| 1 | **店铺运营月报表（2019-08） | | | | | | | |
| 2 | 日期 | 访客数 | 浏览量 | 跳失率 | 转化率 | 客单价 | 销售额 | 毛利率 |
| 3 | 2019年7月 | | | | | | | |
| 4 | 2019年8月 | | | | | | | |
| 5 | 环比 | | | | | | | |
| 6 | 分析总结 | | | | | | | |
| 7 | 访客数 | | | | | | | |
| 8 | 浏览量 | | | | | | | |
| 9 | 跳失率 | | | | | | | |
| 10 | 转化率 | | | | | | | |
| 11 | 客单价 | | | | | | | |
| 12 | 销售额 | | | | | | | |
| 13 | 毛利率 | | | | | | | |
| 14 | 其他 | | | | | | | |

图 7.26　店铺运营月报表

报表的展现依赖于数据，原始数据的采集可以借助平台自身或第三方工具。例如，淘宝网的生意参谋提供了日常运营中的各类数据信息，用户可根据分析目标进行数据指标的勾选，并进一步完成数据的处理。接着，需要将采集到的数据导入搭建好的报表框架中，并可根据展现的需要设置不同的格式，如突出显示单元格，即把报表中需要突出的数据单元格用不同的颜色背景显示出来。比如，我们可以在电商数据报表中将访客数高于平均值的数据单元格突出显示。同样，在 Excel 中为单元格设置数据条，可以查看某个单元格相对于其他单元格的值，数据条越长，表示值越大；数据条越短，表示值越小。

## 7.6 拓展实训：销售数据可视化

进销存管理是指对企业生产经营中的物料流、资金流进行条码全程跟踪管理，包括从接获订单合同到物料采购、入库、领用，再到产品完工入库、交货、回收货款、支付原材料款等。进销存管理可有效辅助企业解决业务管理、分销管理、存货管理、营销计划的执行和监控、统计信息的收集等方面的业务问题。

**【实训 7-1】**M 公司是一家专门销售不同厂商、不同型号的空调的小型销售公司。该公司规模不大，业务种类比较单一。M 公司主要有采购部、销售部和财务部等部门。其中采购部主要负责空调的采购和入库，销售部负责拓展业务，以更好地销售产品。为对公司的业务进行信息化管理，M 公司采用 Excel 来记录和处理企业的数据。表 7.3 显示了 M 公司 2019 年的空调销售数据及提成情况。

**表 7.3　M 公司 2019 年的空调销售数据及提成情况**

| 销售员编号 | 员工姓名 | 性　别 | 入职年份 | 工龄（年数） | 总销售额 | 提成比例 | 提成金额 |
|---|---|---|---|---|---|---|---|
| D00005 | 张三 1 | 女 | 2011 | 10 | 67200 | 10.00% | 6720 |
| D00058 | 李四 1 | 男 | 2012 | 9 | 22000 | 8.25% | 1815 |
| D00184 | 王五 1 | 男 | 2013 | 8 | 98000 | 10.00% | 9800 |
| D00247 | 张三 2 | 女 | 2013 | 8 | 110000 | 11.00% | 12100 |

1）按工龄对总销售额、提成金额进行分析，并选用合适的图表类型表达工龄与总销售额、提成金额间的关系；

2）按性别对总销售额、提成金额进行分析，并选用合适的功能表达工龄与总销售额、提成金额间的关系；

3）按年龄、性别对员工的销售能力进行分析。

## 7.7 练习题

**一、判断题**

1．切片器是 Excel 2010 中新增的筛选数据命令，在筛选数据时它不能对每个字段显示一个切片器。（　　）

2．一般情况下图表有两个坐标轴，饼图没有坐标轴。（　　）

**二、单选题**

1．下列关于 Excel 图表的说法中，正确的是（　　）。

A．图表不能嵌入当前工作表中，只能作为新的工作表保存

B．无法从工作表中产生图表

C．图表只能嵌入当前工作表中，不能作为新的工作表保存

D．图表可以嵌入当前工作表中，也能作为新的工作表保存

2．Excel 图表的显著特点是工作表中的数据变化时，图表（　　）。

A．随之变化

B．不出现变化

C．自然消失

D．生成新图表，保留原图表

**三、多选题**

1．迷你图的图表类型包括（　　）。

A．散点图　　B．折线图　　C．柱形图　　D．盈亏图

2．（　　）用来反映不同类别间的差别。

A．曲线图　　B．柱形图　　C．条形图　　D．饼图

3．图表要素有（　　）。

A．标题　　B．数据系列　　C．图例　　D．坐标轴

**四、简答题**

如图 7.27 所示，选择 A1:C4 单元格区域是否可以生成数据透视表？

| | A | B | C |
|---|---|---|---|
| 1 | Type | | Amount |
| 2 | A | | 1 |
| 3 | B | | 2 |
| 4 | C | | 3 |

图 7.27 源数据

# 第二篇

# Excel 技术提高

# 第 8 章

# VBA 编程基础

VBA（Visual Basic for Application）是新一代标准宏语言，由微软公司开发，是在其桌面应用程序中执行通用的自动化任务的编程语言。应用程序自动化是指通过编写程序让常规应用程序（如 Excel、Word 等）自动完成工作。例如，在 Excel 里自动设置单元格格式或者在多张工作表之间自动进行计算等。

VBA 是基于 Visual Basic（VB）发展而来的，是 VB 的一个子集，与 VB 一样属于面向对象的编程语言。VBA 继承了 VB 的开发机制，与 VB 有着相似的语言结构和开发环境。VBA 与 VB 的不同之处在于，VBA 是 Office 办公软件内嵌的编程语言，所以 VBA 代码必须“寄生”在“宿主”应用程序中运行，不能生成独立的应用程序。VBA 根据其嵌入软件的不同，增加了对相应软件中的对象的控制功能，提供了很多函数和对象。正因为如此，VBA 适于定制已有的桌面应用程序。

在 Excel 中使用 VBA 可以增强 Excel 软件的自动化能力，使用户更高效地完成特定任务。因为 Office 的各组件均支持 VBA 语言，所以一个组件控制、调用另一个组件更为便利，从而加强了组件间数据共享、相互协作的能力。本章主要学习 VBA 编程的基础，通过学习，要求掌握以下内容：

1）VBA 的基本概念；

2）VBA 的编程环境；

3）VBA 的语法基础；

4）VBA 的顺序结构、分支结构、循环结构；

5）VBA 的错误处理；

6）VBA 的基本应用。

## 8.1 VBA 概述

VBA 主要用来扩展 Windows 操作系统的应用程序的功能，特别是 Office 软件，它可以使常用的程序自动化，也可以创建自定义的解决方案。例如，通过一段 VBA 代码，可以实现画面的切换；可以实现复杂逻辑的统计（比如从多个表中自动生成按合同号来跟踪生产量、入库量、销售量、库存量的统计清单）等。

在 Excel 中，VBA 编程相应的“开发工具”功能区如图 8.1 所示。

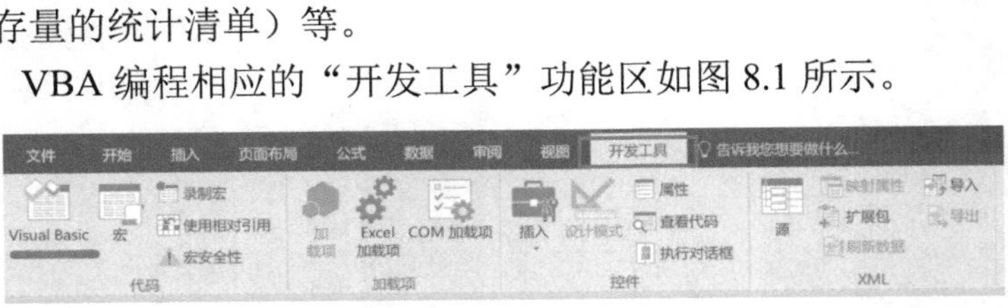


图 8.1 “开发工具”功能区

如果找不到开发工具，则单击“文件”→“选项”→“自定义功能区”，勾选“开发工具”复选框，如图 8.2 所示。单击“确定”按钮，“开发工具”选项卡即出现在功能区。

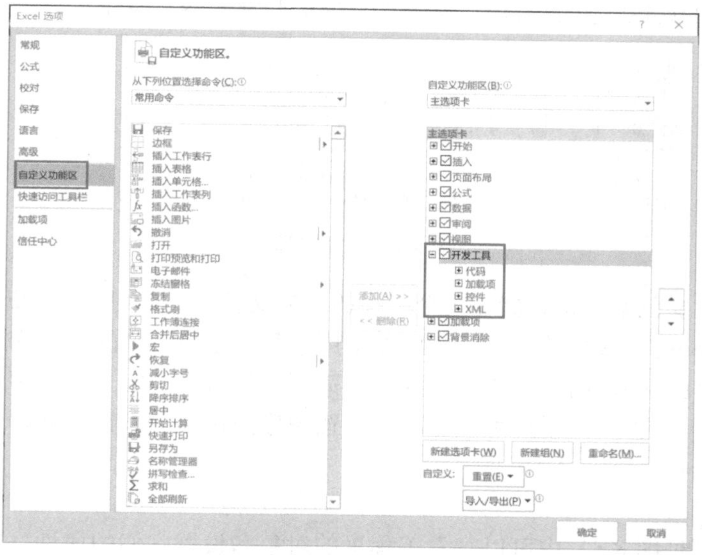


图 8.2　设置显示开发工具

单击图 8.1 中的 Visual Basic 图标，展开 VBA 编辑器，如图 8.3 所示。该窗口中有工程资源管理器窗口、属性窗口、代码窗口及监视窗口等。

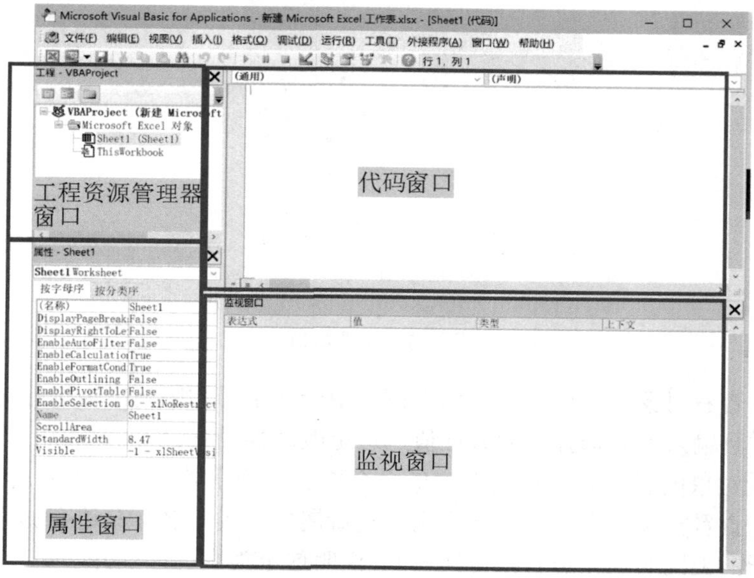


图 8.3　VBA 编辑器

（1）工程资源管理器窗口

工程资源管理器窗口显示当前打开的工程及其组成部分清单。VBA 工程包括工作表、图表、当前工作簿、模块、类模块、用户窗体等。通过工程资源管理器可以管理 VBA 工程，方便在打开的各个工程间切换。激活工程资源管理器有以下三种方法：

1）通过“视图”菜单，选择“工程资源管理器”命令；

2）通过键盘，按 Ctrl+R 组合键；

3）通过标准工具栏（见图 8.4），单击“工程资源管理器”按钮。

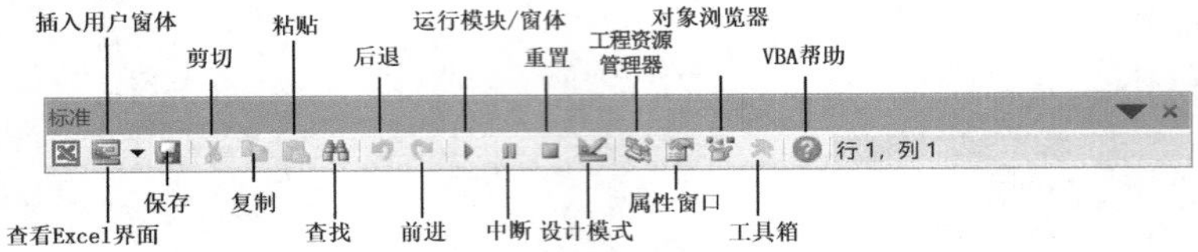


图 8.4　标准工具栏

工程使用的主要元素分别存储在每个工程的独立文件夹中，包括：①Excel 对象列表（各 Sheet、ThisWorkBook）；②模块（如果有的话），用于存放用户录制的与工作表相关的宏代码；③类模块（如果有的话），用于存放用户为工作簿创建的对象的定义；④用户窗体（如果有的话），提供了一个可视界面，用户可以在其上放置图形控件，如按钮控件、图像控件和文本区域控件。

（2）属性窗口

在属性窗口（见图 8.5）中可以查看工程里的对象和设置它们的属性。当前选中的对象的名称就显示在属性窗口的标题栏下面的对象栏中。可以按照字母顺序查看对象的属性，也可以按类别查看对象的属性。

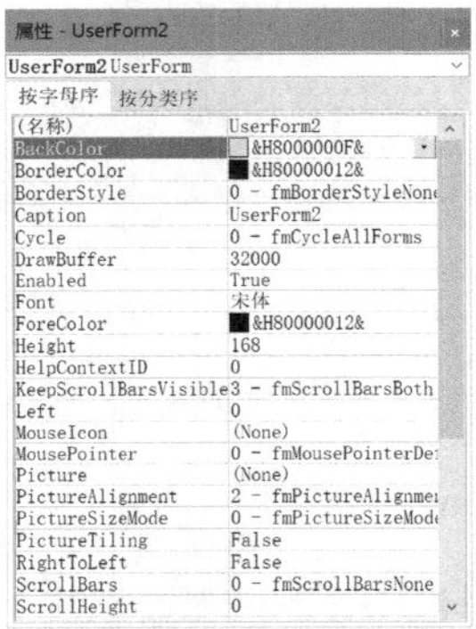


图 8.5　属性窗口

按字母顺序查看对象的属性时，在属性窗口中会按字母顺序列出被选择对象的所有属性。选择属性名，并且输入或者选择新的属性值，可更改属性设置。

按类别查看对象的属性时，在属性窗口中会按类别列出被选择对象的所有属性。可以将清单折叠起来，查看类别，也可以展开类别，查看属性。类别名称左边有加号（+），说明这个类别可以展开。类别名称左边有减号（−），说明这个类别已经展开。

进入属性窗口有以下三种方式：

1）通过“视图”菜单，选择“属性窗口”命令；

2）通过键盘，按 F4 键；

3）通过标准工具栏，单击“属性窗口”按钮。

（3）代码窗口

代码窗口如图 8.6 所示，是用来编写 VBA 代码的，也是用来查看、修改录制的宏代码和现存的 VBA 工程的。每个模块会在一个专门的窗口中打开。激活代码窗口的方法有以下三种：

1）通过“工程资源管理器”窗口，选择需要的用户窗体或者模块，然后单击“查看代码”按钮；

2）通过“视图”菜单，选择“代码窗口”命令；

3）通过键盘，按 F7 键。

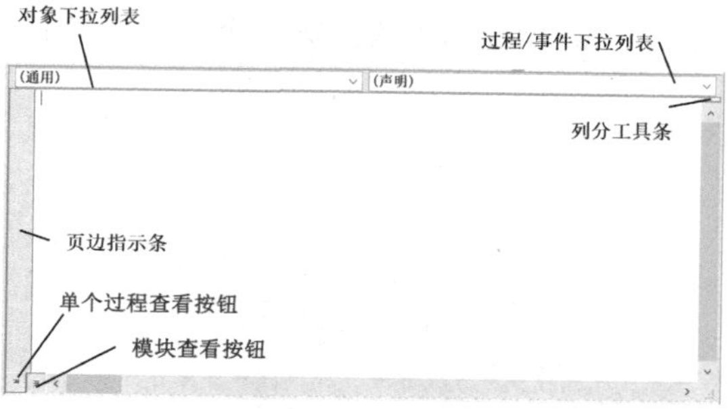


图 8.6　代码窗口

在代码窗口左上角的对象下拉列表中，可以选择想要查看代码的对象。可以在代码窗口右上角的过程/事件下拉列表里选择想要查看代码的过程或者事件。在这个下拉列表中，这个模块里的所有过程名将按字母顺序排列。如果选择了一个过程，光标就会跳到指定过程的第一行。

（4）其他窗口

VBA 编辑器中还有很多其他窗口，如对象浏览器窗口、监视窗口等可通过图 8.7 所示“视图”菜单中的相应命令来激活。这里不再详述。

图 8.7　“视图”菜单中的其他窗口命令

## 8.2　我的第一个程序

下面举例说明如何在 Excel 中编写 VBA 代码。通过编写我的第一个程序，熟悉 VBA 的编程界面与框架结构。

**【案例 8-1】**使用 VBA 中的用户窗体，实现如图 8.8 所示的界面。当单击“打印”按钮时，弹出“打印结果”提示框。提示框内的文字为“Hello World!”。

图 8.8　我的第一个程序

第 1 步，插入用户窗体，修改标题为“我的第一个程序”，添加“打印”按钮，如图 8.9 所示。

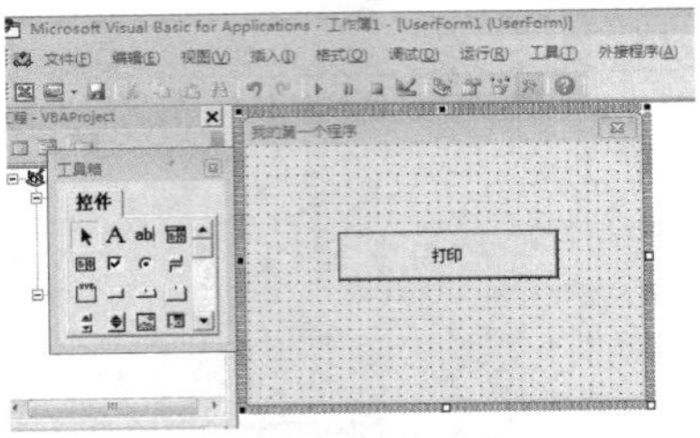


图 8.9　制作窗体

第 2 步，双击“打印”按钮，弹出如图 8.10 所示的代码窗口，在代码窗口对应的单击事件中，添加以下代码：

```
MsgBox "Hello World!", vbOKOnly, "打印结果"
```

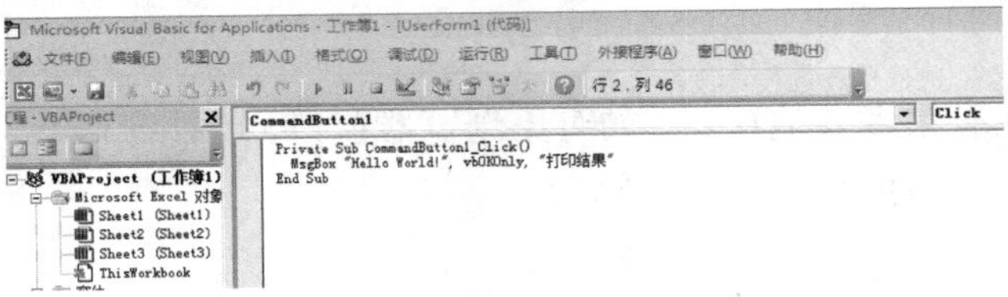


图 8.10　添加单击事件代码

第 3 步，单击工具栏中绿色的运行按钮（或按 F5 键）运行代码，运行结果如图 8.8 所示。

第 4 步，在保存文件时，将“保存类型”设置为“Excel 启用宏的工作簿（*.xlsm）”，文件扩展名为“.xlsm”，如图 8.11 所示。Excel 中默认情况下不自动启用宏。

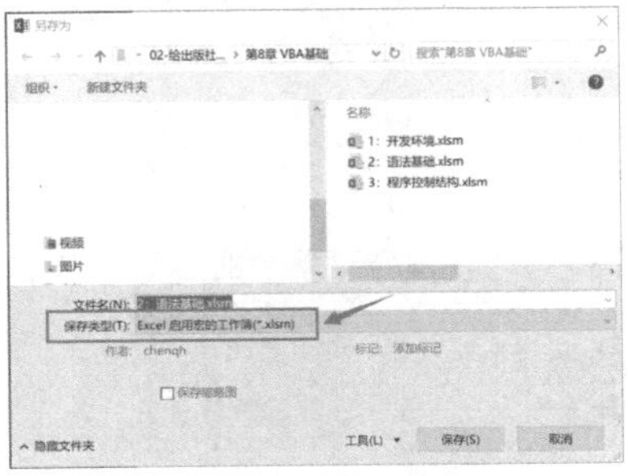


图 8.11　设置“保存类型”

上述编写好的 VBA 工程包括：

1）Excel 对象：当前工作簿及当前工作簿中的所有工作表。

2）窗体：当前添加的用户窗体。

# 8.3 VBA 基本语法

## 8.3.1 标识符

标识符是一种标识变量、常量、过程、函数、类等编程语言构成单位的符号，利用它可以完成对变量、常量、过程、函数、类等的引用。

VBA 中标识符的命名规则如下：

1）标识符由字母、数字和下画线组成，第一个字符必须为字母，如 A987b_23Abc。

2）长度小于 40 个字符（Excel 2002 以上中文版中，可以使用汉字且长度可达 254 个字符）。

3）不能与 VB 保留字重名，如 public、private、dim、goto、next、with、integer、single 等。

## 8.3.2 运算符

运算符是代表某种运算功能的符号。VBA 运算符主要有以下几种。

1）赋值运算符：=。

2）算术运算符：&、+（字符串连接符）、+（加）、-（减）、Mod（取余）、\（整除）、*（乘）、/（除）、-（负号）、^（指数）。

3）逻辑运算符：Not（非）、And（与）、Or（或）、Xor（异或）、Eqv（相等）、Imp（隐含）。

4）关系运算符：=（相等）、<>（不等）、>（大于）、<（小于）、>=（不小于）、<=（不大于）、Like、Is。

5）位运算符：Not（按位否）、And（按位与）、Or（按位或）、Xor（按位异或）。

## 8.3.3 数据类型

VBA 共有 12 种数据类型，具体如表 8.1 所示。此外，用户还可以用 Type 自定义数据类型。

表 8.1 VBA 数据类型

| 数据类型 | 类型标识符 | 简写标识符 | 长度（B） | 示 例 |
|---|---|---|---|---|
| 字符串型 | String | $ | 字符长度为 0～65400 | |
| 字节型 | Byte | 无 | 1 | |
| 布尔型 | Boolean | 无 | 2 | |
| 整数型 | Integer | % | 2 | |
| 长整数型 | Long | & | 4 | |
| 单精度型 | Single | ! | 4 | |
| 双精度型 | Double | # | 8 | |
| 日期型 | Date | 无 | 8 | 公元 100/1/1-9999/12/31 |
| 货币型 | Currency | @ | 8 | |
| 小数点型 | Decimal | 无 | 14 | |
| 变体型 | Variant | 无 | 以上任意类型，可变 | |
| 对象型 | Object | 无 | 4 | |

### 8.3.4 变量与常量

VBA 允许使用未定义的变量，并默认该变量为变体型变量。在模块通用说明部分加入 Option Explicit 语句可以强制用户进行变量定义。

变量的作用域是指变量的有效范围。一般变量在哪部分定义就在哪部分起作用，在模块中定义则在该模块中起作用。根据作用域的不同，变量可分为局部变量、全局变量。此外，还有私有变量、公有变量、静态变量。

（1）局部变量

语法格式：Dim 变量 As 类型

例如：

```
Dim xyz As integer
```

（2）私有变量

语法格式：Private 变量 As 类型

例如：

```
Private xyz As byte
```

（3）公有变量

语法格式：Public 变量 As 类型

例如：

```
Public xyz As single
```

（4）全局变量

语法格式：Global 变量 As 类型

例如：

```
Global xyz As date
```

（5）静态变量

语法格式：Static 变量 As 类型

例如：

```
Static xyz As double
```

常量为变量的一种特例，用 Const 定义，且定义时可赋值，在程序中不能改变其值。其定义的语法格式如下：Const 变量 As 类型。例如：

```
Const Pi=3.1415926 As single
```

常量的作用域是指常量的有效范围。

### 8.3.5 数组

数组是包含相同数据类型的一组变量的集合，对数组中单个变量的引用可通过数组下标进行。数组在内存中表现为一个连续的内存块，必须用 Global 或 Dim 语句来定义。数组定义的语法格式如下：

Dim 数组名([lower to ]upper [, [lower to ]upper, …]) As type

参数 lower 的默认值为 0。二维数组是按行和列排列的，如 XYZ(行,列)。

除以上固定数组外，VBA 还有一种功能强大的动态数组。动态数组定义时无须声明数组的大小，在程序中再利用 Redim 语句来改变数组大小，原来数组的内容可以通过加 preserve 关键字来保留，如下例所示：

```
Dim array1() as double :
```

```
Redim array1(5) :
array1(3)=250 :
Redim preserve array1(5,10)
```

### 8.3.6 注释和赋值语句

注释语句用来说明程序中某些语句的功能和作用；VBA 中有两种方法将代码标识为注释语句。第一种用单引号'标识，注释语句可位于语句之尾，也可单独占一行。示例如下：

```
'定义全局变量
```

第二种使用关键字 Rem 标识，使用时只能单独占一行，示例如下：

```
Rem 定义全局变量;
```

赋值语句是对变量或对象的属性赋值的语句，采用赋值运算符“=”，例如：

```
X=123;
Form1.caption="我的窗口";
```

需要明确的是，为对象赋值需要采用 Set 关键字或符号“:=”，比如：

```
Set myobject=object;
myobject:=object;
```

变量的赋值语句示例如下：

```
Dim r As Single
r=1
```

对象的赋值语句示例如下：

```
Dim obj As Worksheet
Set obj = Worksheets("sheet1")
```

### 8.3.7 书写规范

VBA 的书写规范如下：

1）VBA 不区分标识符的字母大小写，一律认为是小写字母。

2）一行可以书写多条语句，各语句之间以冒号 ：分开。

3）一条语句可以多行书写，以空格加下画线来标识下一行为续行。

4）标识符尽量简洁明了，不造成歧义。

### 8.3.8 练习：求圆的面积

**【案例 8-2】**设计用户窗体，如图 8.12 所示，实现输入半径后，当单击“计算”按钮时，显示对应的圆面积。同时，在 Excel 中记录对应的结果数据。运行结果记录表如图 8.13 所示。

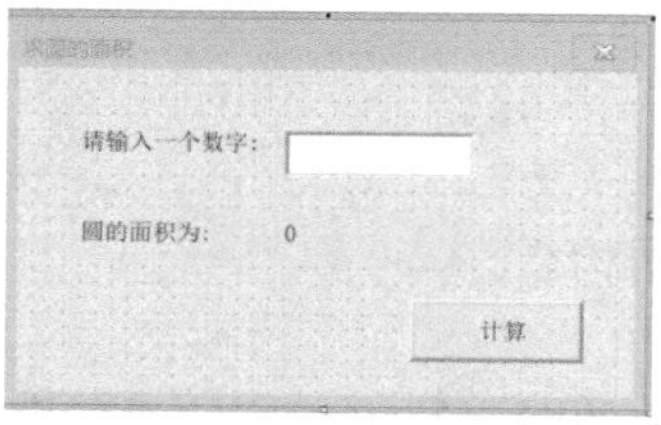


图 8.12 用户窗体设计（圆的面积）

| | A | B | C |
|---|---|---|---|
| 1 | 运行次数 | 半径 | 圆的面积 |
| 2 | 1 | 4 | 50.26544 |
| 3 | 2 | 7 | 153.9379 |
| 4 | 3 | 1 | 3.14159 |
| 5 | 4 | 5 | 78.53975 |
| 6 | | | |
| 7 | | | |

图 8.13 运行结果记录表

第 1 步，在第 1 个工作表中设计表格，输入标题行。

第 2 步，设计用户窗体，在窗体中添加三个标签 Label、一个文本框 Textbox 以及一个命令按钮 CommandButton，修改对应的属性。

第 3 步，双击添加的命令按钮，并在相应的单击事件中添加如下代码：

```
Private Sub CommandButton1_Click()

    '常量定义
    Const p As Single = 3.14159
    '变量定义
    Dim r As Single
    Dim mj As Single
    '对象定义
    Dim obj As Worksheet
    '对象赋值
    Set obj = Worksheets(1)
    '变量赋值
    r = TextBox1.Text
    mj = p * r * r
    '修改属性
    Label3.Caption = mj

    obj.Activate
    i = obj.UsedRange.Rows.Count + 1
    '在工作表中添加内容，记录运行过程
    Range("A" & i) = i - 1
    Range("B" & i) = r
    Range("C" & i) = mj

End Sub
```

第 4 步，运行程序，在文本框内输入半径，单击“计算”按钮，则在用户窗体中出现运行结果，同时在工作表内记录了运行次数、半径及圆的面积，结果如图 8.14 所示。

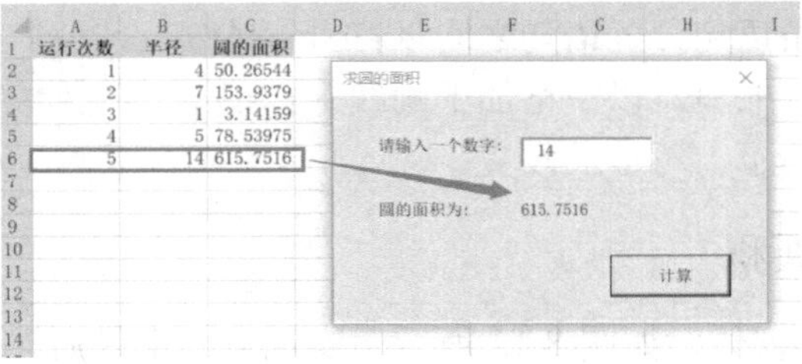


图 8.14　程序运行结果图（第 5 次运行）

## 8.4　VBA 程序结构

与其他程序设计语言一样，VBA 程序也有以下三种结构。

（1）顺序结构

顺序结构的程序设计是最简单的，只要按照解决问题的顺序写出相应的语句即可，它的执行顺序是自上而下，依次执行。

（2）分支结构

顺序结构的程序虽然能解决计算、输出等问题，但不能做判断再选择。对于要先做判断再选择的问题就要使用分支结构，也称选择结构。分支结构的执行是依据一定的条件选择执行路径，而不是严格按照语句出现的物理顺序。分支结构的程序设计的关键在于构造合适的分支条件和分析程序的流程，然后根据不同程序的流程选择适当的分支语句。分支结构适合于带有逻辑或关系比较等条件判断的计算，设计这类程序时往往要先绘制其程序的流程图，然后据此写出源程序，这样可使问题简单化，易于理解。

分支语句的程序流程图如图 8.15 所示。当表达式 A 的结果为真时，执行语句块 A，否则执行语句块 B。可以看出，每次程序运行时，会执行两个分支中的一个。具体执行哪一个分支，取决于表达式 A 的结果。

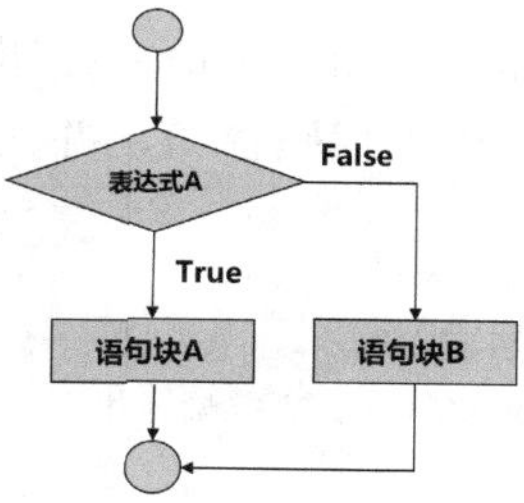


图 8.15　分支语句的程序流程图

（3）循环结构

循环结构是指在程序中需要反复执行某个功能而设置的一种程序结构。它由循环体中的条件判断是继续执行某个功能还是退出循环。根据判断条件，循环结构又可细分为以下两种形式，先判断后执行的循环结构（如 While 循环）和先执行后判断的循环结构（如 Loop 循环）。循环结构的三个要素：循环变量、循环体和循环终止条件。循环语句的程序流程图如图 8.16 所示。当条件满足时，程序一直执行循环体中的语句 1 至语句 *n*，直到条件不满足，跳出循环去执行其他语句。需要提醒的是，循环设计不恰当时，可能出现死循环。

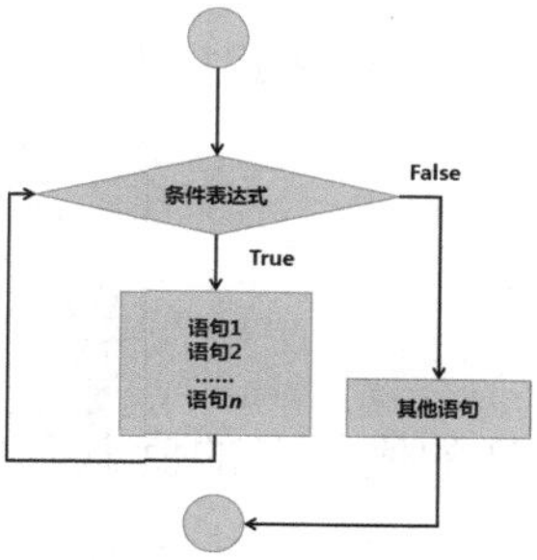


图 8.16　循环语句的程序流程图

**【案例 8-3】**设计如图 8.17 所示的用户窗体，当单击“数据获取”按钮时，弹出“数据输入”对话框，如图 8.18（a）所示，要求输入数据。单击“确定”按钮后，使用对话框显示输入的数据，如图 8.18（b）所示。

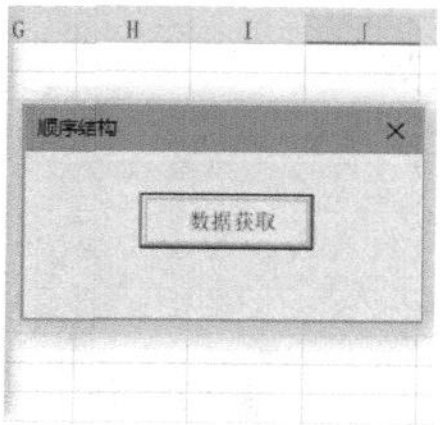


图 8.17　用户窗体设计（顺序结构）

（a）数据输入　　（b）数据输出

图 8.18　输入对话框与输出对话框

第 1 步，设计用户窗体，在窗体中添加一个命令按钮，并修改对应的属性。

第 2 步，双击添加的命令按钮，进入代码窗口，并在相应的单击事件中添加如下代码：

```
Private Sub CommandButton1_Click()
  Dim n As Integer
  n = InputBox("请输入数据:", "数据输入")
  MsgBox "你输入的数据是:" & n, vbOKOnly, "数据输出"
End Sub
```

第 3 步，保存文件，并运行程序。

上述代码就是典型的顺序结构程序。

## 8.4.1　分支结构

（1）If…Then 单分支语句

If…Then 语句的基本语法格式如下：

```
If <条件表达式> Then [执行语句块 A]
```

下面的语句表示若 x>250，则让 x 减去 100，否则不执行任何语句。

```
If x>250 Then x=x-100
```

（2）If…Then…Else…End if 语句

If…Then…Else…End if 语句的基本语法格式如下：

```
If <条件表达式> Then
    [语句块 A]
Else
    [语句块 B]
End if
```

下面的语句表示当 A 的值大于 B 的值且 C 的值小于 D 的值时，则执行“A=B+2”语句，否则执行“A=C+2”这条语句。

```
If A > B and C < D Then
      A = B + 2
Else
      A = C + 2
End if
```

（3）ElseIf 多分支语句

ElseIf 多分支语句的基本语法格式如下：

```
If <条件表达式 A> Then
      [语句块 A]
[ElseIf <条件表达式 B> Then]
      [语句块 B]
      ...
[Else]
```

```
    [执行语句块]
End If
```

下面的语句表示若 Number 的值小于 10，则令 Digits 的值为 1；若 Number 的值大于或等于 10 且小于 100，则令 Digits 的值为 2；其他情况下，令 Digits 的值为 3。

```
If Number < 10 Then
     Digits = 1
ElseIf Number < 100 Then
     Digits = 2
Else
     Digits = 3
End If
```

（4）Select 多分支语句

Select 多分支语句的基本语法格式如下：

```
Select Case <条件表达式 1>
   执行语句块 1;
    Case <条件表达式 2>
     <...>
    Case Else
End Select
```

下面的语句表示当 Pid 的值为字符串"A101"时，令变量 Price 的值为 200；当 Pid 的值为字符串"A102"时，令变量 Price 的值为 300；其他情况下，令 Price 的值为 900。

```
Select Case Pid
   Case "A101"
        Price=200
   Case "A102"
        Price=300
   Case Else
        Price=900
End Select
```

**【案例 8-4】**设计如图 8.19 所示的用户窗体，在文本框中输入一个字符，判断该字符是大写字母、小写字母、数字还是其他字符，并在对应位置显示判断结果。如果输入的是数字，则计算对应的圆的周长，并在第 1 个工作表中记录详细的结果。对于不是数字的记录，用红色标注，否则用绿色标注，结果如图 8.20 所示。

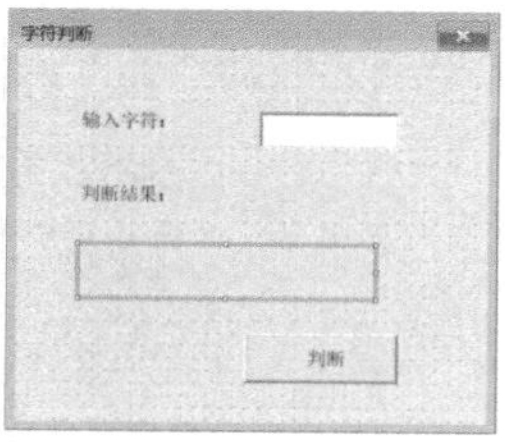


图 8.19　用户窗体设计（分支结构）

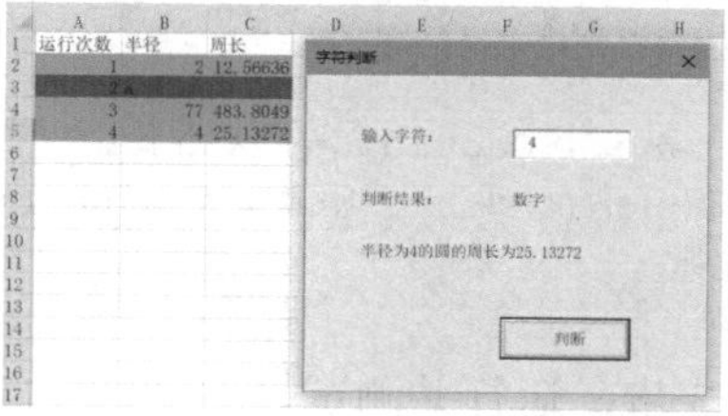


图 8.20　运行结果图

第 1 步，设计用户窗体，添加相应的控件并修改对应的属性。

第 2 步，为命令按钮的单击事件添加如下代码：

```
Private Sub CommandButton1_Click()
   Dim x As String
   Dim isb As Boolean
   Dim i As Integer
```

```
    If TextBox1.Text = "" Then Exit Sub
    Dim obj As Worksheet
    Set obj = Worksheets(2)
    i = obj.UsedRange.Rows.Count + 1
    obj.Activate

    If i <= 2 Then
       i = 1
       Range("A" & i) = "运行次数"
       Range("B" & i) = "半径"
       Range("C" & i) = "周长"
       i = i + 1
    End If

    x = TextBox1.Text
    isb = False

    Range("B" & i) = x
    Range("A" & i) = i - 1
    Select Case Asc(x)
      Case 65 To 90
         Label3.Caption = "大写字母"
      Case 97 To 122
         Label3.Caption = "小写字母"
      Case 48 To 57
         Label3.Caption = "数字"
         isb = True
      Case Else
         Label3.Caption = "其他字符"
      End Select

    If isb = True Then
       Dim zc As Single
       zc = 2 * 3.14159 * x
       Label4.Caption = "半径为" & x & "的圆的周长为" & zc
       Range("C" & i) = zc
       Range("A" & i & ":C" & i).Interior.Color = vbGreen
    Else
       Label4.Caption = "欢迎使用!"
       Range("A" & i & ":C" & i).Interior.Color = vbRed
    End If
End Sub
```

第 3 步，运行并测试。

（5）Choose 函数

语法格式：Choose(index, choice-1,choice-2,…,choice-n)

Choose 函数可以用来选择自变量串列中的一个值，并将其返回。index 为必选项，可以是数值表达式或字段，它的运算结果是一个数值，其值介于 1 和可选择的项目数之间。choice 为必选项，可以是变体型表达式，表示可供选择的项目之一。例如：

```
GetChoice = Choose(Ind, "Speedy", "United", "Federal")
```

上面的语句表示根据 Ind 的值选择其中一个值，若 Ind 的值为 1，则选择的值为"Speedy"字符串，即 GetChoice= "Speedy"。

（6）Switch 函数

语法格式：Switch(expr-1, value-1[, expr-2, value-2…[, expr-n,value-n]])

Switch 函数和 Choose 函数类似，但它是以两个一组的方式返回所需要的值的。在自变量串列中，最先为 True 的值会被返回。expr 为必选项，是要加以计算的变体型表达式。value 为必选项。如果相关的表达式为 True，则返回此部分的数值或表达式，没有一个表达式为 True，Switch 会返回一个 Null 值。 示例如下：

```
b = Switch(a = 0, "小老鼠", a = 1, "白米饭", a = 2, "大丫头", a = 3, "灵犀", a = 4, "杨阳", a = 5, "冬天", a = 6, "小落", a = 7, "悠悠", a = 8, "酸李子", a = 9, "雄鹰")
```

当变量 a 的值为 3 时，则第 4 个条件符合要求，返回字符串“灵犀”，即 b 的值为“灵犀”。同样，读者可以尝试将对应的分支语句转化成该函数。

### 8.4.2 循环结构

在 VBA 中，有多种形式可以实现循环结构：Do While 语句、Do Until 语句和 For 语句等。

（1）Do While 语句

Do While 语句在运行时，如果条件表达式的值为 True，则重复执行循环体语句。其语法格式如下：

```
Do While <条件表达式>
    循环体语句;
Loop
```

下列语句为使用 Do While 语句计算 n1=n!的代码示例：

```
i = 1
n1 = 1
Do While i < n + 1
  n1 = n1 * i
  i = i + 1
Loop
```

在实现时，可设计用户窗体获取 n 的输入，并将结果 n1 显示到 label 控件上。

（2）Do Until 语句

与 Do While 语句相区别的是，Do Until 语句是先执行再判断。当条件符合时，即<条件表达式>中的判断结果为 True 时，跳出循环。

Do Until 语句的语法格式如下：

```
Do Until <条件表达式>
    循环体语句;
Loop
```

同样以计算 n!为例，说明 Do Until 语句的使用，结果存储至 n2 中。代码示例如下：

```
i = 1
n2 = 1
Do Until i > n
   n2 = n2 * i
   i = i + 1
Loop
```

（3）For 语句

For 语句的语法格式如下：

```
For 变量 = 初值 To 终值 Step 步长
   循环体语句;
Next 变量
```

以计算 n!为例，说明 for 循环的使用，结果存储至 n3 中。代码示例如下：

```
i = 1
n3 = 1
For i = 1 To n Step 1
  n3 = n3 * i
Next i
```

## 8.4.3 练习：成绩查找与计算

**【案例 8-5】** 如图 8.21 所示，表中存储了一个班级学生的语文、英语、数学成绩，现需要计算总分，并对总分低于 210 分的学生记录用红色标注，总分高于 270 分的学生记录用绿色标注，其他用黄色标注。运行结果如图 8.22 所示。

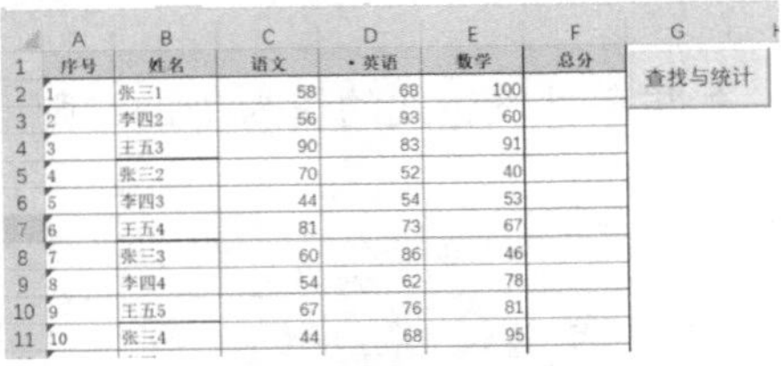

| 序号 | 姓名 | 语文 | 英语 | 数学 | 总分 |
|---|---|---|---|---|---|
| 1 | 张三1 | 58 | 68 | 100 | |
| 2 | 李四2 | 56 | 93 | 60 | |
| 3 | 王五3 | 90 | 83 | 91 | |
| 4 | 张三2 | 70 | 52 | 40 | |
| 5 | 李四3 | 44 | 54 | 53 | |
| 6 | 王五4 | 81 | 73 | 67 | |
| 7 | 张三3 | 60 | 86 | 46 | |
| 8 | 李四4 | 54 | 62 | 78 | |
| 9 | 王五5 | 67 | 76 | 81 | |
| 10 | 张三4 | 44 | 68 | 95 | |



图 8.21　学生成绩查找与统计

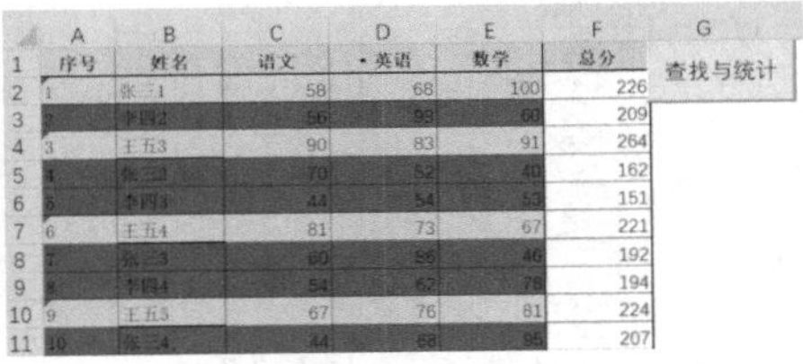

| 序号 | 姓名 | 语文 | 英语 | 数学 | 总分 |
|---|---|---|---|---|---|
| 1 | 张三1 | 58 | 68 | 100 | 226 |
| 2 | 李四2 | 56 | 93 | 60 | 209 |
| 3 | 王五3 | 90 | 83 | 91 | 264 |
| 4 | 张三2 | 70 | 52 | 40 | 162 |
| 5 | 李四3 | 44 | 54 | 53 | 151 |
| 6 | 王五4 | 81 | 73 | 67 | 221 |
| 7 | 张三3 | 60 | 86 | 46 | 192 |
| 8 | 李四4 | 54 | 62 | 78 | 194 |
| 9 | 王五5 | 67 | 76 | 81 | 224 |
| 10 | 张三4 | 44 | 68 | 95 | 207 |



图 8.22　学生成绩查找与统计结果图

第 1 步，在数据表中插入表单控件——命令按钮，并编辑对应的属性。

第 2 步，在设计模式下，为命令按钮的单击事件添加如下代码：

```
Private Sub CommandButton1_Click()
    Dim obj As Worksheet
    Set obj = Worksheets(1)
    num = obj.UsedRange.Rows.Count + 1
    obj.Activate
    i = 2
    Do While i <= num - 1
       cur = Range("C" & i).Value + Range("D" & i).Value + Range("E" & i).Value
       Range("F" & i) = cur
       If cur < 210 Then
          Range("A" & i & ":E" & i).Interior.Color = vbRed
       ElseIf cur >= 270 Then
          Range("A" & i & ":E" & i).Interior.Color = vbGreen
       Else
```

```
      Range("A" & i & ":E" & i).Interior.Color = vbYellow
    End If
    i = i + 1
  Loop
End Sub
```

# 8.5 其他类语句和错误语句的处理

## 8.5.1 其他类语句的处理

结构化程序使用以上判断语句和循环语句已经足够，建议不要轻易使用下面的语句，虽然 VBA 支持这些语句。

（1）Goto Line

该语句表示跳转到 Line 语句执行。

（2）On expression Gosub destinatoinlist 或者 On expression Goto destinationlist

这两个语句会根据 expression 表达式的值来跳转到指定的行号或行标记。

（3）Gosub…Return

下述示例说明了该语句的使用，当输入的值（num 的值）为 10 时，则会跳转到 Routine1 标记的语句中去执行；否则运行除法，num 的值变为 2，并返回。

```
Sub gosubtry()
  Dim num
  num=inputbox(“输入一个数字，此值将会被判断循环”)
  If num>0 then Gosub Routine1: Debug.print num: Exit sub
  Routine1:
  num=num/5
  Return
End sub
```

（4）While…Wend

该语句表示只要条件为 True，循环就执行，其语法格式如下：

```
While <条件表达式>
  [循环体语句]
Wend
```

具体示例如下：

```
While I<50
  I=I+1
Wend
```

## 8.5.2 错误语句的处理

执行阶段有时会发生错误，可用 On Error 语句启动一个错误处理程序来处理错误。示例如下：

```
'当错误发生时，会立刻跳转到 Line 行去执行
On Error Goto Line
'当错误发生时，会立刻跳转到发生错误的下一行去执行
On Error Resume Next
'当错误发生时，会立刻停止当前运行过程中任何已启动的错误处理程序
On Erro Goto 0
```

## 8.6 拓展实训：使用 VBA 实现无纸化考试系统

**【实训 8-1】**如图 8.23 所示，设计考试主界面，在“姓名”工作簿中存储了已经参加过考试的员工信息，“题目”工作簿中存储的是题库，“姓名”及“题目”工作簿可加密码隐藏。当单击“生成题目”按钮时，要求输入员工的姓名。如果姓名已出现在“姓名”工作簿中，则不允许参加考试。如果姓名从未出现过，则生成随机试卷，试卷包括 10 道选择题。当提交试卷时，完成试卷批改及成绩录入。单击“清除记录”按钮，则清除已经生成的试题。

图 8.23 Excel VBA 无纸化考试系统主界面

第 1 步，设计界面，并准备好“姓名”“题目”工作簿的内容。

第 2 步，编写各命令按钮对应的代码，以下为“生成题目”按钮对应的代码。

```
'判断姓名是否成功输入，如果单击“取消”按钮或者输入为空则重新输入
flag = 0
s = Space(40)
While s = Space(40) And flag = 0
    s = InputBox("请输入你的姓名" & vbCrLf & vbCrLf & "只有一次机会，请准确输入！", "姓名", "")
    If s = "" Then
        flag = 1
    End If
Wend
'输入姓名之后的处理
If s <> "" Then

    '这里要判断是否“姓名”工作簿中已经包含这个姓名
    ''
    Set Rng = Sheets(GONGHAO).UsedRange.Find(s, , , 1)
    If Not Rng Is Nothing Then
        MsgBox ("这个员工已经参加过考试，无法再次考试！" & vbCrLf & vbCrLf & "请联系管理员！")
        Exit Sub
    End If

    '没有考过则把这个员工姓名加入“姓名”工作簿，并在考试工作表中显示
    i = 1
    While Worksheets(GONGHAO).Cells(i, 1) <> ""
        i = i + 1
    Wend
    Sheets(GONGHAO).Cells(i, 1) = s
    Sheets(KAOSHI).Cells(6, 10) = s

    For numA = 1 To 10
```

```
        flag = 1
        While flag = 1
            suijishu = Int((115 * Rnd) + 1)
            For numAcoun = 1 To numA - 1
                If arrExam(numAcoun, 0) = suijishu Then
                    flag = 1
                    Exit For
                End If
            Next
            If numAcoun = numA Then
                flag = 0
            End If
        Wend
        arrExam(numA, 0) = suijishu
    Next

    numA = 1
    While numA < 11
        Sheets(KAOSHI).Cells(numA + 1, 2) = Sheets(TIMU).Cells(arrExam(numA, 0), 4)
        Sheets(KAOSHI).Cells(numA + 1, 3) = Sheets(TIMU).Cells(arrExam(numA, 0), 5)
        Sheets(KAOSHI).Cells(numA + 1, 4) = Sheets(TIMU).Cells(arrExam(numA, 0), 6)
        Sheets(KAOSHI).Cells(numA + 1, 5) = Sheets(TIMU).Cells(arrExam(numA, 0), 7)
        Sheets(KAOSHI).Cells(numA + 1, 6) = Sheets(TIMU).Cells(arrExam(numA, 0), 8)
        numA = numA + 1
    Wend
End If
```

第 3 步，运行与测试。运行结果示例如图 8.24 所示。其中题目为随机生成的各不相同的 10 道选择题。

题目
选项A
选项B
选项C
选项D
你的答案（从下拉框单选）
考试步骤
工装验具使用过程中必须注意的是（）
A. 防止砸伤
B. 防止夹伤
C. 防止磕碰
D以上全是
生产过程中每个工序都要求进行首件检验的意义在于（）
A. 防止产品批量不合格
B. 让员工干活儿心里有底
C. 给审核人员看
D. 以上说法都正确
在生产过程中，每位员工应该做到（）
A. 按照生产作业指导书操作
B. 按照自己操作习惯工作
C. 为节约时间，越快越好
D. 消极懒散，不慌不忙
生产加工过程中，发现验具支撑块损坏，以下处理方式正确的是（ ）
A. 生产操作者在工装模具履
B. 生产操作者填写<工装模具
C. 生产操作者填写<工装模具
D. 生产操作者交工装管理
总成验具交验后有效期限为（ ）
A. 3个月
B. 6个月
C. 12个月
D. 24个月
高压设备发生接地时，在室内和室外的安全距离各是多少米（）
A. 4、6
B. 6、8
C. 6、4
D. 4、8
以下为生产2015. 8. 11~10. 27日低压动力转向管扣压尺寸X-BAR图，请问失效样式为（ ）
A. 平均值超下线
B. 平均值超上限
C. 连续6点上升
D. 连续6点下降
企业安全管理的对象有生产的人员、生产的设备和环境、（）、管理的信息和资料。
A. 生产的动力和能量
B. 生产的工具
C. 生产的产品
D. 都不是
员工个人物品应摆放在（）
A. 临时休息区
B. 自己的个人物品区
C. 现场，方便取用
D. 随意摆放
以下那种失效是在下料工序发生的（ ）
A. 焊接沙眼
B. 切口端面倾斜
C. 不符验具
D套裂
生成题目
第一步：点击生成题目
第二步：开始答题
交卷
第三步：点击交卷
你的姓名
陈清华
你的得分
清除记录
第四步：清除记录


图 8.24　运行结果示例

## 8.7　练习题

1．VBA 中定义符号常量可以用关键字（　　）。

A．Const　　B．Dim　　C．Public　　D．Static

2．已知程序段：

```
s=0
For i=1 To 10 step 2
  s=s+1
```

```
    i=i*2
Next
```

当循环结束后，变量 i 的值为（　　），变量 s 的值为（　　）。

A．10　　B．11　　C．22　　D．16

A．3　　B．4　　C．5　　D．6

3．VBA 中不能进行错误处理的语句是（　　）。

A．On Error Then 标号　　B．On Error Goto 标号

C．On Error Resume Next　　D．On Error Go 100

4．在 VBA 代码调试过程中，能够显示所有当前过程中的变量声明及变量值信息的是（　　）。

A．快速监视窗口　　B．监视窗口

C．立即窗口　　D．本地窗口

5．在函数 MsgBox(prompt,buttons,title,hetpfite,context)中必须提供的参数是（　　）。

A．prompt　　B．buttons　　C．title　　D．context

6．假定有以下循环结构：

```
Do Until 条件
    循环体
Loop
```

则正确的叙述是（　　）。

A．如果“条件”值为 0，则一次循环体也不执行

B．如果“条件”值为 0，则至少执行一次循环体

C．如果“条件”值不为 0，则至少执行一次循环体

D．无论“条件”是否为真，至少要执行一次循环体

7．VBA 程序中的多条语句可以写在一行中，其分隔符为（　　）。

A．:　　B．’　　C．;　　D．,

8．编写一个子程序，将 Excel 当前工作表 A1:H8 单元格区域的每行填涂不同的颜色。

9．编写一段程序，求某门课程的平均分。要求用 InputBox 函数输入学生的人数和每个学生的分数，用 MsgBox 语句输出平均分。

# 第 9 章

# VBA 对象使用基础

从第 8 章可以看到，要想使用 VBA 代码操纵 Excel，首先需要了解 Excel 中到底有哪些常用对象，这些对象具有什么样的属性，分别表示什么含义，它们又具有哪些方法，可以完成什么功能。Excel 的对象模型中有 100 多个对象，但是对于初学者，只会用到其中的少数几个常用对象。随后在具体的任务中，可以通过帮助功能进行深入学习。

为更好地掌握 VBA 常用对象，可按 F1 键来获得在线文档支持，Excel 对象模型帮助界面如图 9.1 所示。

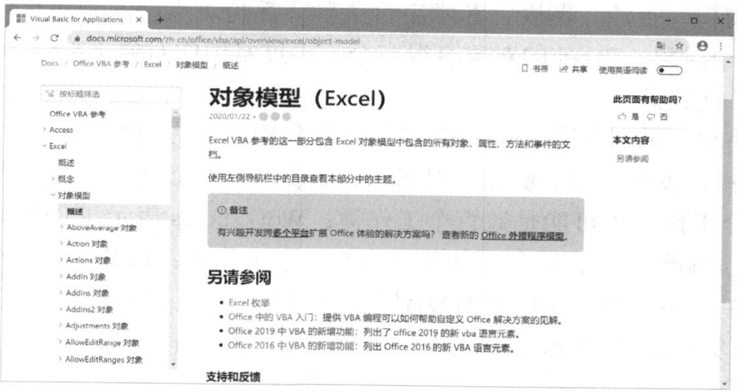


图 9.1　Excel 对象模型帮助界面

在每个对象展开后，均可查看其包含的事件、方法及属性。图 9.2 显示的是 Application 对象的事件、方法及属性。

图 9.2　Excel 中 Application 对象的事件、方法及属性

通过本章的学习，要求掌握以下内容：

1）VBA 对象的基本概念；

2）Excel VBA 的基本结构；

3）Excel 常用对象模型；

4）Excel 常用对象的使用方法。

## 9.1 VBA 对象

编写 VBA 代码的关键在于灵活运用 VBA 对象，对这些 VBA 对象的属性和方法进行操作。什么是对象？说得具体点，对象就是我们利用 VBA 处理的内容。那么 VBA 的对象有哪些呢？它包括工作簿、工作表、工作表上的单元格区域、图表、批注、透视表、自选图形等。在 Excel VBA 编程过程中，这些对象也有属性、方法和事件等要素。对象是 VBA 的核心，一切操作皆以对象为基础。VBA 正是用于处理这些对象的语言。如果没有了对象，VBA 编程就失去了存在价值。下面就 VBA 的基本概念及对象的基本使用方法进行简单介绍。

### 9.1.1 VBA 对象的基本概念

（1）对象及对象的集合

Excel 的对象就像一个物体，实实在在地呈现在每一个用户眼前。Excel 中的单元格、工作表、工作簿、窗口、批注、图表、艺术字、菜单等都是对象，一个对话框就是一个对象，Excel 本身也是一个对象。Excel 的对象有很多个，不过常用的对象不超过 10 个。对于常用对象的名称及含义，建议熟记。

Excel VBA 将单一的对象和同类别的多个对象分别定义为对象与对象集合，对象集合通常以字母“s”结束，表示复数。例如，Workbooks 表示工作簿集合，代表当前打开的所有工作簿，可能是一个工作簿也可能是数百个工作簿；Worksheets 表示工作表集合，代表工作簿中的所有工作表，可能是一个工作表也可能是数百个工作表；Cells 表示单元格集合，代表工作表中的所有单元格。但不是所有对象都有对象集合，Excel 应用程序对象 Application 就只有一个，不存在集合，工作表函数对象 WorksheetFunction 和字体对象 Font 也不存在集合，只能单个访问。

引用单个对象时有两种参数书写方式：使用序号和使用名称。

1）使用序号引用单个对象：使用序号引用单个对象比较方便，书写时也比较简单，直接在对象集合的括号中加入一个序号即可。该序号不能小于 1，同时不能大于对象集合的总数量。例如，Worksheets(1)表示指向当前工作簿中的第 1 个工作表。

2）使用名称引用单个对象：使用名称引用单个对象比较直观，但是书写方式比使用序号复杂。例如，Worksheets("sheet1") 表示指向当前工作簿中的“Sheet1”工作表。

需要注意的是：单元格对象的书写方式比较特殊，它的对象集合是 Cells，可以使用序号引用单个单元格对象，如 Cells(5)，但是不能使用名称引用单个单元格对象，如 Cells("B5")是不允许的。Excel 提供了 Range("地址")这种形式的单元格引用方式，从而所见即所得，了解它所引用的单元格对象的地址，如 Range("A1")，Range("b2:c10")，Range("C:D")等。

（2）对象的属性

每一种对象都有一些特征。在 VBA 里，这些对象的特征被称为“属性”。例如，工作簿对象有名称属性；区域对象有列、字体、公式、名称、行、样式和值等属性。这些对象的属性是可以设置的。通过设置对象的属性可控制对象的外观和位置。对象的属性一次只能设置为一个特定的值。例如，当前工作簿不可能同时有两个不同的名称。VBA 中最难理解的部分是有些属性同时可以是对象。例如，对单元格区域（Range）对象，可以通过设置字体颜色来改变选定单元格的外观。但是，字体（Font）可以有不同的名称（Times New Roman、Arial、…），不同的字号（10，12，14，…）和不同的样式（粗体、斜体、下画线等），这些是字体的属性。如果字体有属性，那么字体也是对象。

（3）对象的方法

对象可以使用不同的方法，如复制、剪切、清除、选择、激活、查找、插入、删除、增加、移动等。方法是一种命令和操作。如图 9.3 所示，Range 下拉列表中出现的绿色橡皮擦为其对应的方法。

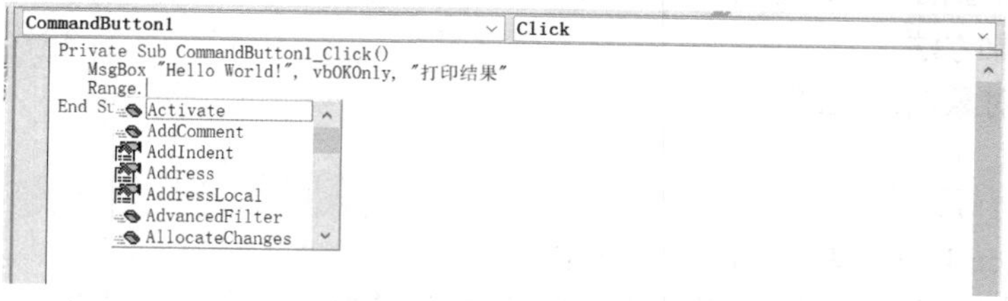


图 9.3　对象的方法

（4）对象的事件

在 Excel 中，事件是指会话中发生的动作。对于 Excel 中的对象而言，对象所发生的任何处理或动作都要通过事件来完成，如打开工作簿、双击单元格、改变单元格的值。当某一个具体事件发生时，就要告诉 Excel 运行某个宏或某段代码，即事件处理函数。可以这样理解，事件发生了就需要处理。

事件处理程序必须放在正确的位置才能生效。工作簿级别事件的代码应该放在 ThisWorkbook 代码模块中，工作表级别事件的代码应该放在特定工作表的代码模块中，如 Sheet1。每一个事件处理程序都有一个预先确定的名称，如 Workbook_Open。

**【案例 9-1】**编写 VBA 程序，实现在 Excel 工作簿的任意一个单元格中输入数字“1”，然后系统将其自动替换为符号“√”。

实现时，只需要为相关事件添加对应的处理代码即可。为 ThisWorkbook 的 SheetChange 事件编写如下程序：

```
Private Sub Workbook_SheetChange(ByVal Sh As Object, ByVal Target As Range)
    If Target.Value = "1" Then Target.Value = "√"
End Sub
```

添加以上事件处理代码后，只要在当前工作簿中的任何一个单元格内输入的字符为单个“1”字符，并从当前单元格移出，则原单元格内的“1”变为“√”。这非常有意义，特别是对于一些常用的字符，可设置相应的效果，以简化输入，也可防止录入错误。比如，全文需要输入的是大写字母，而非小写字母，则可以尝试类似的应用。这里不再详述。

### 9.1.2　VBA 对象的基本操作

（1）定义对象变量

语法格式：Dim 变量名 As 对象名

示例如下：

```
Dim obj As Workbook
```

（2）为对象变量赋值

语法格式：Set 变量名 = 对象名

示例如下：

```
Set obj = Workbooks("myexl.xlsx")
```

表示将 obj 对象设置为“myexl.xlsx”工作簿。

（3）设置对象的属性

语法格式：对象名.属性名 = 属性值

示例如下：

```
obj.name = "我的 Excel 工作簿－chenqh"
```

表示将 obj 对象的 name 属性改为“我的 Excel 工作簿－chenqh”。

（4）使用对象方法

语法格式：对象名.方法名

示例如下：

```
Sheet1.Range("A1").Clear
```

表示清除 Sheet1 中的单元格 A1 的内容。

**【案例 9-2】**在当前工作簿中，单击“修改工作表名”按钮时将工作表的名称设置为“chenqh（当前日期)”，单击“设置状态栏”按钮时，将状态栏的内容设置为“当前时间第九章：Excel 对象的使用”。

第 1 步，根据需要添加表单控件，并修改其属性。

第 2 步，为“修改工作表名”按钮添加事件处理代码，代码如下：

```
Private Sub CommandButton1_Click()
    Dim obj As Worksheet
    Dim str As String
    str = Format(Date, "yyyy-mm-dd")
    Set obj = Worksheets(1)
    obj.Activate
    obj.Name = "chenqh(" & str & ")"
End Sub
```

第 3 步，为“设置状态栏”按钮添加事件处理代码，代码如下：

```
Private Sub CommandButton2_Click()
    Application.StatusBar = Now & "第九章：Excel 对象的使用"
End Sub
```

需要说明的是，Date 用于获取当前日期，Now 用于获取当前时间。但对工作表进行命名时，需要遵循约定的规则。因此，调用 Format 对获得的当前日期进行格式化，格式为“yyyy-mm-dd”，其中 y 表示年，m 表示月份，d 表示当前几号，每个字符占据一个位置，中间用“-”连接。

第 4 步，关闭设计模式，分别单击上述按钮，运行结果如图 9.4 所示。

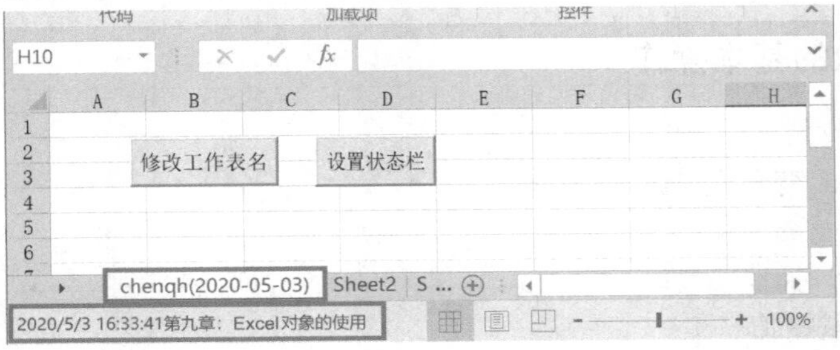


图 9.4 运行结果图

# 9.2 VBA 对象的结构

大多数工厂是按以下的结构设置的：最上层为工厂总部，工厂总部下面分为各个车间，车间下面又分为各班组。这样组织在一起，形成一个工厂体系。Excel 对象模型与此相似，看起来复杂，但实质上简单清晰。

Excel 的对象模型是通过层次结构有逻辑地组织在一起的，一个对象可以是其他对象的容器，即可以包含其他对象，而这些对象又可以包含其他对象。位于顶层的是 Application 对象，也就是 Excel 应用程序本身，它包含 Excel 中的其他对象，如 Workbook（工作簿）对象；一个 Workbook 对象又包含其他对象，如 Worksheet（工作表）对象；而一个 Worksheet 对象又可以包含其他对象，如 Range（单元格区域）对象等。这就是 Excel 的对象模型。

例如，Range 对象在 Excel 对象模型中的位置为：Application 对象→Workbook 对象→Worksheet 对象→Range 对象。

若知道某对象在对象模型层次结构中的位置，就可以用 VBA 代码方便地引用该对象，从而对该对象进行操作，还可以以特定的方式组织这些对象，使 Excel 能根据用户的需要自动化地完成任务。因此，要熟练掌握 Excel VBA 编程，必须理解 Excel 对象模型。

Excel 对象模型的层次结构如图 9.5 所示。

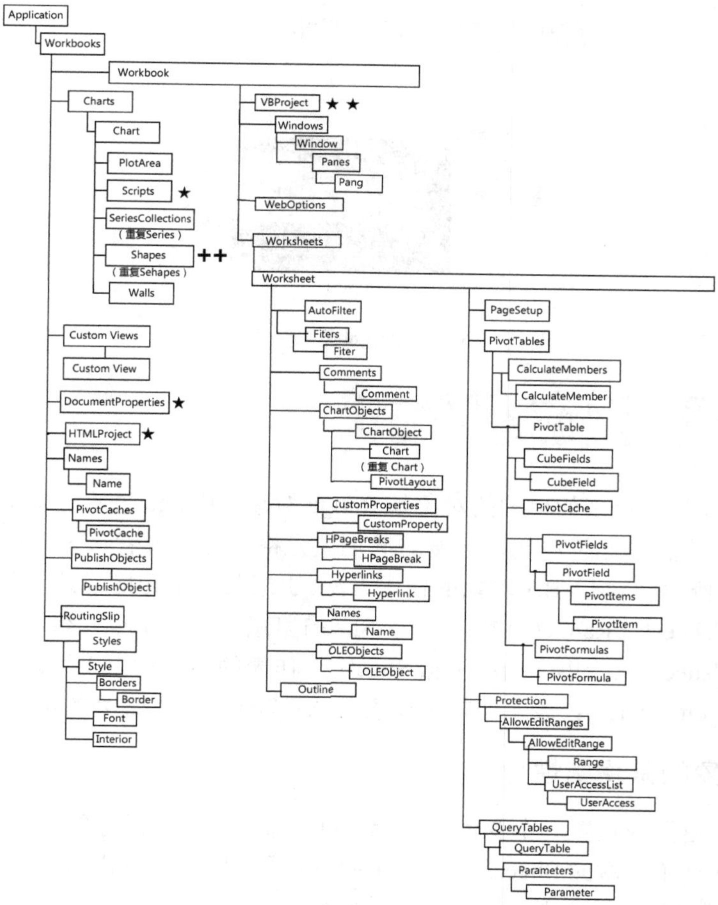


图 9.5 Excel 对象模型的层次结构

截取本书中 VBA 常用对象的结构如图 9.6 所示。

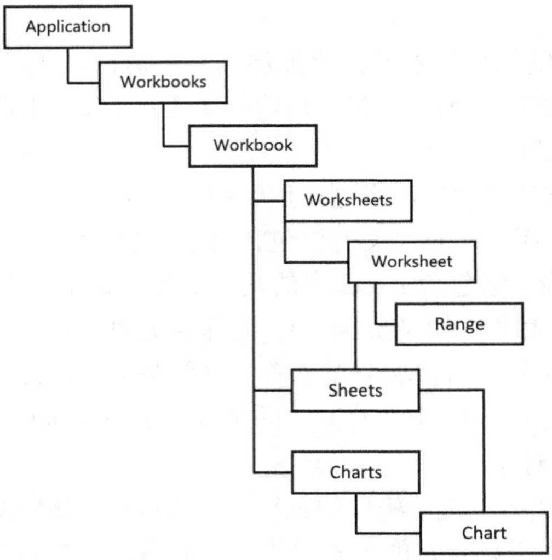


图 9.6　本书中 VBA 常用对象的结构

这些常用对象在 Excel 框架中的具体含义与位置如图 9.7 所示。

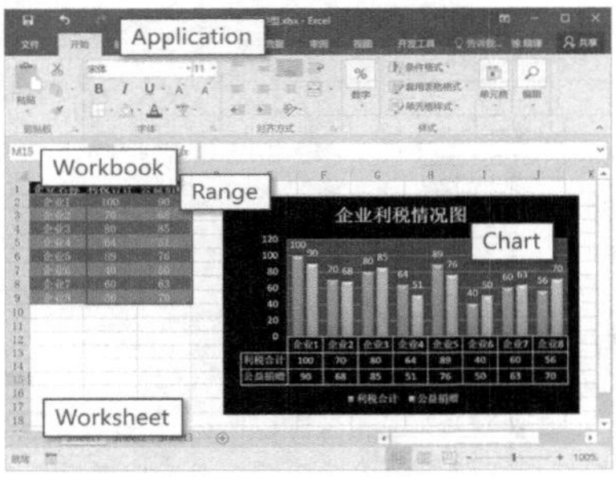


图 9.7　VBA 常用对象示意图

## 9.3　VBA 对象使用示例：Range

在 VBA 代码中，用得最多的单独的对象是 Range 对象。Range 表示一个单元格、一行、一列、一个包含单个或若干连续单元格区域的选定单元格范围，或者一个三维区域。本章以 Range 对象的使用为例，来介绍 VBA 对象的使用方法。引用某个单元格或某个区域示例如下：

1）Worksheets("sheet1").Range("A1")：表示 Sheet1 工作表的 A1 单元格。

2）Worksheets("sheet1").Cells(1,1)：表示 Sheet1 工作表的第 1 行第 1 列。

3）Range("A1").Offset(1,2)：表示当前工作表距 A1 单元格 1 行 2 列的单元格。

### 9.3.1　Range 对象的常用属性

1）Value 属性：返回或设置一个变体型（Variant）值，它代表指定单元格的值。

下面的示例将活动工作簿的 Sheet1 工作表中的 A1 单元格的值设置为 3.14159。

```
Worksheets("Sheet1").Range("A1").Value = 3.14159
```

下面的示例将 A1 单元格的值赋给 A5 单元格。

```
Worksheets("Sheet1").Range("A5").Value = Worksheets("Sheet1").Range("A1").Value
```

下面的示例对活动工作簿的 Sheet1 工作表中的 A1:D10 单元格区域进行遍历，并根据单元格中相应的值进行数据更新，如果区域内单元格的值小于 0.001，则将值替换为 0。

```
For Each cell in Worksheets("Sheet1").Range("A1:D10")
   If cell.Value < .001 Then
      cell.Value = 0
   End If
Next cell
```

2）Address 属性：返回表示使用宏语言的区域引用的字符串型（String）值。

下面的示例在 Sheet1 工作表中显示同一个单元格地址的四种不同表示形式。示例中的注释显示的是将在消息框中显示的地址。

```
Set mc = Worksheets("Sheet1").Cells(1, 1)
MsgBox mc.Address()                                  ' $A$1
MsgBox mc.Address(RowAbsolute:=False)                ' $A1
MsgBox mc.Address(ReferenceStyle:=xlR1C1)            ' R1C1
MsgBox mc.Address(ReferenceStyle:=xlR1C1, RowAbsolute:=False, ColumnAbsolute:=False,
    RelativeTo:=Worksheets(1).Cells(3, 3))           ' R[-2]C[-2]
```

3）Count 属性：返回一个长整数型（Long）值，它代表集合中对象的数量。

Count 属性的作用与 CountLarge 属性的作用相同，不同之处在于，如果指定的区域超过 2147483647 个单元格（每行小于 2048 列），Count 属性将生成一个溢出错误。但是，CountLarge 属性可处理工作表最大区域，即 17179869184 个单元格。

下面的示例显示 Sheet1 所选范围内的列数。此示例还将检测选定区域中是否包含多重选定区域，如果包含，则对多重选定区域中每一个子区域分别进行遍历，确定每个子区域中的列数。

```
Sub DisplayColumnCount()
    Dim iAreaCount As Integer
    Dim i As Integer
    Worksheets("Sheet1").Activate
    iAreaCount = Selection.Areas.Count
    If iAreaCount <= 1 Then
        MsgBox "The selection contains " & Selection.Columns.Count & " columns."
    Else
        For i = 1 To iAreaCount
            MsgBox "Area " & i & " of the selection contains " & _
            Selection.Areas(i).Columns.Count & " columns."
        Next i
    End If
End Sub
```

4）Rows 属性：返回一个 Range 对象，它表示指定区域中的行。

若要返回单个行，可使用 Item 属性或在括号中包含索引。例如，Selection.Rows(1) 和 Selection.Rows.Item(1)均返回所选内容的第一行。当 Rows 属性应用于一个区域的区域对象时，若该区域中有多个区域对象，则此属性仅返回该区域的第一个区域对象的行数。例如，如果 Range 对象 someRange 有两个区域（A1:B2 和 C3:D4），则 someRange.Rows.Count 返回 2，而不是 4。若要对一个可能包含多个选定子区域的区域使用此属性，还需使用 Areas.Count 来确定该区域是否包含多个选定子区域。如果包含，则对区域中的每个子区域进行遍历，从而确定其行数，如上述 Count 属性的代码示例中所示。返回的区域可能位于指定区域之外。例如，Range("A1:B2").Rows(5) 返回单元格 A5:B5。

5）Columns 属性：返回一个 Range 对象，它表示指定区域中的列。

若要返回单个列，可使用 Item 属性或在括号中包含索引。例如，Selection.Columns(1)和 Selection.Columns.Item(1)返回所选内容的第一列。当 Columns 属性应用于一个区域的区域对象时，若该区域中有多个区域对象，则此属性仅返回该区域的第一个区域对象的列数。例如，如果 Range 对象有两个区域（A1:B2 和 C3:D4），则 Selection.Columns.Count 返回 2，而不是 4。若要对一个可能包含多个子区域的区域使用此属性，还需使用 Areas.Count 来确定该区域是否包含多个子区域。如果包含，则对该区域中的每个子区域进行遍历。返回的区域可能位于指定区域之外。例如，Range("A1:B2").Columns(5).Select 返回单元格 E1:E2。如果使用字母作为索引，则该字母等效于数字。例如，Range("B1:C10").Columns("B").Select 返回单元格 C1:C10，而不是 B1:B10。在本例中，“B”相当于 2。

6）Range 属性：返回一个 Range 对象，它表示一个单元格或单元格区域。

下面的示例将活动工作簿的 Sheet1 工作表中的单元格区域 B2:C4 的左上角单元格（B2 单元格）的值设置为 3.14159。

```
With Worksheets("Sheet1").Range("B2:C4")
  .Range("A1").Value = 3.14159
End With
```

下面的示例将活动工作簿的 Sheet1 工作表中的单元格区域 B2:D6 中的字体样式设置为斜体。

```
With Worksheets("Sheet1").Range("B2:Z22")
  .Range(.Cells(1, 1), .Cells(5, 3)).Font.Italic = True
End With
```

## 9.3.2 Range 对象的常用方法

1）Activate 方法：激活单个单元格，该单元格必须位于当前选定区域内。

若要选择单元格区域，则需使用 Select 方法。下面的示例表示选定 Sheet1 工作表中的单元格区域 A1:C3，并激活单元格 B2。

```
Worksheets("Sheet1").Activate
Range("A1:C3").Select
Range("B2").Activate
```

2）Clear 方法：清除整个对象。

下面的示例表示清除 Sheet1 工作表中 A1:G37 单元格区域的公式和格式设置。

```
Worksheets("Sheet1").Range("A1:G37").Clear
```

3）Copy 方法：将一个区域的公式复制到指定的区域或剪贴板中。

下面的示例将工作表 Sheet1 中的单元格区域 A1:D4 中的公式复制到工作表 Sheet2 中的单元格区域 E5:H8 中。

```
Worksheets("Sheet1").Range("A1:D4").Copy _
   destination:=Worksheets("Sheet2").Range("E5")
```

4）Autofill 方法：对指定区域中的单元格进行自动填充。

下面的示例以工作表 Sheet1 中的单元格区域 A1:A2 为基础，对单元格区域 A1:A20 进行自动填充。运行下面的代码之前，需要在单元格 A1 中输入 1，在单元格 A2 中输入 2。

```
Set sourceRange = Worksheets("Sheet1").Range("A1:A2")
```

```
Set fillRange = Worksheets("Sheet1").Range("A1:A20")
sourceRange.AutoFill Destination:=fillRange
```

5）Cut 方法：将对象剪切到剪贴板上，或者将其粘贴到指定的单元格区域。剪切的区域必须由相邻的单元格组成，如 Range("A1").Cut。

6）PasteSpecial 方法：粘贴已复制的内容到指定的区域中。

下面的示例用 Sheet1 工作表中单元格区域 C1:C5 和单元格区域 D1:D5 原有内容相加之和来替换单元格区域 D1:D5 中的数据。

```
With Worksheets("Sheet1")
  .Range("C1:C5").Copy
  .Range("D1:D5").PasteSpecial _
  Operation:=xlPasteSpecialOperationAdd
End With
```

7）Select 方法：选择对象。

要选择单元格或单元格区域，可使用 Select 方法。

### 9.3.3　练习：VBA 应用于数据计算

**【案例 9-3】**某公司员工一月生产件数如表 9.1 所示，要求使用 VBA 程序求出该月员工生产的最高和最低件数。

表 9.1　某公司员工一月生产件数（部分）

| 职　工　号 | 姓　　名 | 一　　月 | 一月最高件数 | 一月最低件数 |
|---|---|---|---|---|
| NMG001 | 张三 1 | 55.00 | | |
| NMG002 | 李四 1 | 74.00 | | |
| NMG003 | 王五 1 | 60.00 | | |
| NMG004 | 张三 2 | 82.00 | | |
| NMG005 | 李四 2 | 56.00 | | |

第 1 步，按需求添加命令按钮，分别用于求最高件数和最低件数。

第 2 步，为求最高件数，为相应的命令按钮的单击事件添加如下代码：

```
Private Sub CommandButton1_Click()
    Dim i As Integer, max As Long
    max = Range("C2")
    cnt = Worksheets(1).UsedRange.Rows.Count
    For i = 2 To cnt
        If max < Range("C" & i).Value Then
            max = Range("C" & i).Value
        End If
    Next
    Range("E1").Value = max
End Sub
```

类似地，为求最低件数，添加以下代码至相应的事件中：

```
Private Sub CommandButton2_Click()
    Dim i As Integer, min As Long
    min = Range("C2")
    cnt = Worksheets(1).UsedRange.Rows.Count
    For i = 2 To 37
```

```
        If min > Range("C" & i).Value Then
            min = Range("C" & i).Value
        End If
    Next
    Range("E2").Value = min
End Sub
```

第 3 步，运行代码，运行结果如图 9.8 所示。

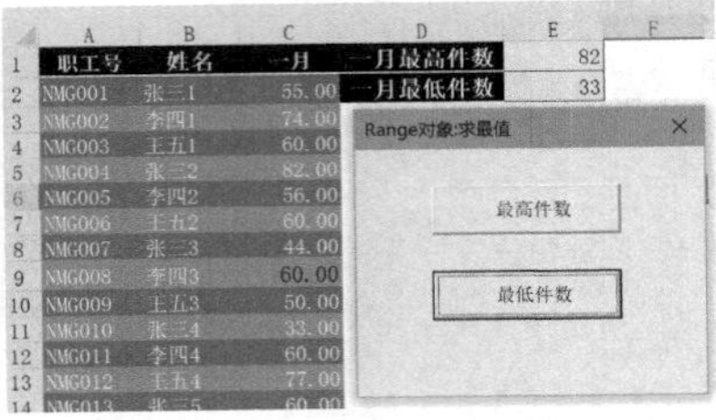


图 9.8　运行结果图（求最值）

**【案例 9-4】**某公司部分员工的工资如表 9.2 所示，按表 9.3 的要求对工资进行汇总。汇总时，需要按部门进行汇总。一种是使用 VBA 程序实现，另一种是使用函数的方式进行汇总。

**表 9.2　某公司部分员工工资表（部分）**

| 职 工 号 | 姓　名 | 性　别 | 部　门 | 应 发 工 资（元） |
|---|---|---|---|---|
| 1001 | 张三 1 | 男 | 信贷部 | 2660.56 |
| 1002 | 李四 1 | 男 | 信贷部 | 2035.00 |
| 1003 | 王五 1 | 女 | 信贷部 | 7716.22 |
| 1004 | 张三 2 | 男 | 信贷部 | 7819.90 |
| 2001 | 李四 2 | 男 | 财务部 | 2658.00 |
| 2002 | 王五 2 | 女 | 财务部 | 3413.90 |

**表 9.3　员工工资汇总要求**

单位：元

| 部 门 名 称 | VBA 汇总 | Excel 函数汇总 |
|---|---|---|
| 信贷部 | | 20231.68 |
| 财务部 | | 26438.88 |
| 办公室 | | 26382.84 |
| 信息部 | | 33876.46 |
| 客户部 | | 14999.34 |

实现汇总的 VBA 代码如下：

```
Private Sub CommandButton1_Click()
    cnt = Sheets("Sheet1").UsedRange.Rows.Count
    For I = 2 To cnt
        If Sheets("Sheet1").Range("D" & I).Value = Sheets("Sheet2").Range("A2").Value
Then S1 = S1 + Sheets("Sheet1").Range("K" & I).Value
        If Sheets("Sheet1").Range("D" & I).Value = Sheets("Sheet2").Range("A3").Value
Then S2 = S2 + Sheets("Sheet1").Range("K" & I).Value
        If Sheets("Sheet1").Range("D" & I).Value = Sheets("Sheet2").Range("A4").Value
Then S3 = S3 + Sheets("Sheet1").Range("K" & I).Value
```

```
        If Sheets("Sheet1").Range("D" & I).Value = Sheets("Sheet2").Range("A5").Value
Then S4 = S4 + Sheets("Sheet1").Range("K" & I).Value
        If Sheets("Sheet1").Range("D" & I).Value = Sheets("Sheet2").Range("A6").Value
Then S5 = S5 + Sheets("Sheet1").Range("K" & I).Value
        S = S + Sheets("Sheet1").Range("K" & I).Value
    Next

    Sheets("Sheet2").Range("B2").Value = S1
    Sheets("Sheet2").Range("B3").Value = S2
    Sheets("Sheet2").Range("B4").Value = S3
    Sheets("Sheet2").Range("B5").Value = S4
    Sheets("Sheet2").Range("B6").Value = S5
    Sheets("Sheet2").Range("B7").Value = S
End Sub
```

运行结果如图 9.9 所示。

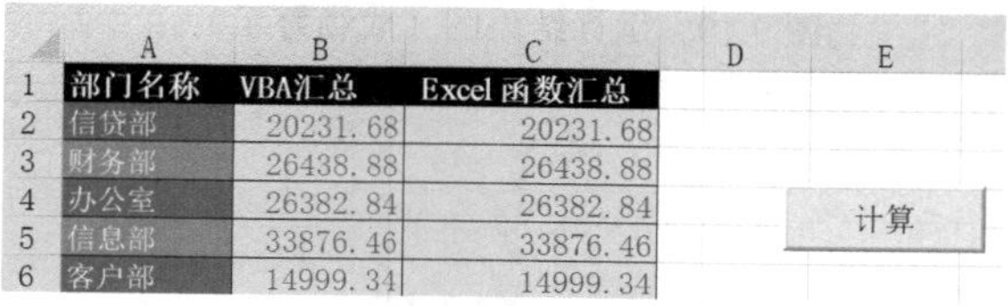

| | A | B | C | D | E |
|---|---|---|---|---|---|
| 1 | 部门名称 | VBA汇总 | Excel 函数汇总 | | |
| 2 | 信贷部 | 20231.68 | 20231.68 | | |
| 3 | 财务部 | 26438.88 | 26438.88 | | |
| 4 | 办公室 | 26382.84 | 26382.84 | | 计算 |
| 5 | 信息部 | 33876.46 | 33876.46 | | |
| 6 | 客户部 | 14999.34 | 14999.34 | | |

图 9.9　按部门汇总结果图

## 9.4　拓展实训：成绩查找与警示

**【实训 9-1】**已知所有学生语文、数学、英语三门课的成绩如表 9.4 所示。统计三门课总成绩小于 210 分的学生，并显示统计结果。同时，用不同颜色区分学生的成绩情况。三门课总成绩小于 210 分的记录用红色来警示；总成绩大于或等于 270 分的记录用绿色来标示，其他用黄色标示。

表 9.4　学生成绩表

| 序　号 | 学　号 | 姓　名 | 语　文 | 英　语 | 数　学 |
|---|---|---|---|---|---|
| 1 | 18002100101 | 张三 1 | 58 | 68 | 100 |
| 2 | 18002100102 | 李四 2 | 56 | 93 | 60 |
| 3 | 18002100103 | 王五 3 | 90 | 83 | 91 |
| 4 | 18002100104 | 张三 2 | 70 | 52 | 40 |
| 5 | 18002100105 | 李四 3 | 44 | 54 | 53 |

第 1 步，根据需要设计界面。

第 2 步，根据要求对命令按钮的单击事件设计代码。

```
Private Sub ToggleButton1_Click()
    Dim obj As Worksheet
    Set obj = Worksheets(1)

    For i = 2 To obj.UsedRange.Rows.Count
        a = Val(obj.Range("D" & i).Value)
        b = Val(obj.Range("E" & i).Value)
        c = Val(obj.Range("F" & i).Value)
```

```
        If a + b + c <= 210 Then
            obj.Range("A" & i & ":F" & i).Interior.ColorIndex = 3
        ElseIf a + b + c >= 270 Then
            obj.Range("A" & i & ":F" & i).Interior.ColorIndex = 4
        Else
            obj.Range("A" & i & ":F" & i).Interior.ColorIndex = 6
        End If
    Next
End Sub
```

第 3 步，单击命令按钮，触发上述事件。运行结果如图 9.10 所示。

| 序号 | 学号 | 姓名 | 语文 | 英语 | 数学 |
|---|---|---|---|---|---|
| 1 | 18002100101 | 张三1 | 58 | 68 | 100 |
| 2 | 18002100102 | 李四1 | 56 | 93 | 60 |
| 3 | 18002100103 | 王五1 | 90 | 83 | 91 |
| 4 | 18002100104 | 张三2 | 70 | 52 | 40 |
| 5 | 18002100105 | 李四2 | 44 | 54 | 53 |

图 9.10　运行结果图（成绩警示）

## 9.5　练习题

1. VBA 中对象或控件的“事件”有__________、Close、__________、__________、Modified、Activate、CloseQuery、Resize、Timer、GetFocus、LostFocus 等。

2. 可在 Range 方法中以“A1”的形式引用单元格和单元格区域。试说明下面的语句引用的区域：

Range("A1:B5")　　　'______________________________

Range("A:C")　　　'______________________________

Range("1:1,3:3,8:8")　　　'______________________________

3. ________是字符串连接运算符，________不仅是算术运算符，也可用来进行字符串的串接操作。只有当两个操作数都是________时，“+”和“&”的运算结果才一致。

4. 编写一个子程序，使用工作表函数求出 Sheet1 工作表的 A1:D10 单元格区域中的最小值。

5. 编写一个子程序，为 Excel 当前工作表的 A1:H8 单元格区域的每行填涂不同的颜色。

6. 假设 Excel 的当前工作表是某个班级的学生成绩表（50 人），第一列是姓名，第二、三、四列是三科成绩，试编写一段 VBA 程序，通过输入框输入姓名后，显示该学生的三科成绩和总成绩。

# 第 10 章

# Excel 常用对象

Excel 的对象数不胜数，但在实际应用中常用的对象并不多。本章通过介绍 Excel 中的常用对象，掌握 Excel 对象的使用方法。通过本章的学习，要求掌握以下内容：

1）Application 对象的常用属性、方法、事件及其应用；

2）Workbook 对象的常用属性、方法、事件及其应用；

3）Worksheet 对象的常用属性、方法、事件及其应用；

4）Cells 属性及其应用；

5）Chart 对象的常用属性、方法、事件及其应用。

## 10.1 Application 对象

Application 对象是 Excel 对象模型中最高层级的对象，代表整个 Excel 应用程序，包含组成工作簿的许多部分，如工作表、单元格集合以及它们包含的数据。使用 Application 对象的属性可访问各个不同类型的对象及其相关属性。比如，可以通过 Application 对象打开新的 Excel 文件，代码如下：

```
Set xl = CreateObject("Excel.Sheet")
xl.Application.Workbooks.Open "newbook.xls"
```

Application 对象包括：

1）应用程序设置选项，许多选项与“选项”对话框中的选项相同。

2）返回最高层级对象的方法，如 ActiveCell、ActiveSheet 等。

下面通过示例了解 Application 对象的常用属性、方法、事件及其应用。

### 10.1.1 Application 对象的使用

（1）Application 对象的属性

Application 对象的很多属性可以用来访问 Excel 应用程序的各种对象。使用 Application 对象的属性可返回 Application 对象。在引用应用程序之后，要访问 Application 对象下面的对象，则依次下移对象模型层级。例如，设置第一个工作簿的第一个工作表中的第一个单元格的值为 20：Application.Workbooks(1).Worksheets(1).Cells(1,1) = 20。经常使用的 Application 对象的属性有 ActiveCell、ActiveChart、ActiveSheet、ActiveWindow、ActiveWorkbook、RangeSelection、Selection、StatusBar 及 ThisWorkbook 等。其中，ActiveCell 返回一个 Range 对象，它表示活动窗口（顶端窗口）或指定的窗口中的活动单元格。如果窗口中未显示工作表，使用该属性将返回失败信息。ActiveCell 为只读属性。以下示例使用消息框来显示活动单元格中的值。如果活动表不是工作表，则 ActiveCell 属性无效。因此，该示例中在使用 ActiveCell 属性之前先激活 Sheet1。

```
Worksheets("Sheet1").Activate
```

```
MsgBox ActiveCell.Value
```

（2）Application 对象的方法

使用 Application 对象的方法，可以实现多种功能，如调用 Windows 的计算器（ActivateMicrosoftApp 方法）、暂时停止宏运行（Wait 方法）、重新计算工作簿（Calculate 方法）、控制函数重新计算（Volatile 方法）、获取重叠区域（Intersect 方法）、快速移至指定位置（Goto 方法）、关闭 Excel（Quit 方法）。使用 Application.Quit 语句表示退出 Excel 应用程序。FindFile 方法用于显示 Open 对话框并允许用户打开一个文件。如果新文件成功打开，此方法返回 True。如果用户单击对话框中的“取消”按钮，此方法返回 False。下面的示例显示一个消息框，提示用户打开一个指定文件，然后显示 Open 对话框。如果用户不能打开文件，显示一个消息框。

```
Sub OpenFile1( )
    Dim bSuccess As Boolean
    Msgbox "Please locate the MonthlySales.xls file."
    bSuccess = Application.FindFile
    If Not bSuccess Then
         Msgbox "File not open."
    End If
End Sub
```

此外，先前使用的 InputBox 方法也是 Application 对象的方法，它用于显示一个对话框，提示用户输入一个值。

（3）Application 对象的事件

Application 对象提供多个事件来监控整个 Excel 应用程序的动作。要使用 Application 对象的事件，必须激活 Application 对象的事件监控功能。以下举例说明 Application 对象事件的使用方法。

1）创建一个类。在 VBA 窗口中，选择“插入”→“类模块”命令。

2）在属性窗口中，更改类的名称为 appEventClass，如图 10.1 所示。

3）在类模块的代码窗口中输入：

```
Public WithEvents Apply As Application
```

现在 Application 对象层级的事件可以使用了。

4）在代码窗口的对象列表中，选择“Apply”。

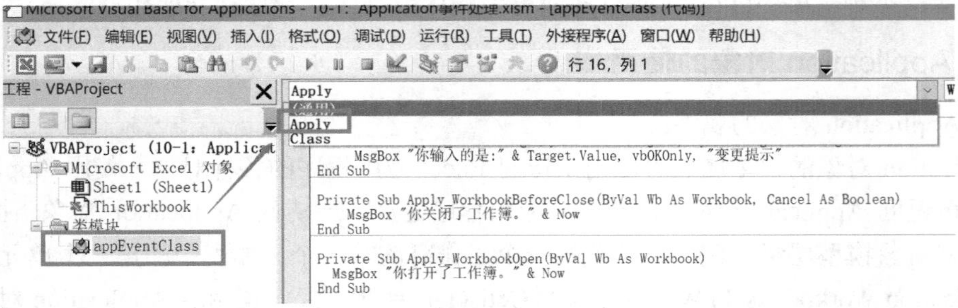


图 10.1　Application 对象的事件监控的类模块设置

5）在代码窗口中添加自定义的事件处理代码。

```
Public WithEvents Apply As Application

Private Sub Apply_WorkbookOpen(ByVal Wb As Workbook)
  MsgBox "你打开了工作簿。" & Now
```

```
End Sub

Private Sub Apply_WorkbookBeforeClose(ByVal Wb As Workbook, Cancel As Boolean)
    MsgBox "你关闭了工作簿。" & Now
End Sub
```

上述代码修改了两个事件处理过程，一个是在打开工作簿的时候（Apply_WorkbookOpen），显示提示框，结果如图 10.2 所示。

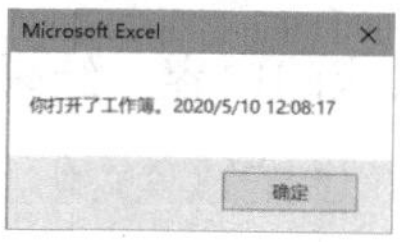


图 10.2　打开工作簿事件的处理

另一个是在关闭工作簿前（Apply_WorkbookBeforeClose）显示提示框，如图 10.3 所示。

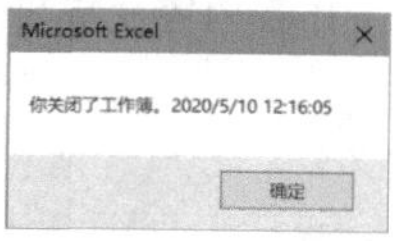


图 10.3　关闭工作簿事件的处理

6）为实现上述效果，还需要在代码窗口中添加以下过程来建立一个声明的对象到 Application 对象的关联。代码如下：

```
Dim ApplicationClass As New appEventClass

Private Sub Workbook_Open()
    Set ApplicationClass.Apply = Application
End Sub
```

至此，已完成所有设置，可以关闭并保存文件。然后再次打开工作簿进行测试。

Application 对象的事件很多，比如当 Application 对象的工作簿内容发生变更时，可以将事件处理代码添加至以下事件中：Private Sub Workbook_SheetChange(ByVal Sh As Object, ByVal Target As Range)。使用过程类似，不再详述。

很多时候，不使用“Application”限定词，Application 对象的属性和方法也可以直接被用来返回常用的用户界面对象，如活动工作表（ActiveSheet 属性）。例如，除了使用 Application.ActiveSheet.Name ="每月销售额"，还可使用 ActiveSheet.Name="每月销售额"。然而，使用简便表示方法时，应当选择正确的对象，否则容易出错。

**【案例 10-1】**修改 Excel 应用程序的标题。

修改 Excel 应用程序的标题，可使用 Application.Caption="标题名"。修改标题的主要代码如下：

```
Private Sub CommandButton1_Click()
    Application.Caption = "Excel 对象 Application 的使用-Chenqh"
End Sub
```

**【案例 10-2】**退出应用程序时，显示自定义的提示。

```
Private Sub CommandButton2_Click()
    Dim PD
    PD = MsgBox("关闭 Excel 吗? ", 1 + 16, "退出提示")
```

```
    If PD = 1 Then
        Application.Quit
    End If
End Sub
```

**【案例 10-3】**当工作表内容变更时，进行自定义的处理或提示。下面以变更提示为例说明事件的使用方法。

```
Private Sub Apply_SheetChange(ByVal Sh As Object, ByVal Target As Range)
    MsgBox "你输入的是:" & Target.Value, vbOKOnly, "变更提示"
End Sub
```

当修改工作表的内容时，显示其对应的内容，结果如图 10.4 所示。

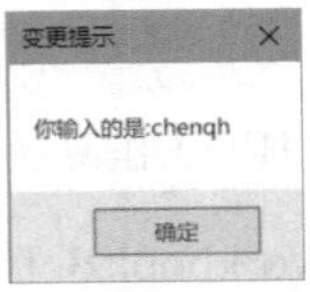


图 10.4　工作表内容变更事件的处理

### 10.1.2　Application 对象的应用实例

**【案例 10-4】**制作状态栏的“滚动字幕”。

首先在界面中添加命令按钮控件，单击该按钮时产生滚动字幕效果，主要代码如下：

```
Sub cmd1_Click()
    T = Now + TimeValue("00:00:01")
    Application.OnTime T, "GDZM"
    Call GDZM
End Sub
Sub GDZM()
    N = N + 1
    Application.StatusBar = Space(200 - N) & "滚动字幕"
    If N = 200 Then
        N = 0
        Application.OnTime T, "GDZM", , False
        Exit Sub
    End If
    Application.OnTime T, "GDZM"
End Sub
```

**【案例 10-5】**编写 VBA 程序实现求和运算。

添加命令按钮控件，指定单击事件完成求和运算，代码如下：

```
Private Sub CommandButton2_Click()
    Set nm = Worksheets("Sheet1").Range("a1:d1")
    s = Application.WorksheetFunction.Sum(nm)
    [B2] = s
End Sub
```

## 10.2　Workbooks 及 Workbook 对象

Workbook 对象代表一个 Excel 工作簿，使用它可以完成打开、关闭或保存工作簿等操作。而 Workbooks 对象是多个 Workbook 对象的集合。

### 10.2.1 Workbooks 对象

Workbooks 对象是应用程序中当前打开的所有 Workbook 对象的集合。使用 Application 对象的 Workbooks 属性，可返回工作簿集合。可以对所有工作簿进行操作，下面的示例表示关闭所有打开的工作簿。

```
Workbooks.Close
```

使用 Add 方法可创建一个新的空工作簿，并将其添加到工作簿集合中。下面的示例给 Excel 添加了一个新的空工作簿。

```
Workbooks.Add
```

使用 Open 方法可打开文件，并为打开的文件创建一个新工作簿。下面的示例将文件 Chenqh.xls 打开为只读工作簿。

```
Workbooks.Open FileName:="Chenqh.xls", ReadOnly:=True
```

Workbooks 对象是所有打开的工作簿对象的集合。若要引用单个工作簿，可以使用索引或工作簿名称，代码如下：

```
Workbooks(3)
Workbooks("sheet3")
```

此时，若想关闭这个工作簿，可使用 Workbooks(3). Close 或 Workbooks("sheet3"). Close。索引指示在其中打开或创建工作簿的顺序。Workbooks(1)是创建的第一个工作簿，Workbooks(Workbooks.Count)是创建的最后一个工作簿。激活工作簿不会更改其索引。所有工作簿都包含在索引计数中，即使它们是隐藏的。

### 10.2.2 Workbook 对象

Workbook 对象是工作簿集合 Workbooks 对象的成员。Application 对象的 ThisWorkbook 属性用于返回运行 VBA 代码的工作簿。在大多数情况下，它与活动工作簿相同。但是，如果 VBA 代码是加载项的一部分，则 ThisWorkbook 属性将不会返回活动工作簿。

（1）Workbook 对象的属性

Workbook 对象包含了 Excel 应用程序中所有打开的工作簿，共提供了 90 多个属性，其中有些属性用户经常使用，下面通过表 10.1 介绍常用的 Workbook 属性。

表 10.1 常用的 Workbook 属性

| 属　性 | 说　明 |
|---|---|
| Name | 返回工作簿的名称 |
| FullName | 返回工作簿的完整路径，该路径包含工作簿的名称 |
| Path | 返回工作簿的路径 |
| Password | 返回或者设置密码，在打开指定的工作簿时必须提供该密码 |
| ReadOnly | 如果工作簿以只读方式打开，则此属性返回 True，即无法保存工作簿 |
| Saved | 用来获取或者设置工作簿的保存状态 |

可以通过 Name、FullName 和 Path 属性，来获取当前工作簿的名称等属性。示例如下：

```
ActiveSheet.Range("A3").Value = ThisWorkbook.Name
ActiveSheet.Range("A4").Value = ThisWorkbook.Path
ActiveSheet.Range("A5").Value = ThisWorkbook.FullName
```

ThisWorkbook.Name 表示获取工作簿的名称，不能使用此属性设置工作簿的名称。如果要更改工作簿的名称，需要使用 SaveAs 方法将工作簿保存。ThisWorkbook.Path 表示获取工作簿的路径，ThisWorkbook. FullName 表示获取工作簿的完整路径。

Application 对象的 ActiveWorkbook 属性也是一个 Workbook 对象，该属性用于返回当前处于活动状态的工作簿，同样具有一般 Workbook 对象所具有的属性与事件。以下示例将设置活动工作簿的创作者的名称。

```
ActiveWorkbook.Author = "Jean Selva"
```

（2）Workbook 对象的方法

Workbook 对象的方法主要有 60 多种，用于完成对工作簿对象的操作。表 10.2 列出了 Workbook 对象的常用方法。

表 10.2 Workbook 对象的常用方法

| 方 法 名 称 | 说　明 |
|---|---|
| Active | 激活工作簿，并且可以指定其中一个工作簿 |
| Close | 关闭指定的工作簿，并且可以指定工作簿是否保存修改 |
| Protect | 设置保护工作簿，并且可以指定保护工作簿的密码 |
| UnProtect | 取消对工作簿的保护 |
| Save | 保存工作簿 |
| SaveAs | 保存工作簿，并且指定其名称、文件格式、密码及访问模式等 |

**【案例 10-6】**显示当前工作簿最近保存的时间。

添加命令按钮及其单击事件代码：

```
Private Sub CommandButton1_Click()
    Dim SaveTime As String
    On Error Resume Next
    SaveTime = ActiveWorkbook.BuiltinDocumentProperties("Last Save Time").Value
    If SaveTime = "" Then
        MsgBox ActiveWorkbook.Name & "还没有被保存."
    Else
        MsgBox "保存于:" & SaveTime, ActiveWorkbook.Name
    End If
End Sub
```

运行结果如图 10.5 所示。

图 10.5 显示当前工作簿最近保存的时间

**【案例 10-7】**判断工作簿是否有密码保护（HasPassword 属性）。

```
If ActiveWorkbook.HasPassword = True Then
    MsgBox "本工作簿有密码保护,请获取密码。"
Else
    MsgBox "本工作簿无密码保护,您可以自由编辑。"
End If
```

# 10.3 Worksheets 对象及 Worksheet 对象

## 10.3.1 Worksheets 对象

Sheets 对象是指定的工作簿或活动工作簿中所有工作表的集合。Worksheets 对象是指定的工作簿或活动工作簿中所有 Worksheet 对象的集合。Sheets 对象可以包含 Chart（工作簿中的图表工作表）对象和 Worksheet（普通工作表）对象。如果希望返回所有类型的工作表，Sheets 对象就非常有用。每个 Worksheet 对象都代表一个普通工作表（简称工作表）。Worksheet 对象也是 Sheets 对象的成员。

使用 Worksheets 对象的 Add 方法增加工作表，其语法格式为：Worksheets.Add(Before,After,Count,Type)。其中，参数 Before 指定一个工作表，新增的工作表将放置在该工作表之前。参数 After 指定一个工作表，新增的工作表将放置在该工作表之后。这两个参数不能同时使用。若两个参数都没有使用，则新增的工作表会放置在当前工作表之前。另外，Worksheets 对象还有 Copy 方法（复制指定的工作表）、Move 方法（将工作表移动到工作簿的指定位置）、Select 方法（选择工作表）等。例如，下面的代码表示复制当前工作表，并将其放置在所有工作表之后：ActiveSheet.Copy After:=Worksheets(Worksheets.Count)。

以下示例说明 Worksheets 对象中属性及方法的使用。

**【案例 10-8】**使用 Worksheets 对象的 Count 属性来获取工作簿中工作表的数目。

```
Sub WorksheetNum()
    Dim i As Long
    i = Worksheets.Count
    MsgBox "当前工作簿的工作表数为：" & Chr(10) & i
End Sub
```

**【案例 10-9】**保护当前工作簿中的所有工作表。

```
Sub ProtectAllWorkSheets()
    On Error Resume Next
    Dim ws As Worksheet
    Dim myPassword As String
    myPassword = InputBox("请输入您的密码" & vbCrLf &    "(不输入表明无密码)" & vbCrLf & vbCrLf
& _
      "确保您没有忘记密码！", "输入密码")
    For Each ws In ThisWorkbook.Worksheets
        ws.Protect (myPassword)
    Next ws
End Sub
```

## 10.3.2 Worksheet 对象

工作表是使用 Excel 的入口，所做的有价值的工作，都在工作表中完成。使用 Worksheet 对象可以处理当前工作簿中的一个工作表。比如，可以为特定的工作表取名，可以复制、移动、删除或添加工作表，可以保护工作表不受用户影响。类似的操作均可通过 Worksheet 对象的属性、方法和事件来完成。表 10.3 显示了 Worksheet 对象中常用的事件。

表 10.3　Worksheet 对象中常用的事件

| 名　　称 | 说　　明 |
|---|---|
| Calculate | 重新计算一个工作表，如 Worksheets(1).Calculate |
| CheckSpelling | 对一个工作表进行拼写检查，如 Worksheets("Sheet2").CheckSpelling |
| Comments | 返回当前选择的工作表内的所有批注的集合 |
| Delete | 删除指定的工作表，如 Worksheets("Sheet1").Delete |
| PrintOut | 打印指定的工作表，如 Worksheets("Sheet3"). PrintOut |
| PrintPreview | 打印预览工作表，如 Worksheets("Sheet2"). PrintPreview |
| Protect | 保护工作表，如 Worksheets("Sheet1").Protect("ABC") |
| Unprotect | 取消保护工作表，如 Worksheets("Sheet2"). Unprotect("ABC") |
| Range | 返回一个 Range 对象，该对象表示一个单元格或者单元格区域 |
| SaveAs | 保存对不同文件中的图表或者工作表的更改 |
| Select | 选择一个工作表，如 Worksheets("sheet3"). Select |
| Visible | 设置或者显示一个工作簿，如 Worksheets("sheet3").Visible=True |
| SelectionChange | 当工作表中选定的区域发生改变时，将产生此事件 |
| Calculate | 在对工作表进行重新计算之后产生此事件 |
| Change | 当更改工作表中的单元格时，产生此事件 |

Worksheet 对象是 Worksheets 对象的成员，通过索引可定位至某一个具体的工作表对象。例如，在代码窗口中输入“Worksheets(1).Activate”或“Worksheets("Sheet1").Activate”，表示激活第 1 个或名称为 Sheet1 的工作表。

（1）Worksheet 对象的属性

要重命名第 1 个工作表，可以输入以下代码：

```
Sheets(1).select
Sheets(1).name ="hello"
```

Worksheet 对象的 Visible（可见）属性，可通过以下代码进行设置：

```
Sub UnhideAllWorksheets()
   Dim ws As Worksheet
   For Each ws In ThisWorkbook.Worksheets
      ws.Visible = xlSheetVisible
   Next ws
   Set ws = Nothing
End Sub
```

（2）Worksheet 对象的方法

常用的 Worksheet 对象的方法有 Active（激活工作表）、Copy（复制工作表）、Paste（将剪贴板的内容粘贴到工作表）等。以下示例表示将当前工作表复制一份，名称保持默认值。

```
Dim ws As Worksheet
Set ws = Application.ActiveWorkbook.Worksheets(1)
ws.Copy after:=Worksheets(1)
```

以下示例表示将当前工作簿中活动工作表内单元格区域 A1:A3 的内容粘贴至 F1:F3 单元格区域。

```
Dim ws As Worksheet
Set ws = Application.ActiveWorkbook.ActiveSheet
ws.range("A1:A3").Copy
ws.Paste destination:=ws.range("F1:F3")
```

（3）Worksheet 对象的事件

和 Workbook 对象的事件类似，在“工程资源管理器”窗口中，双击某个工作表，在代码窗口的对象下拉列表中选择“Worksheet”，则会显示其事件列表，如图 10.6 所示。从下拉列表中选择以下事件之一：Activate、BeforeDoubleClick、BeforeRightClick、Calculate、Change、Deactivate、FollowHyperlink、PivotTableUpdate、SelectionChange，并添加事件处理代码。也可右击工作表标签，从弹出的快捷菜单中选择“查看代码”命令。默认情况下，Worksheet 对象的事件为启用状态。

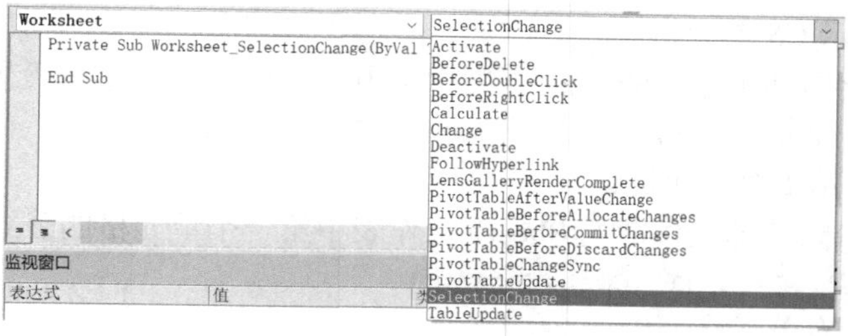


图 10.6　Worksheet 对象的事件列表

**【案例 10-10】**假设 Excel 当前工作表的 A 列是应参加会议人员名单，要求当每个与会人员报到时，在其姓名右边的单元格（B 列）单击，自动填入当前日期和时间。请写出主要的实现步骤和代码。

实现步骤如下：建立 Excel 工作簿，进入 VBA 编辑环境，对 WorkSheet 对象的 SelectionChange 事件编写如下代码：

```
Private Sub Worksheet_SelectionChange(ByVal Target As Range)
  col_s = Target.Column
  If col_s = "B" Then
    Target.Value = Format(Now, "yyyy-mm-dd hh:mm:ss")
  End If
End Sub
```

**【案例 10-11】**撤销对当前工作簿中所有工作表的保护。要求通过对话框输入原密码。建立函数 UnprotectAllWorkSheets，实现撤销对所有工作表的保护。

```
Sub UnprotectAllWorkSheets()
    On Error Resume Next
    Dim ws As Worksheet
    Dim myPassword As String
    myPassword = InputBox("请输入您的密码" & vbCrLf &"(不输入表示无密码)", "输入密码")
    For Each ws In ThisWorkbook.Worksheets
        ws.Unprotect (myPassword)
    Next ws
End Sub
```

## 10.4 Cells 属性

在 Application、Worksheet、Range 等对象中均有 Cells 属性。使用 Cells 属性可获取某一引用区域的左上角单元格的格式、位置或内容等信息。它跟 Range 有何区别？Range 的中文意思是“区域”，Cells 的中文意思是“单元(格)”。那么，用 Cells()可以表示一个单元格区域吗？

例如，若要表示 A2:D3 这个区域，用 Cells()是否可以实现？使用 Range()呢？单独用 Cells()添加引用时只能表示某个单元格，而不能表示一个区域。下面的示例表示将活动工作表 Sheet1 中单元格区域 B2:D6 的字体样式设置为斜体。

```
With Worksheets("Sheet1").Range("B2:Z100")
  .Range(.Cells(1, 1), .Cells(5, 3)).Font.Italic = True
End With
```

使用 Worksheet 对象的 Cells 属性可获取一个 Range 对象，该对象代表工作表中的所有单元格（不仅仅是当前正在使用的单元格）。

1）Cells(5,3)表示 C5 单元格。

以下示例表示将活动工作簿的 Sheet1 工作表中单元格 C5 的字号设置为 14 磅。

```
Worksheets("Sheet1").Cells(5, 3).Font.Size = 14
```

2）Cells(1)表示第 1 个单元格。

以下示例表示清除活动工作簿的 Sheet1 工作表中第一个单元格的公式。

```
Worksheets("Sheet1").Cells(1).ClearContents
```

3）Cells 表示所有单元格。

以下示例表示将 Sheet1 工作表中每个单元格的字体和字号分别设置为 Arial 和 8 磅。

```
With Worksheets("Sheet1").Cells.Font
   .Name = "Arial"
   .Size = 8
End With
```

**【案例 10-12】**双击数据区域中的单元格即能对数据区域内的数据进行排序。排序时，按双击单元格所在的列的数据值进行升序与降序排列，若原先数据记录是升序排列的，则双击后按降序排列，否则按升序排列。

为对应的 Worksheet 对象添加 BeforeDoubleClick 事件，并编写如下事件处理代码。

```
Option Explicit
Public blnToggle As Boolean

Private Sub Worksheet_BeforeDoubleClick(ByVal Target As Range, Cancel As Boolean)
   Dim LastColumn As Long, keyColumn As Long, LastRow As Long
   Dim SortRange As Range
   LastColumn = Cells.Find(What:="*", After:=Range("A1"), SearchOrder:=xlByColumns,
SearchDirection:=xlPrevious).Column

   keyColumn = Target.Column

   If keyColumn <= LastColumn Then

      Application.ScreenUpdating = False
      Cancel = True
      LastRow = Cells(Rows.Count, keyColumn).End(xlUp).Row
      Set SortRange = Target.CurrentRegion

      blnToggle = Not blnToggle
      If blnToggle = True Then
         SortRange.Sort Key1:=Cells(2, keyColumn), Order1:=xlAscending,
Header:=xlYes
      Else
```

```
        SortRange.Sort Key1:=Cells(2, keyColumn), Order1:=xlDescending,
Header:=xlYes
      End If

      Set SortRange = Nothing
      Application.ScreenUpdating = True

   End If
End Sub
```

## 10.5 Charts、Chart 及其他图表相关对象

在 Excel 中对数据进行分析时，使用图表可以直观地显示分析结果。Excel 提供了丰富的图表类型，通过 VBA 程序可以对图表进行控制。Charts 对象是指定的工作簿或活动工作簿中所有图表工作表的集合。使用 Workbook 对象的 Charts 属性可获取图表集合。比如，以下示例表示向活动工作簿中添加一个新图表工作表，并将新图表工作表放置在名为 Sheet1 的工作表之后。

```
Charts.Add After:=Worksheets("Sheet1")
```

Charts(index)（其中 index 是图表工作表的索引号或名称）可用于返回一个 Chart 对象。Chart 对象代表工作簿中的图表工作表。每个图表工作表都由一个 Chart 对象表示。Charts 对象中不包括诸如嵌入在工作表中的图表等 ChartObject 对象。以下示例将第 1 个图表工作表上的数据系列 1 的颜色更改为红色。

```
Charts(1).SeriesCollection(1).Format.Fill.ForeColor.RGB = rgbRed
```

ChartObjects 对象包含单一工作表中的所有嵌入式图表。使用 ChartObjects(index)，返回单个 ChartObject 对象，其中 index 是嵌入的图表索引号或名称。ChartObject 对象表示工作表中的嵌入式图表，是 ChartObjects 对象的成员。ChartObject 对象的属性和方法可用于控制工作表中嵌入式图表的外观和大小。下面的示例在名为“Sheet1”的工作表中，将圆角放在名为“Chart1”的嵌入式图表上。

```
Worksheets("Sheet1").ChartObjects("Chart 1").RoundedCorners = True
```

本节通过示例简单介绍 Charts 及 Chart 对象的相关属性、方法，以及其他图表相关的对象及属性。

### 10.5.1 普通图表工作表

一般地，创建图表工作表的步骤如下：

1）创建 Chart 对象；

2）设置数据源区域；

3）指定图表类型；

4）设置图表标题等各个属性。

**【案例 10-13】**根据表 10.4 中的数据生成如图 10.7 所示的图表工作表。

表 10.4　企业公益捐赠情况表（见图表源数据）

| 企业名称 | 利税合计 | 公益捐赠 |
|---|---|---|
| 企业 1 | 100 | 90 |
| 企业 2 | 70 | 68 |
| 企业 3 | 80 | 85 |
| 企业 4 | 64 | 51 |
| 企业 5 | 89 | 76 |
| 企业 6 | 40 | 50 |
| 企业 7 | 60 | 63 |
| 企业 8 | 56 | 70 |

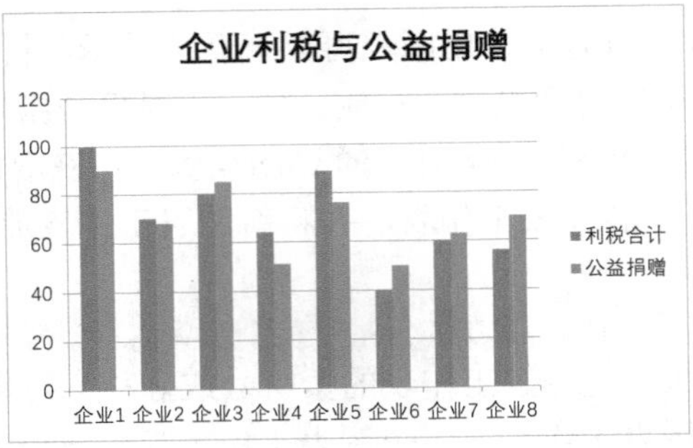


图 10.7　企业利税与公益捐赠柱形图（创建结果）

生成图表工作表的主要代码如下：

```
Sub cmd1_Click()
   Dim cht As Chart
   Set cht = Charts.Add
   cht.SetSourceData (Sheets("sheet1").Range("a1:c9"))
   cht.ChartType = xlColumnClustered
   cht.HasTitle = True
   cht.ChartTitle.Text = "企业利税与公益捐赠"
End Sub
```

## 10.5.2　嵌入式图表

**【案例 10-14】**所用源数据如表 10.4 所示，要求生成如图 10.8 所示的嵌入式图表，并可对其进行导出。

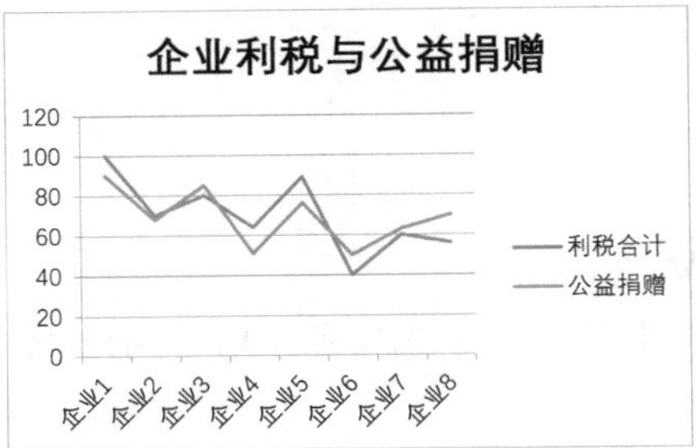


图 10.8　企业利税与公益捐赠折线图（创建结果）

生成图表的主要代码如下：

```
Private Sub CommandButton1_Click()
    Dim cht As ChartObject
    Set cht = ActiveSheet.ChartObjects.Add(0, 140, 300, 200)
    cht.Chart.SetSourceData Source:=Sheets("Sheet1").Range("A1:C9")
    cht.Chart.ChartType = xlLine
    cht.Chart.HasTitle = True
    cht.Chart.ChartTitle.Text = "企业利税与公益捐赠"
End Sub
```

导出图表的主要代码如下：

```
Private Sub CommandButton2_Click()
    If Worksheets(1).ChartObjects.Count = 0 Then
      MsgBox "没有图表!"
      Exit Sub
    End If
    Worksheets(1).ChartObjects(1).Activate
    If ActiveChart Is Nothing Then
       MsgBox "请选择需要导出的图表"
       Exit Sub
    End If
    ActiveChart.CopyPicture appearance:=xlScreen, Format:=xlBitmap
    ActiveWindow.Visible = False
    Range("G1").Select
    ActiveSheet.Paste
End Sub
```

### 10.5.3 迷你图及 SparklineGroups 对象

迷你图是一个将数据形象化的制图小工具，其使用方法非常简单。注意，只有使用 Excel 2010 以上版本创建的数据表才能创建迷你图，低版本的 Excel 文档即使使用 Excel 2010 打开也不能创建迷你图。迷你图的创建与 Chart 的创建过程类似，包括如下步骤：

1）设置数据源区域；

2）指定图表类型；

3）设置相关属性。

SparklineGroups 对象是 SparklineGroup 对象的集合。SparklineGroups 对象可包含多个 SparklineGroup 对象。使用 Range 对象的 SparklineGroups 属性可从其父范围返回现有的 SparklineGroups 对象集合。使用 Add 方法可创建一组新迷你图，使用 Group 方法可创建一组现有迷你图。下面通过示例说明其基本使用过程。

**【案例 10-15】**所用源数据如表 10.5 所示，要求实现结果如图 10.9 所示。

表 10.5 按部门生产量统计表（源数据）

| 部　门 | 4 月 | 5 月 | 6 月 | 7 月 | 图　示 |
|---|---|---|---|---|---|
| A | 32 | 12 | 78 | 62 | |
| B | 9 | 23 | 14 | 19 | |

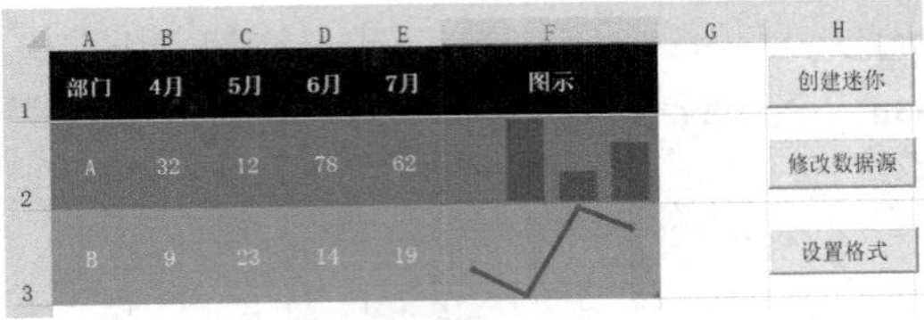


图 10.9　企业按部门生产量统计结果图（创建结果）

创建迷你图的主要代码如下：

```
Private Sub CommandButton1_Click()
   Range("F2").SparklineGroups.Add Type:=xlSparkColumn, SourceData:="B2:E2"
   Range("F3").SparklineGroups.Add Type:=xlSparkLine, SourceData:="B3:E3"
End Sub
```

修改数据源的主要代码如下：

```
Private Sub CommandButton2_Click()
   Range("F2").SparklineGroups.Item(1).ModifySourceData SourceData:="B3:E3"
   Range("F3").SparklineGroups.Item(1).ModifySourceData SourceData:="B2:E2"
End Sub
```

设置格式的主要代码如下：

```
Private Sub CommandButton3_Click()
   Worksheets(1).Range("F3").Select
   ActiveCell.SparklineGroups.Item(1).LineWeight = 5
   ActiveCell.SparklineGroups.Item(1).Points.Markers.Visible = True
   ActiveCell.SparklineGroups.Item(1).Points.Markers.Color.Color = vbRed
End Sub
```

### 10.5.4　图表对象的使用

**【案例 10-16】**获取图表对象的相关信息，包括标题、字体、字号、颜色等，并用对话框显示对应的信息。

参考代码如下：

```
Sub GetChartInfo()
   Dim chto As ChartObject, cht As Chart
   Dim i As Integer, st1 As String
   i = 1
   For Each chto In ActiveSheet.ChartObjects
      Set cht = chto.Chart
      If cht.HasTitle Then
         With cht.ChartTitle
         st1 = "嵌入图表的标题信息:" & vbNewLine & vbNewLine & _
         "标题:" & .Text & vbNewLine & _
         "字体:" & .Font.Name & vbNewLine & _
         "字号:" & .Font.Size & vbNewLine & _
         "颜色:" & .Font.ColorIndex
         End With
      Else
         st1 = "第" & i & "个嵌入图表没有标题！"
      End If
      MsgBox st1
      i = i + 1
```

```
    Next
End Sub
```

**【案例 10-17】**为图表添加模拟运算表。

参考代码如下：

```
Sub SetChartTable()
    With Worksheets(1).ChartObjects(1).Chart
        If .HasDataTable = False Then
            .HasDataTable = True
            With .DataTable
                .HasBorderHorizontal = True
                .HasBorderVertical = True
                .HasBorderOutline = True
            End With
        End If
    End With
End Sub
```

**【案例 10-18】**保存图表。

参考代码如下：

```
Sub SaveAsPicture()
    If ActiveChart Is Nothing Then
        MsgBox "请选择需要保存的图表"
        Exit Sub
    End If
    ActiveChart.CopyPicture appearance:=xlScreen, Format:=xlBitmap
    ActiveWindow.Visible = False
    Range("i1").Select
    ActiveSheet.Paste
End Sub
```

## 10.6 拓展实训：拆分总表产生新表

**【实训 10-1】**将总表拆分成多个明细表，依据班级名，不同的班级产生不同的工作表。总表的数据如表 10.6 所示。要求根据表 10.6 中 C 列的班级名产生各个分表，其中“大数据 1801”分表中的数据如表 10.7 所示。

**表 10.6 需要拆分的总表结构（部分）**

| 学 号 | 姓 名 | 班 级 | 成 绩 |
|---|---|---|---|
| 12 | 张三 1 | 大数据 1801 | 90 |
| 18 | 张三 3 | 大数据 1801 | 77 |
| 24 | 张三 5 | 大数据 1801 | 89 |
| 30 | 张三 7 | 大数据 1801 | 67 |
| 13 | 李四 1 | 大数据 1802 | 32 |
| 15 | 张三 2 | 大数据 1802 | 90 |

表 10.7　拆分后得到的“大数据 1801”分表中的数据

| 学　号 | 姓　名 | 班　级 | 成　绩 |
|---|---|---|---|
| 12 | 张三 1 | 大数据 1801 | 90 |
| 18 | 张三 3 | 大数据 1801 | 77 |
| 24 | 张三 5 | 大数据 1801 | 89 |
| 30 | 张三 7 | 大数据 1801 | 67 |

参考代码如下：

```
Private Sub CommandButton1_Click()
   Dim wb As Workbook
   '声明一个工作簿变量
   Dim r As Integer, k As Integer
   '声明 r 为存放总行数,k 是初始行数
   Dim x As Integer
   '循环变量
   With ThisWorkbook.Sheets(1)
   '使用 with 语句，则后续以“.”开头的代码前省略了 with 字符后所指示的内容，即
ThisWorkbook.Sheets(1)
       r = Sheets(1).Range("a65536").End(xlUp).Row
       '获得 r 的值，即总行数
       For x = 2 To r
       '在行之间建立循环
           k = x
           '变量 k 用来记录初始值
           Do Until .Cells(x + 1, 3) <> .Cells(x, 3)
           '如果发现 C 列的上一行中的班级名称与本行中的班级名称不一样,则终止循环
              x = x + 1
              '如果名称一样，则让 x+1，即继续向下循环
           Loop
           '通过上面的循环可以找到本班级的区域
          Set wb = Workbooks.Add
          '添加一个 Excel 文件
          .Range("a1:d1").Copy wb.Sheets(1).Range("a1")
          '复制标题行
          .Cells(k, 1).Resize(x - k + 1, 6).Copy wb.Sheets(1).Range("a2")
          '复制内容行
          wb.SaveAs ThisWorkbook.Path & "/分表/" & .Cells(k, 3) & ".xlsx"
          '另存为新文件
          wb.Close True
          '保存并关闭文件
       Next x
       '继续找下一个班级
   End With
End Sub
```

需要注意的是，上述代码要求事先创建好“分表”文件夹，并对总表中的数据按班级字段进行排序。当然，读者也可以探讨在未排序情况下如何产生各个分表。

## 10.7 练习题

1．下面的过程在单元格区域__________中循环，将所有______________的数字都设置为红色。其中用变量 Cnt 代表_________。

```
Sub test()
  For Cnt = 1 To 20
    Set curC = Worksheets("Sheet1").Cells(Cnt, 3)         '________________
    If Abs(curC.Value) < 10 Then curC.Font.ColorIndex = 3
  Next Cnt
End Sub
```

2．希望代码在工作簿打开的时候运行，可以将代码写在 Workbook 对象的____________事件。希望代码在工作簿关闭之前运行，可以将代码写在 Workbook 对象的__________事件里。Workbook 的__________事件在工作簿的当前工作表改变时产生。

3．假设在 Excel 工作表中已经建立一个“××高校教师信息表”，它包括以下几列信息：姓名、性别、年龄、职称、身份证号。请编写一个由身份证号求出年龄的函数，并写出使用方法。

4．给下面的程序段添加注释，并指出它所执行的功能。

```
Sub Maco1()
       For i = 1 To Sheets.Count        '__________________
         Cells(i, 1) = Sheets(i).Name   '__________________
       Next
       Cells(1, 1).Select             '__________________
End Sub   '程序的总体功能是：________________________
```

5．编写程序，在打开 Excel 时提示输入密码，如果输入的密码错误，则使用 Application.Quit 退出 Excel。

# 第11章

# 控件

Excel 中有时也会用到控件，如复选框、组合框等。控件具有属性、方法和事件。控件是 Excel 提供的一系列对象，拥有自己的名称，存储于文档中。Excel 有两种类型的控件：表单控件和 ActiveX 控件。表单控件可以和单元格关联，操作表单控件可以修改单元格的值，只能在工作表中使用。而 ActiveX 控件有丰富的属性，可控性强，可用于工作表中，也可以在用户窗体中使用。本章主要学习各类控件的属性、方法、事件及其应用，包括：

1）标签、文本框的属性及其应用；

2）命令按钮的属性、事件及其应用；

3）选项按钮、复选框的属性及其应用；

4）列表框的属性、方法、事件及其应用；

5）组合框、滚动条的属性及其应用；

6）用户窗体的属性及其应用。

## 11.1 表单控件

在 Excel 中可创建多种类型的表单：数据表单、含有表单控件和 ActiveX 控件的工作表以及 VBA 用户表单（用户窗体）。可以单独使用每种类型的表单，也可以通过不同方式将它们结合在一起使用。工作表是一种可用于在网格上输入和查看数据的窗体，并且有许多与控件类似的功能已内置于 Excel 工作表，如注释和数据验证。为增加工作表的灵活性，我们可以向工作表的画布添加控件和其他绘图对象（如自选图形、艺术字、SmartArt 图形或文本框），并将它们与工作表单元格相结合使用。使用列表框控件可以方便用户从项目列表中选择项目，使用数值调节钮控件可以方便用户输入数字。

控件和对象存储在画布中，画布中可以显示不受行和列边界限制的控件和对象，而无须更改工作表中的数据网格或工作表的布局。同时，我们还可以设置相关属性来确定控件是自由浮动的还是与单元格一起移动和改变大小的。例如，在对区域进行排序时，可能希望有一个与基础单元格一起移动的复选框，也有可能希望将其设计成一直保持在特定位置的列表框（其不与基础单元格一起移动）。

表单控件是与早期版本的 Excel（从 Excel 5.0 版开始）兼容的原始控件，常用于 XLM 宏工作表中。在不使用 VBA 代码的情况下，表单控件引用单元格数据并与其进行交互。可以向图表工作表中添加表单控件。实现交互时，可以将现有宏附加到表单控件中，也可以编写或录制新宏。当用户单击表单控件时，该控件会运行相应的宏。然而，不能将表单控件添加到用户窗体中，不能使用表单控件控制事件，也不能修改它们以在网页中运行 Web 脚本。

要在工作表中插入相应的表单控件，可以通过“开发工具”选项卡的“插入”按钮添加，单击该按钮后可弹出一个下拉列表，显示如图 11.1 所示的两种控件，一种是表单控件（也称窗体控件），主要控件的功能如表 11.1 所列，另一种是 ActiveX 控件。前者只能在工作表中添加和使用，并且只能通过设置控件格式或者指定宏来使用它；而后者不仅可以在工作表中使用，还可以在用户窗体中使用，并且具有众多的属性和事件，提供了更多的使用方式。图 11.2 为两种不同形式的列表框控件。如图 11.3(a)所示，ActiveX 控件在设计模式下可以看到属性（如 BackColor），而图 11.3(b)所示的表单控件的属性窗口和用户窗体是一样的，没有 BackColor 之类的属性。另外，表单控件和 ActiveX 控件的代码引用的路径也不一样。

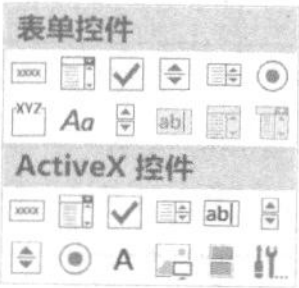


图 11.1　Excel 控件

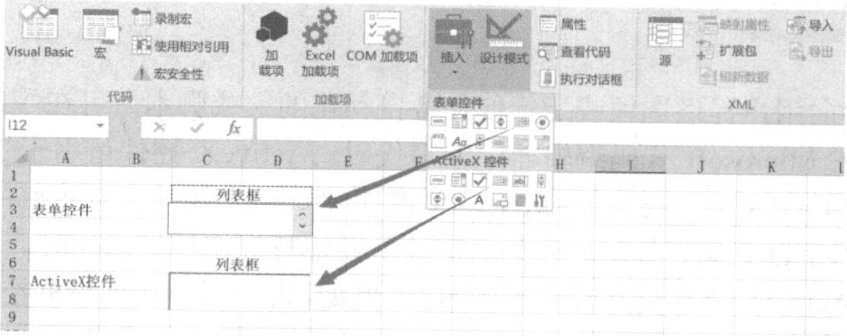


图 11.2　列表框控件

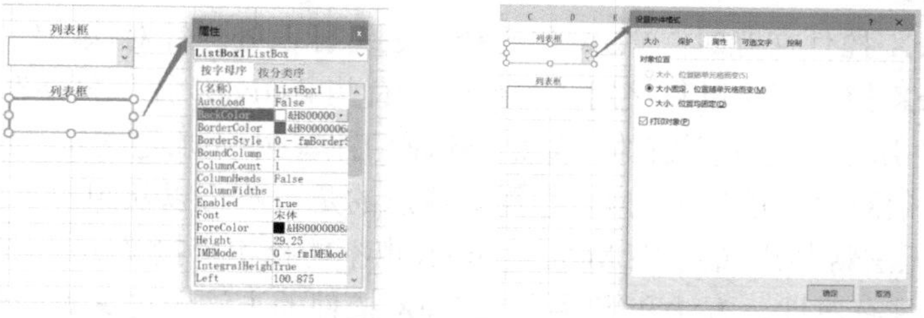

（a）ActiveX 控件的属性窗口　　（b）表单控件的属性窗口

图 11.3　控件的属性窗口

表单控件可用于指定宏、在下拉列表框中显示数据、制作简单滚动条等。它类似于图片，与图片的不同之处在于它能实现某些特殊的效果。表单控件的图标和说明如表 11.1 所示。

**表 11.1　表单控件的图标和说明**

| 图　标 | 名　称 | 说　明 |
|---|---|---|
| | 按钮 | 用于执行宏命令 |
| | 组合框 | 用于显示多个选项并从中选择，可以选择其中的项目或者输入一个值 |
| | 复选框 | 通过单击可以选择或取消选择选项，可以选择多项 |
| | 数值调节钮 | 是一种数值选择控件，通过单击控件的箭头按钮来选择数值 |
| | 列表框 | 用于显示多个选项并从中选择 |

续表

| 图　标 | 名　称 | 说　明 |
|---|---|---|
|  | 选项按钮 | 通常几个选项组合在一起使用，在一组选项按钮中只能选择一个选项按钮 |
|  | 分组框 | 用于组合其他控件 |
|  | 标签 | 用于显示静态文本 |
|  | 滚动条 | 用于滚动显示界面内容，包括水平滚动条和垂直滚动条 |
|  | 文本框 | 不可用 |
|  | 列表文本复合框 | 不可用 |
|  | 下拉文本复合框 | 不可用 |

## 11.2 ActiveX 控件

ActiveX 控件向用户提供选项或运行使任务自动化的宏或脚本。可在 VBA 编辑器中编写控件的宏，也可在 Microsoft 代码编辑器中编写代码。ActiveX 控件可用于工作表（使用或不使用 VBA 代码）和 VBA 用户窗体。相对于表单控件，ActiveX 控件具有更好的灵活性。ActiveX 控件具有大量可用于自定义其外观、行为、字体及其他特性的属性。同时，ActiveX 控件还有多种控制用户与 ActiveX 控件交互时发生的事件。例如，根据用户从列表框控件中选择的选项，执行不同的操作；在用户单击某个按钮时重新填充组合框；编写宏来关联 ActiveX 控件的事件响应。

用户与 ActiveX 控件交互时，VBA 代码会随之运行以处理针对该控件发生的任何事件。并非所有的 ActiveX 控件都可以直接用于工作表；有些 ActiveX 控件只能在 VBA 宏中使用，这些 ActiveX 控件用于编写用户窗体。如果尝试向工作表中添加这些特殊的 ActiveX 控件，Excel 会显示提示信息“不能插入对象”。需要注意的是，不可以从用户界面向图表工作表添加 ActiveX 控件，无法将其添加到 XLM 宏工作表，也不能指定直接从 ActiveX 控件运行的宏。

ActiveX 控件具有属性、方法和事件。ActiveX 控件的方法通过其对应的 VBA 程序实现；当在 Excel 中添加 ActiveX 控件后，可以编写该控件某一事件对应的 VBA 程序。

1）属性是描述 ActiveX 控件的某个可量化特征的变量。在 VBA 程序中，属性是使用点标记引用的：首先写下控件的名称，输入小数点，这时会列出属性名和方法名清单，然后可以选择或输入属性的名称，如 TextBox1.Text。

2）方法定义了控件如何执行各种操作的具体过程。在 VBA 程序中，方法也是使用点标记引用的：首先写下控件的名称，输入小数点，这时会列出属性名和方法名清单，然后可以选择或输入方法的名称，如 TextBox1.Activate。

3）事件是一种被对象“意识到”已经发生的操作，用户一般通过事件来启动一系列程序的运行。用户在 Excel 中开发 VBA 应用，主要工作就是编写各种控件的各种事件对应的 VBA 程序（如命令按钮控件的单击事件对应的 VBA 程序）。

ActiveX 常用控件的说明详见表 11.2，各控件功能按钮的说明如图 11.4 所示。

表 11.2 ActiveX 常用控件

| 序号 | 名称 | 英文名称 | 说明 |
|---|---|---|---|
| 1 | 标签 | Label | 用于显示文本信息 |
| 2 | 文本框 | TextBox | 用于交互输入与显示文本信息，本身具有交互性 |
| 3 | 选项按钮 | OptionButton | 用于从一组有限的互斥选项（通常包含在分组框或结构内）中选择一个选项 |
| 4 | 复选框 | CheckBox | 用于启用或禁用某个选项 |
| 5 | 命令按钮 | CommandButton | 用于运行在用户单击它时执行相应操作的宏 |
| 6 | 列表框 | ListBox | 用于显示用户可从中进行选择的、含有一个或多个文本项的列表 |
| 7 | 组合框 | ComboBox | 主要用于列出多项供选择（单项选择）的文本信息 |
| 8 | 切换按钮 | ToggleButton | 用于指示一种状态（如是/否）或一种模式（如打开/关闭） |
| 9 | 数值调节钮 | SpinButton | 用数值调节钮可更加方便地增大或减小值，如某个数字增量、时间或日期 |
| 10 | 滚动条 | ScrollBar | 根据滚动块的位置，返回或设置另一控件的值 |

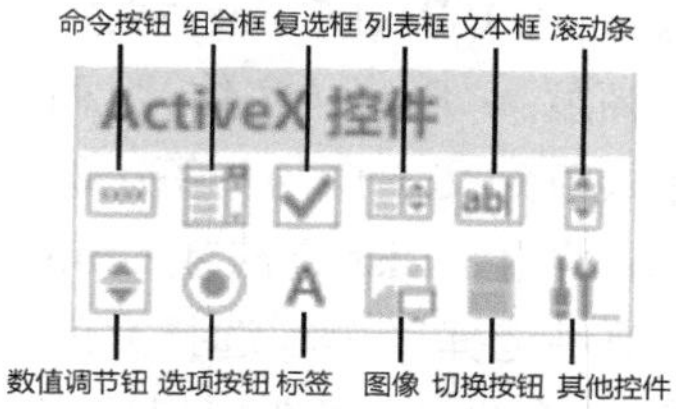


图 11.4 ActiveX 控件功能按钮的说明

1）标签：用于显示文本信息。标签本身不具有可输入功能。标签的默认属性是 Caption 属性，标签的默认事件是 Click 事件。标签的基本属性包括 Caption（标签文本内容）、BackColor（背景色）、ForeColor（前景色）、Width（宽度）、Height（高度）、Font（字体）。

2）文本框：用于交互输入与显示文本信息，本身具有交互性。文本框还可以用来显示只读信息的静态文本内容。文本框的默认属性是 Value 属性，文本框的默认事件是 Change 事件。文本框的基本属性包括 Text（文本）、Value（数据）、ScrollBars（滚动条）、BackColor（背景色）、ForeColor（前景色）、WordWrap（词绕转）、MultiLine（多行）、MaxLength（最大长度）、Width（宽度）、Height（高度）、Font（字体）。

3）选项按钮：用于从一组有限的互斥选项（通常包含在分组框中）中选择一个选项。选项按钮可以具有以下三种状态之一：选中（启用）、清除（禁用）或混合（同时具有启用状态和禁用状态，如多项选择）。选项按钮也称为单选按钮。选项按钮的默认属性是 Value 属性，选项按钮的默认事件是 Click 事件。选项按钮的基本属性包括 Value（是否选中）、Caption（显示选项的文本信息）、BackColor（背景色）、ForeColor（前景色）、WordWrap（词绕转）、GroupName（组名）、Width（宽度）、Height（高度）、Font（字体）。

4）复选框：用于启用或禁用某个选项。可以一次选中工作表或分组框中的多个复选框。复选框可以具有以下三种状态之一：选中（启用）、清除（禁用）或混合（同时具有启用状态和禁用状态，如多项选择）。复选框的默认属性是 Value 属性，复选框的默认事件是 Click 事件。复选框的基本属性包括 Value（是否选中）、Caption（显示选项的文本信息）、BackColor（背景色）、ForeColor（前景色）、WordWrap（词绕转）、GroupName（组名）、Width（宽度）、Height（高度）、Font（字体）。

5）命令按钮：用于运行在用户单击它时执行相应操作的宏。命令按钮也称为下压按钮。通过运行其某种事件对应的 VBA 程序来启动、结束或中断一项操作或一系列操作。在命令按钮上可以显示文本或图片，或者二者同时显示。命令按钮的默认属性是 AutoSize 属性，命令按钮的默认事件是 Click 事件。命令按钮的基本属性包括 Picture（显示的图像）、Caption（显示的文本）、BackColor（背景色）、ForeColor（前景色）、Width（宽度）、Height（高度）、Font（字体）。

6）列表框：用于显示用户可从中进行选择的、含有一个或多个文本项的列表。使用列表框可显示大量在编号或内容上有所不同的选项。列表框有以下三种类型：

①单选列表框：只启用一个选项。在这种情况下，列表框与一组选项按钮类似。不过，列表框可以更有效地处理大量项目。

②多选列表框：启用一个选项或多个相邻的选项。

③扩展选择列表框：启用一个选项、多个相邻的选项和多个非相邻的选项。

列表框的默认属性是 Value 属性，列表框的默认事件是 Click 事件。列表框主要用于列出多项供选择（单项选择或多项选择均可）的文本信息。列表框的基本属性包括 Text（文本）、Value（数据）、TopIndex（顶部选项索引值）、BackColor（背景色）、ForeColor（前景色）、MultiSelect（多选）、Width（宽度）、Height（高度）、Font（字体）。列表框的赋值方法有：①用 AddItem 方法加载单列数据到 ListBox，并取值到文本框与标签；②用 AddItem、List 方法加载双列数据到 ListBox，并取值到标签；③用数组、List 方法或 Column 方法给 ListBox 赋值。

7）组合框：主要用于列出多项供选择（单项选择）的文本信息。组合框将列表框和文本框的特性结合在一起，比列表框更加紧凑，但需要用户单击下拉按钮才能显示项目列表。使用组合框，用户可以输入条目，也可以从列表中选择一个条目。该控件显示文本框中的当前值（无论值是如何输入的）。组合框的默认属性是 Value 属性，组合框的默认事件是 Change 事件。

注意：如果希望在任何时候都将列表中的各行数据显示出来，那么可以使用列表框代替组合框；如果希望在使用组合框时，只使用列表中列出的值，可设置组合框的 Style 属性，使该控件看上去像下拉列表框。

组合框的基本属性包括 Text（文本）、Value（数据）、TopIndex（顶部选项索引值）、BackColor（背景色）、ForeColor（前景色）、Width（宽度）、Height（高度）、Font（字体）等。组合框的赋值方法有：①用 AddItem 方法对组合框赋值；②用数组和 List 属性对组合框赋值。

8）切换按钮：用于指示一种状态（如是/否）或一种模式（如打开/关闭）。单击该按钮时会在启用状态和禁用状态之间切换。切换按钮的默认属性是 Value 属性，切换按钮的默认事件是 Click 事件。切换按钮的基本属性包括 Caption（显示的文本）、Value（True 和 False）、BackColor（背景色）、ForeColor（前景色）、AutoSize（自动调整大小：True 和 False）、Enable（True 和 False）等。

9）数值调节钮：用数值调节钮可更加方便地增大或减小值，如某个数字增量、时间或日期。若要增大值，则单击向上箭头按钮；若要减小值，则单击向下箭头按钮。用户还可以直接在关联的单元格或文本框中输入文本值。例如，使用数值调节钮可以更加方便地输入日期（年、月、日）数字，或增大音量级别。单击数值调节钮，只会更改数值调节钮的值。可以通过编写代码来使用数值调节钮更新其他控件的显示值，如标签控件的 Caption 属性或文本框的 Text 属性。若要创建横向或纵向的数值调节钮，需要在窗体中沿横向或纵向拖动数值调节钮的尺寸控点；数值调节钮的默认属性是 Value 属性，数值调节钮的默认事件是 Change 事件。数值调节钮的基本属性包括 Delay（50）、Max（最大值，默认为 100）、Min（最小值，默认为 0）、SmallChange（变化值、步长，默认为 1）、Value（当前值）等。数值调节钮的赋值方式有直接赋值与数组赋值。

10）滚动条：根据滚动块的位置，返回或设置另一控件的值。单击滚动箭头按钮或拖动滚动块可以滚动浏览一系列值。另外，通过单击滚动块与任一滚动箭头按钮之间的区域，可在每页值之间进行移动（预设的间隔）。通常情况下，用户还可以在关联单元格或文本框中直接输入文本值。例如，为了用滚动条更新文本框的值，可编写代码读取滚动条的 Value 属性，然后设置文本框的 Value 属性；滚动条的默认属性是 Value 属性，滚动条的默认事件是 Change 事件。滚动条的基本属性包括 Max（允许的最大值，默认为 32767）、Min（允许的最小值，默认为 0）、SmallChange（用户单击控件中的滚动箭头按钮时发生的移动量）、LargeChange（单击滚动块与任一滚动箭头按钮之间的区域时所发生的移动量）、Value（当前值）等。滚动条的赋值方式有直接赋值与数组赋值。

## 11.3 VBA 用户窗体

在 Excel 中可以创建用户窗体，它是自定义的对话框，这些对话框通常包含一个或多个 ActiveX 控件。创建用户窗体的具体步骤如下：

1）在工作簿的 VBA Project 中插入用户窗体。在 VBA 编辑器中，通过工程资源管理器访问工作簿对应的 VBA Project（按 ALT+F11 组合键），然后选择“插入”→“用户窗体”命令。

2）编写一个用于显示用户窗体的方法。

3）在表单上添加 ActiveX 控件。

4）修改 ActiveX 控件的属性。

5）为 ActiveX 控件编写事件处理程序。

在创建的用户窗体中，还可以使用高级表单功能。例如，通过编程方式为字母表中的每个字母添加单独的选项按钮，也可以为较大的日期和数字列表中的每个项目添加复选框。

在创建用户窗体之前，需要先使用 Excel 中可满足需求的内置对话框，如使用 VBA InputBox 方法和 MsgBox 方法、GetOpenFilename 方法、GetSaveAsFilename 方法以及 Application 对象的 Dialogs 属性得到的对话框（包含所有内置的 Excel 对话框）。

在用户窗体中添加 ActiveX 控件，可以使用如图 11.5 所示的控件工具箱。在控件工具箱中找到要添加的控件，并将该控件拖到窗体上，然后拖动控件的调整控点，直到控件的大小和形状满足要求。

各控件实际效果如图 11.6 所示，这里不再详述。

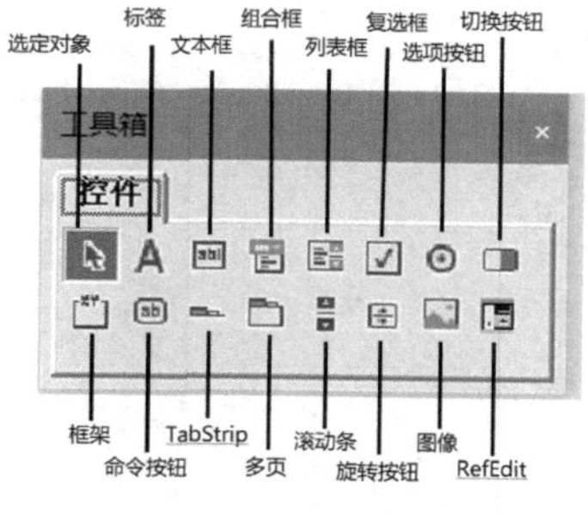


图 11.5 控件工具箱

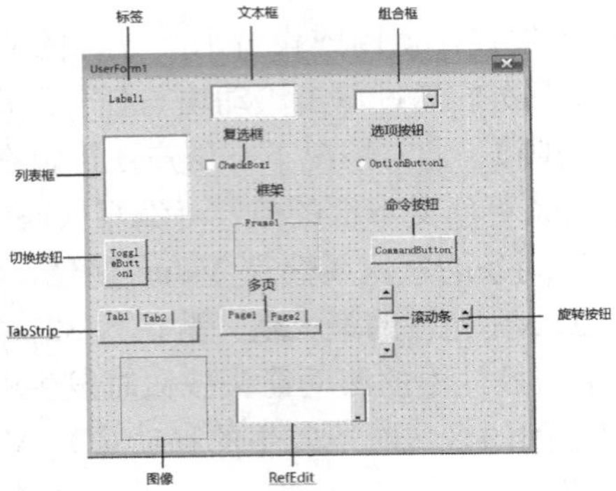


图 11.6　各控件实际效果

**【案例 11-1】**设计如图 11.7 所示的用户登录界面，当打开文件时要求输入用户名和密码。若输入正确，则显示数据，否则不显示。当用户名、密码输入错误超过三次，退出 Excel。

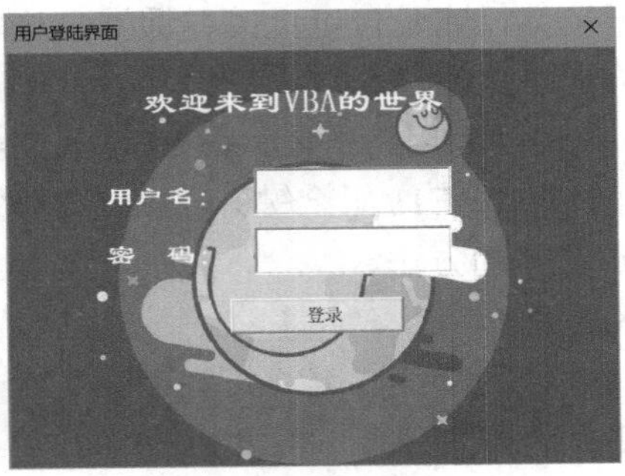


图 11.7　用户登录界面

先制作用户窗体，添加对应的控件及控件的属性。

当打开 Excel 时，需要直接进入用户窗体，不让用户看到工作表。因此，需要修改工作簿的打开事件处理代码，修改后的代码如下：

```
Private Sub Workbook_Open()
 Application.Visible = False
 UserForm1.Show
End Sub
```

此时，工作表内容不可见。当输入了正确的用户名和密码时，可显示具体内容。为图 11.7 中的命令按钮添加单击事件处理代码，具体如下：

```
Private Sub CommandButton1_Click()
   If TextBox1.Text = "chenqh" And TextBox2.Text = "123" Then
      UserForm1.Hide
      Application.Visible = True
      ThisWorkbook.Activate
      i = 0
   Else
      i = i + 1
   End If
   If i >= tries Then
      MsgBox ("输入次数超过 3 次，退出应用程序！")
      Application.Quit
   End If
```

```
End Sub
```

需要注意的是，为尝试次数添加全局变量，以控制输入错误不超过三次，代码如下：

```
Public tries As Integer
Public i As Integer

Private Sub UserForm_Initialize()
    tries = 3
    i = 0
End Sub
```

**【案例 11-2】**表 11.3 是某公司部分员工应发工资表，按部门对员工工资进行汇总。要求显示的自定义对话框如图 11.8 所示。

**表 11.3 某公司部分员工应发工资表**

单位：元

| 职 工 号 | 姓 名 | 性 别 | 部 门 | 基 本 工 资 | 奖 金 | 应 发 工 资 |
|---|---|---|---|---|---|---|
| 1001 | 张三 1 | 男 | 信贷部 | 2676.80 | 5.00 | 2660.56 |
| 1002 | 李四 1 | 男 | 信贷部 | 2062.50 | 5.00 | 2035.00 |
| 1003 | 王五 1 | 女 | 信贷部 | 7568.35 | 114.87 | 7716.22 |

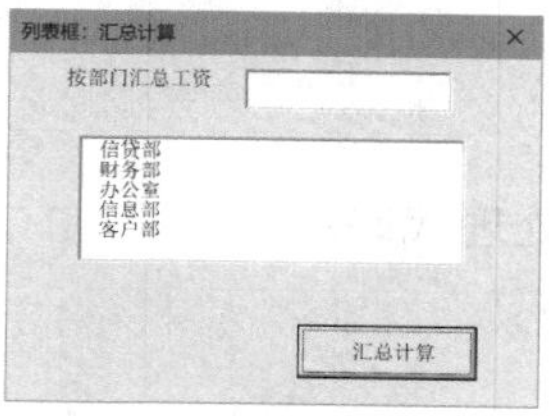

图 11.8 显示的自定义对话框

要创建自定义对话框，必须创建用户窗体。在 VBA 编辑器中，选择“插入”→“用户窗体”命令来创建用户窗体。可使用属性窗口更改窗体的名称、行为和外观，更改窗体等控件的标题，设置对应的属性，如 Caption。

在窗体初始化时，添加所有部门至列表框，以供用户选择，代码如下。当然，为了使代码具有更好的适用性，可遍历工作表中的“部门”列，添加对应部门。

```
Private Sub UserForm_Activate()
    ListBox1.AddItem "信贷部"
    ListBox1.AddItem "财务部"
    ListBox1.AddItem "办公室"
    ListBox1.AddItem "信息部"
    ListBox1.AddItem "客户部"
End Sub
```

为图 11.8 中的命令按钮的单击事件添加如下代码：

```
Private Sub CommandButton1_Click()
    For I = 2 To Sheets(1).UsedRange.Rows.Count
        If Range("D" & I).Value = ListBox1.Text Then S = S + Range("K" & I).Value
    Next
    TextBox1.Text = S
End Sub
```

## 11.4 拓展实训：学生成绩异常查找界面设计

**【实训 11-1】**表 9.4 中含有三门课的成绩，使用 VBA 将全部不及格的学生用红色进行标注。学生成绩异常查找界面如图 11.9 所示。

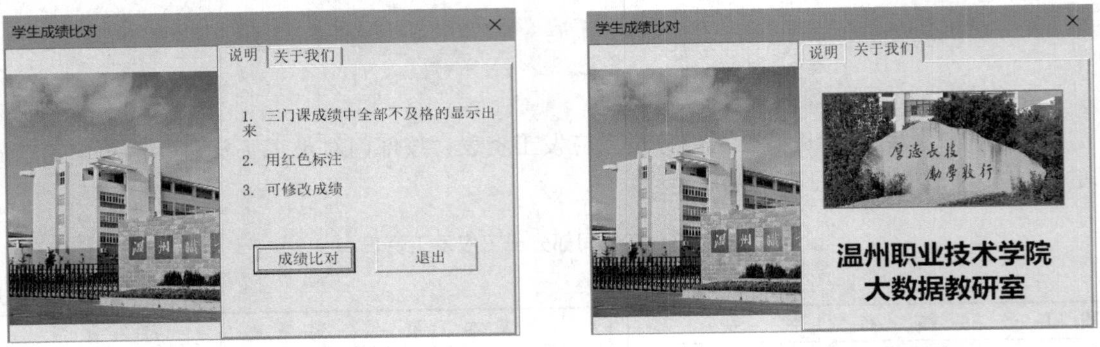


（a）页签 1 效果图 （b）页签 2 效果图

图 11.9 学生成绩异常查找界面

根据界面要求设计自定义对话框，并在工作簿打开时，显示对话框，主要代码如下：

```
Private Sub Workbook_Open()
   UserForm1.Show
End Sub
```

为“成绩比对”按钮添加事件处理代码：

```
Private Sub CommandButton1_Click()
   Dim obj As Worksheet
   Set obj = Worksheets(1)
   cnt = 0
   For i = 2 To obj.UsedRange.Rows.Count
      If Val(obj.Cells(i, 4).Value) < 60 And Val(obj.Cells(i, 5).Value) < 60 And
Val(obj.Cells(i, 6).Value) < 60 Then
         cnt = cnt + 1
         obj.Cells(i, 3).Interior.ColorIndex = 3
      End If
   Next
   If cnt > 0 Then
      MsgBox ((obj.UsedRange.Rows.Count - 1) & "位学生中有" & cnt & "位同学三门课程都不
及格！")
   Else
      MsgBox ("没有人三门课都不及格！")
   End If
End Sub
```

为“退出”按钮添加事件处理代码：

```
Private Sub CommandButton2_Click()
   UserForm1.Hide
End Sub
```

运行结果如图 11.10 所示。

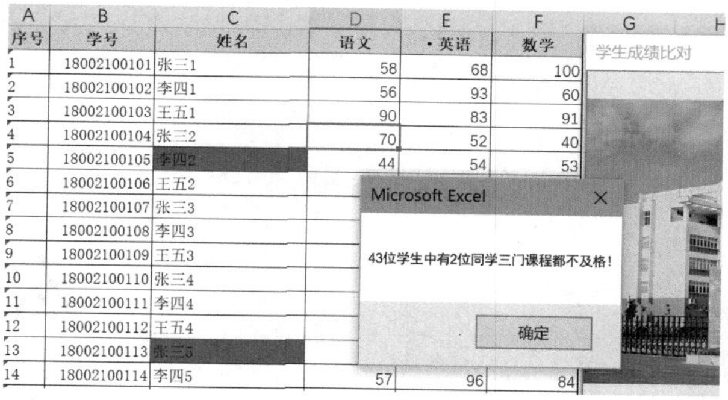

序号
学号
姓名
语文
英语
数学
学生成绩比对
1 18002100101 张三1 58 68 100
2 18002100102 李四1 56 93 60
3 18002100103 王五1 90 83 91
4 18002100104 张三2 70 52 40
5 18002100105 李四2 44 54 53
6 18002100106 王五2
7 18002100107 张三3
8 18002100108 李四3
9 18002100109 王五3
10 18002100110 张三4
11 18002100111 李四4
12 18002100112 王五4
13 18002100113 张三5
14 18002100114 李四5 57 96 84
Microsoft Excel
43位学生中有2位同学三门课程都不及格!
确定


图 11.10 成绩异常查找运行结果图

## 11.5 练习题

1．Excel 的表单控件有标签、分组框、______、______、选项按钮、_______、组合框、滚动条等。

2．新建一个用户窗体，放置两个命令按钮控件和一个文本框控件。命令按钮的标题分别为“显示”和“清除”。单击“显示”按钮，在文本框中显示一行文字，单击“清除”按钮，清除文本框中的文字。请写出设计步骤和主要代码。

3．给下面程序段添加注释：

```
Sub test()
  Set myBar = CommandBars.Add(Name:="Custom", Position:=msoBarTop, Temporary:=True)
        '______________
  myBar.Visible = True
  Set newCombo = myBar.Controls.Add(Type:=msoControlComboBox)  '______________
  With newCombo
    .AddItem "Q1"  '______________
    .AddItem "Q2"
    .AddItem "Q3"
    .AddItem "Q4"
    .Style = msoComboNormal
    .OnAction = "STOQ"  '______________
  End With
End Sub
```

4．在 VBA 编辑器中添加一个用户窗体 Userform1，令该用户窗体显示的语句是______________，让该用户窗体隐藏的语句是______________，卸载该用户窗体的语句是______________。

# 第12章

# 宏与宏录制

微软的 Office 软件允许用户自己编写宏来增加其灵活性，进一步扩充它的功能。宏是批量处理程序命令，使用宏可以加速日常编辑和格式设置，使一系列复杂的任务自动执行，提高工作效率。宏可以通过录制的方法制作，制作好的宏可以用来查看相应的 VBA 语句，从而辅助 VBA 编程。本章主要学习如何通过编写宏、录制宏实现自动化执行与批量处理，主要包括以下内容：

1）宏的基本概念；

2）宏录制；

3）宏的编写与应用。

## 12.1 宏录制

宏是一些指令的集合。在制作表格过程中，有些操作需要重复执行，而宏可以使一些复杂的任务自动执行，简化操作，有利于提高工作效率。Excel 的宏是指基于 VB 的一种 VBA 脚本，主要用于扩展 Office 软件中 Excel 的功能。对于经常使用 Excel 表格的工作人员来说，宏能有效地提高工作效率，让工作变得更轻松。

在 VBA 编程过程中，很多时候并不确定要使用哪个 VBA 对象的方法或属性，这时可以打开宏录制器并手动执行该操作。宏录制器会将操作转换成 VBA 代码。录制完操作后，可修改代码以准确完成所需的操作。例如，如果不知道如何设置单元格的字体、字号，可以执行下列操作：

1）单击“开发工具”→“录制宏”按钮。

2）将默认的宏名更改为新的名称，然后单击“确定”按钮，启动宏录制器。

3）选中某个单元格，并将单元格的字体、字号做相应修改。

4）单击“开发工具”→“停止录制”按钮。

5）单击“开发工具”→“宏”按钮。选择在步骤 2）中指定的宏名，然后单击“编辑”按钮。查看代码以确定其功能相当于设置单元格对应的属性。单击相应的属性处，然后按 F1 键或单击“帮助”按钮，查看帮助信息。

通过宏录制可以将要进行的操作录制下来，之后可以重复执行，从而达到简化操作的目的。宏录制器是一个很好的工具，可用于发现要使用的 VBA 对象的方法和属性。不过，录制宏有一些限制条件，以下内容将无法录制：

1）条件分支；

2）指定变量的值；

3）循环结构；

4）自定义用户窗体；

5）出错处理；

6）用鼠标选定文本（必须使用组合键）。

若要增强宏的功能，可能需要修改录制到模块中的代码。

下面通过一个简单的案例来说明宏的使用方法。

**【案例 12-1】**根据学生成绩记录表（见表 12.1）制作学生成绩单（见表 12.2），即在每个学生记录前加上标题。

表 12.1 学生成绩记录表（部分）

| 序 号 | 学 号 | 姓 名 | 语 文 | 英 语 | 数 学 |
|---|---|---|---|---|---|
| 1 | 18002100101 | 张三 1 | 58 | 68 | 100 |
| 2 | 18002100102 | 李四 1 | 56 | 93 | 60 |
| 3 | 18002100103 | 王五 1 | 90 | 83 | 91 |
| 4 | 18002100104 | 张三 2 | 70 | 52 | 40 |

表 12.2 学生成绩单打印稿（部分）

| 序 号 | 学 号 | 姓 名 | 语 文 | 英 语 | 数 学 |
|---|---|---|---|---|---|
| 1 | 18002100101 | 张三 1 | 58 | 68 | 100 |
| 序 号 | 学 号 | 姓 名 | 语 文 | 英 语 | 数 学 |
| 2 | 18002100102 | 李四 1 | 56 | 93 | 60 |
| 序 号 | 学 号 | 姓 名 | 语 文 | 英 语 | 数 学 |
| 3 | 18002100103 | 王五 1 | 90 | 83 | 91 |

单击“开发工具”→“代码”→“录制宏”按钮，如图 12.1 所示。

图 12.1 “录制宏”按钮

弹出如图 12.2 所示的对话框，要求设置宏名、保存位置等基本信息。

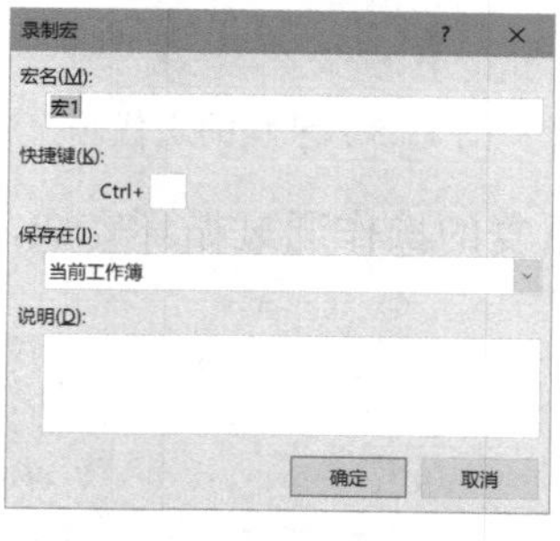


图 12.2 “录制宏”对话框

保持默认设置，单击“确定”按钮，进入录制宏状态。用户的操作都将会产生相应的脚本。选中标题行，并进行复制，然后在对应的位置插入相应的标题。完成后，单击“开发工具”

→“代码”→“停止录制”按钮，如图 12.3 所示。此时，完成了第一个宏的录制，并成功定义了一个宏。

图 12.3 “停止录制”按钮

单击“开发工具”→“代码”→“宏”按钮，弹出如图 12.4 所示的“宏”对话框。相比录制之前，对话框中多了“宏 1”，选择该宏，单击“编辑”按钮，进入 VBA 编辑器的代码窗口。

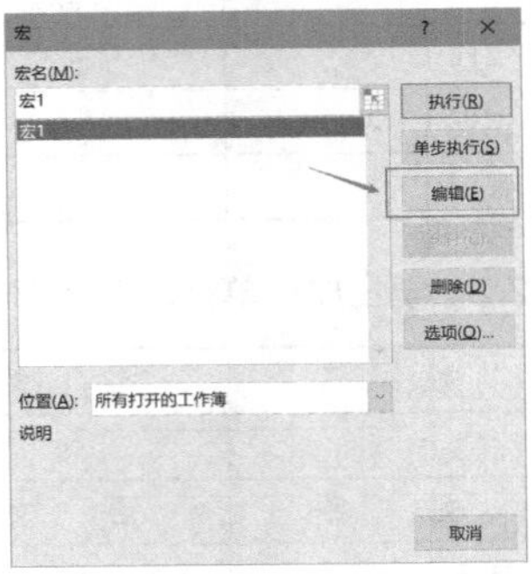


图 12.4 “宏”对话框

VBA 编辑器中的宏代码，如图 12.5 所示。其中，模块中 Rows("1:1").Select 表示选中当前工作表中的第 1 行，Selection.Copy 表示对选中的内容进行复制。接着，Rows("3:3").Select 表示选中第 3 行，然后通过 Selection.Insert Shift:=xlDown 在对应的位置插入剪贴板中的内容。

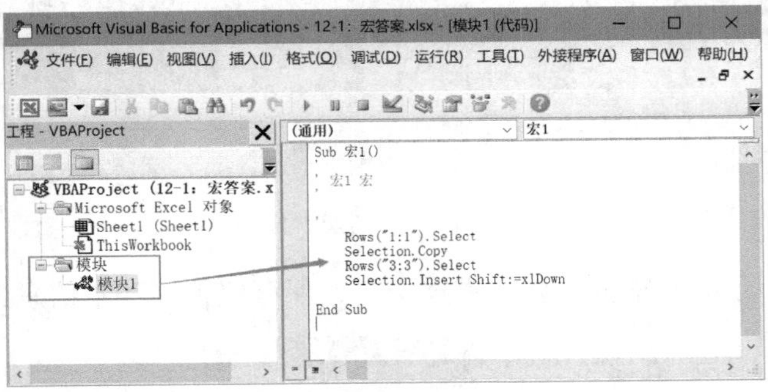


图 12.5 录制的宏代码

接着，可对宏进行编辑，使重复的操作通过循环完成，在所有记录前都插入标题。修改后的代码如下：

```
Sub 宏 1()
'
' 宏 1 宏
'


'
   i = 3
```

```
    While i < Sheets(1).UsedRange.Rows.Count
        Rows("1:1").Select
        Selection.Copy
        Rows(i & ":" & i).Select
        Selection.Insert Shift:=xlDown
        i = i + 2
    Wend
End Sub
```

最后，单击图 12.4 中的“执行”按钮执行宏，完成学生成绩单的制作。

## 12.2 拓展实训：考场座位表的制作

**【实训 12-1】**已知需要参加考试的学生信息，如表 12.3 所示。要求按图 12.6 所示的模板制作每位考生的考场座位表。考场座位表按单列显示，最终效果如图 12.7 所示。

**表 12.3 学生信息表**

| 序号 | 编号 | 姓名 | 班级 |
|---|---|---|---|
| 1 | 20193387 | 张三 1 | 信息技术 1902 |
| 2 | 20193388 | 李四 1 | 信息技术 1902 |
| 3 | 20193389 | 王五 1 | 信息技术 1902 |
| 4 | 20193390 | 张三 2 | 信息技术 1902 |
| 5 | 20193391 | 李四 2 | 信息技术 1902 |

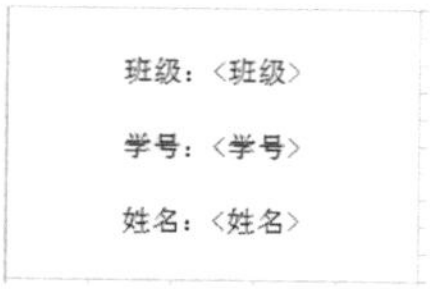


图 12.6 考场座位表模板

图 12.7 考场座位表最终效果（单列）

具体步骤如下：

1）制作模板；

2）录制宏；

3）编写 VBA 程序。

主要代码如下：

```
Private Sub CommandButton1_Click()
    Dim m As Integer
    m = 1
    For i = 2 To 18
        Sheets("Sheet2").Activate
        Range("A1:E10").Select
        Selection.Copy
        Sheets("Sheet3").Activate
        Range("A" & m).Select
        ActiveSheet.Paste
```

```
    ActiveCell.Replace What:="<班级>", Replacement:=Worksheets(1).Cells(i, 4).Value,
LookAt:=xlPart, _
        SearchOrder:=xlByRows, MatchCase:=False, SearchFormat:=False, _
        ReplaceFormat:=False
    ActiveCell.Replace What:="<学号>", Replacement:=Worksheets(1).Cells(i, 2).Value,
LookAt:=xlPart, _
        SearchOrder:=xlByRows, MatchCase:=False, SearchFormat:=False, _
        ReplaceFormat:=False
    ActiveCell.Replace What:="<姓名>", Replacement:=Worksheets(1).Cells(i, 3).Value,
LookAt:=xlPart, _
        SearchOrder:=xlByRows, MatchCase:=False, SearchFormat:=False, _
        ReplaceFormat:=False
    m = m + 10
  Next
End Sub
```

**【案例 12-3】**将案例 12-2 中的考场座位表按双列显示，最终效果如图 12.8 所示。

图 12.8　考场座位表最终效果（双列）

具体步骤同案例 12-2，参考代码如下：

```
Private Sub CommandButton1_Click()
  Dim i, m, n As Integer
  m = 2
  n = 0

  Worksheets(2).Activate

  For i = 2 To Worksheets(1).UsedRange.Rows.Count
   Range("A1:E10").Select
   Selection.Copy
   Range("A1:E10").Offset(m, n).Select
   Selection.PasteSpecial

   ActiveCell.Replace What:="<班级>", Replacement:=Worksheets(1).Cells(i, 4).Value,
LookAt:=xlPart, _
       SearchOrder:=xlByRows, MatchCase:=False, SearchFormat:=False, _
       ReplaceFormat:=False
   ActiveCell.Replace What:="<姓名>", Replacement:=Worksheets(1).Cells(i, 3).Value,
LookAt:=xlPart, _
       SearchOrder:=xlByRows, MatchCase:=False, SearchFormat:=False, _
       ReplaceFormat:=False
```

```
    ActiveCell.Replace What:="<学号>", Replacement:=Worksheets(1).Cells(i, 2).Value,
LookAt:=xlPart, _
        SearchOrder:=xlByRows, MatchCase:=False, SearchFormat:=False, _
        ReplaceFormat:=False

    If i Mod 2 = 0 Then '为下一行做准备 第 3 行 第 2 列
        n = 2
    Else
        n = 0
        m = m + 11
    End If
  Next

End Sub
```

## 12.3 练习题

1．启用宏的工作簿是自 Excel 2007 开始所特有的文件类型，扩展名为__________。

2．可以用哪些方法执行宏？

3．宏录制可以实现很多功能，但它也有局限性，请列举宏录制无法完成的工作。

4．利用 Office 的宏录制功能可以实现部分程序设计________，提高软件开发的________，还可以____________。

5．录制一个宏，步骤如下：

①在____________功能区中单击“录制宏”按钮。

②在“录制宏”对话框中输入宏名，单击“确定”按钮。此时，屏幕上显示__________按钮。

③进行需要的操作。

④单击__________按钮，结束宏录制过程。

6．编辑宏：进入____________功能区，单击________按钮，进入“宏”对话框，在列表中选择需要的宏，单击________按钮。

7．执行宏：进入____________功能区，单击________按钮，进入“宏”对话框，在列表中选择需要的宏，单击________按钮。

8．假设 Excel 当前工作表的 A 列有 5000 行数据，但其中有一些空白行。现在要用 VBA 程序删除其中的空白行，请写出操作步骤。

# 第三篇

# Excel 综合实训项目

# 第 13 章

# 人力资源管理

当前的市场经济大潮中，同行企业之间的竞争实际上是人才的竞争，而人力资源管理又在其中发挥着越来越重要的作用。人力资源部门在管理员工信息时，常常出现效率低下、档案管理不规范等问题。Excel 在数据处理方面具有强大的功能，可以有效提高人力资源管理工作的效率，进而提升企业的人力资源管理水平。

一般地，人力资源管理有六大模块，是通过模块划分的方式对企业人力资源管理工作的内容进行的一种总结，分别指规划、绩效、薪酬、招聘、培训及员工关系。

现有 A 公司，它是一家小型的工业制造企业，公司内除管理部门外主要有四个生产车间：第 1 车间、第 2 车间、第 3 车间、第 4 车间，所有车间的职工人数将近 100，主要技术职务类型有初级工、中级工、高级工、技师和高级技师。每个职工的工资项目有基本工资、岗位工资、奖金、加班工资、各种补贴、事假扣款、病假扣款、旷工扣款等。此外，公司还要为企业职工缴纳三险一金，并为个人代扣代缴个人所得税。为满足企业的管理需要，企业还要对工资情况进行汇总分析。本章通过综合应用实例，介绍 Excel 在人力资源管理中员工基本信息管理、出勤管理、绩效管理、薪酬管理方面的应用。

## 13.1 员工基本信息处理

打开 Excel 文件“人力资源管理基础.xls”，完成以下操作。

（1）员工基本信息加工与计算

A 公司的员工的基本信息表如图 13.1 所示，按要求完成下述操作：

1）根据第四列“身份证号”，使用函数完成第五列“出生年月”、第六列“性别”以及第七列“年龄”的计算。

2）对标题行进行冻结。

3）对公式列（第五列“出生年月”、第六列“性别”、第七列“年龄”）进行保护。密码统一设置为“123456”。

| | A | B | C | D | E | F | G |
|---|---|---|---|---|---|---|---|
| 1 | 职工号 | 姓名 | 生产部门 | 身份证号 | 出生年月 | 性别 | 年龄 |
| 2 | NMG001 | 张三1 | 第1车间 | 15452419800101001x | | | |
| 3 | NMG002 | 李四1 | 第1车间 | 154627198712136921 | | | |
| 4 | NMG003 | 王五1 | 第1车间 | 154782198710020747 | | | |
| 5 | NMG004 | 张三2 | 第1车间 | 153330198703093960 | | | |
| 6 | NMG005 | 李四2 | 第1车间 | 154428198503203071 | | | |

图 13.1　员工基本信息表

（2）员工查找

如图 13.2 所示，可按职工号或姓名查找员工的其余信息。

| 职工号 | 姓名 | 性别 | 生产部门 | 身份证号 | 出生年月 | 生产件数 |
|---|---|---|---|---|---|---|
| | | | | | | |

图 13.2　员工信息查找（部分）

1）使用正确的功能，使得在录入“职工号”“姓名”两列数据信息时，可以通过下拉列表实现数据录入。

2）根据选定的职工号或姓名，分别显示剩余列的值，使用相应的查找、匹配等函数实现上述功能。

3）除“职工号”列、“姓名”列外，对其余列进行锁定，使其无法编辑。

（3）员工查找（VBA）

设计如图 13.3 所示的界面，其中命令按钮的功能如下：

1）单击“按职工号查找”按钮时，可根据录入的职工号进行查找，并将结果显示在查询结果区域。

2）单击“按姓名查找”按钮，可以根据录入的姓名进行查找，并将结果显示在查询结果区域；需要注意的是，当有多个人的姓名相同时，在相应的位置显示查找结果。

| | | | | | | | | | | |
|---|---|---|---|---|---|---|---|---|---|---|
| 查找条件 | | | 按职工号查找 | | | | | | | |
| | | | | | | | | | | |
| 职工号 | NMG011 | | | | | | | | | |
| 姓名 | 张三1 | | 按姓名查找 | | | | | | | |
| | | | | | | | | | | |
| | | | | | | | | | | |
| 查询结果 | | | | | | | | | | |
| 职工号 | 姓名 | 性别 | 生产部门 | 身份证号 | 出生年月 | 生产件数 | 病假天数 | 事假天数 | 旷工天数 | 加班天数 |
| | | | | | | | | | | |

图 13.3　员工信息查找（VBA）

## 13.2　员工出勤管理

工作表“第 1 车间”“第 2 车间”“第 3 车间”“第 4 车间”分别显示了 2019 年 1 月每个车间员工的出勤及计件数。第 1 车间员工的出勤及计件数如图 13.4 所示。单元格中的数值显示的是计件数，“加班”表示出勤且参加了额外的工作，以此类推。

| 职工号 | 姓名 | 生产部门 | 1 | 2 | 3 | 4 | 5 | 6 | 7 | 8 | 9 | 10 | 11 | 12 | 13 | 14 | 15 | 16 | 17 | 18 | 19 | 20 | 21 | 22 | 23 | 24 | 25 | 26 | 27 | 28 | 29 | 30 | 31 | 总件数 | 病假 | 事假 | 旷工 | 加班 |
|---|---|---|---|---|---|---|---|---|---|---|---|---|---|---|---|---|---|---|---|---|---|---|---|---|---|---|---|---|---|---|---|---|---|---|---|---|---|---|
| NMG001 | 张三1 | 第1车间 | 0 | 2 | 2 | 0 | 0 | 2 | 3 | 2 | 2 | 2 | 0 | 0 | 2 | 2 | 5 | 2 | 2 | 0 | 0 | 2 | 4 | 5 | 2 | 4 | 0 | 0 | 2 | 2 | 2 | 2 | 2 | | | | | |
| NMG002 | 李四1 | 第1车间 | 0 | 2 | 3 | 2 | 0 | 3 | 4 | 5 | 5 | 2 | 0 | 0 | 4 | 6 | 8 | 2 | 2 | 2 | 0 | 2 | 2 | 2 | 2 | 2 | 1 | 0 | 2 | 2 | 3 | 2 | 2 | | | | | |
| NMG003 | 王五1 | 第1车间 | 0 | 3 | 2 | 0 | 0 | 2 | 3 | 3 | 3 | 2 | 0 | 0 | 3 | 4 | 2 | 4 | 2 | 0 | 0 | 4 | 3 | 2 | 3 | 2 | 0 | 0 | 2 | 3 | 4 | 2 | 2 | | | | | |
| NMG004 | 张三2 | 第1车间 | 0 | 2 | 2 | 2 | 0 | 2 | 3 | 2 | 5 | 3 | 加班 | 0 | 7 | 5 | 2 | 5 | 3 | 加班 | 0 | 8 | 3 | 5 | 3 | 2 | 加班 | 0 | 5 | 3 | 3 | 3 | 4 | | | | | |
| NMG005 | 李四2 | 第1车间 | 0 | 3 | 3 | 0 | 0 | 3 | 2 | 3 | 3 | 2 | 0 | 0 | 5 | 3 | 2 | 4 | 3 | 0 | 0 | 3 | 2 | 1 | 1 | 4 | 0 | 0 | 1 | 2 | 1 | 3 | 2 | | | | | |
| NMG006 | 王五2 | 第1车间 | 0 | 4 | 2 | 0 | 0 | 4 | 4 | 2 | 2 | 2 | 0 | 0 | 4 | 5 | 2 | 2 | 2 | 0 | 0 | 2 | 5 | 2 | 2 | 2 | 0 | 0 | 3 | 3 | 2 | 2 | 2 | | | | | |
| NMG007 | 张三3 | 第1车间 | 0 | 3 | 2 | 0 | 0 | 事假 | 2 | 2 | 3 | 2 | 0 | 0 | 2 | 2 | 1 | 1 | 2 | 加班 | 0 | 4 | 2 | 3 | 2 | 2 | 0 | 0 | 1 | 2 | 2 | 2 | 2 | | | | | |

图 13.4　第 1 车间员工的出勤及计件数

1）使用公式计算 AI 列“总件数”、AJ 列“病假”、AK 列“事假”、AL 列“旷工”及 AM 列“加班”的值，分别表示生产件数、病假天数、事假天数、旷工天数、加班天数。

2）对“姓名”列、“生产部门”列、“总件数”列、“病假”列、“事假”列、“旷工”列、“加班”列进行锁定，使其无法编辑，同时无法查看公式。

3）打开工作表“汇总车间”，使用引用功能将所有车间的数据汇总至该工作表中，该工作表的结构如图 13.5 所示。

| 职工号 | 姓名 | 生产部门 | 生产件数 | 病假天数 | 事假天数 | 旷工天数 | 加班天数 |
|---|---|---|---|---|---|---|---|
| NMG001 | 张三1 | 第1车间 | | | | | |
| NMG002 | 李四1 | 第1车间 | | | | | |
| NMG003 | 王五1 | 第1车间 | | | | | |
| NMG004 | 张三2 | 第1车间 | | | | | |
| NMG005 | 李四2 | 第1车间 | | | | | |
| NMG006 | 王五2 | 第1车间 | | | | | |
| NMG007 | 张三3 | 第1车间 | | | | | |
| NMG008 | 李四3 | 第1车间 | | | | | |

图 13.5　“汇总车间”工作表

4）创建工作表“值班表”，随机对人员进行排班，每个车间每天 1 人值班。

## 13.3　绩效管理

根据工作表“绩效评价规则”（表 13.1）中的评价规则，对员工的生产技能等级进行评定。表 13.1 中 80（含）以上为最优等级，以此类推。

**表 13.1　绩效评价规则**

| 评价规则 | 成　绩 | 等　级 | 边界值 |
|---|---|---|---|
| ≥80 | 5 | 最优 | 80 |
| 70～79 | 4 | 优 | 70 |
| 60～69 | 3 | 良 | 60 |
| 50～59 | 2 | 中 | 50 |
| 0～49 | 1 | 差 | 0 |

1）按表 13.1 中的评价规则，使用相应的功能完成对图 13.6 中的“生产技能等级”列的填写。

| 职工号 | 姓名 | 生产部门 | 生产技能等级 | 全勤奖 |
|---|---|---|---|---|
| NMG001 | 张三1 | 第1车间 | | |
| NMG002 | 李四1 | 第1车间 | | |
| NMG003 | 王五1 | 第1车间 | | |
| NMG004 | 张三2 | 第1车间 | | |
| NMG005 | 李四2 | 第1车间 | | |

图 13.6　绩效评价表

2）对职员的全勤奖进行评定。如果没有事假、旷工或病假，一律认定为全勤，“全勤奖”列单元格的值写“是”，否则写“否”。

3）打开工作表“生产统计与分析”，依据不同的分析指标对生产数据进行分析。

①按生产车间统计与分析。

如图 13.7 所示，按生产车间统计一月的平均产量，并评比出优秀车间，即平均产量最多的车间。在得到结果的基础上，选择合适的图表将上述统计结果直观、形象地表达出来。

| 分析指标 | 生产车间 | | | | |
|---|---|---|---|---|---|
| 序号 | 生产车间 | 一月平均产量 | | 优秀车间 | |
| 1 | 第1车间 | | | | |
| 2 | 第2车间 | | | | |
| 3 | 第3车间 | | | | |
| 4 | 第4车间 | | | 总产量 | |

图 13.7　按生产车间统计

②按性别统计与分析。

如图 13.8 所示，按性别统计一月的平均产量。在得到结果的基础上，选择合适的图表将上述统计结果直观、形象地表达出来。

| | | | |
|---|---|---|---|
| 8 | 分析指标 | 性别 | |
| 9 | 序号 | 性别 | 一月平均产量 |
| 10 | 1 | 男 | |
| 11 | 2 | 女 | |

图 13.8 按性别统计

③按年龄统计与分析。

如图 13.9 所示，按年龄统计一月的平均产量。在得到结果的基础上，选择合适的图表将上述统计结果直观、形象地表达出来。

| | | | |
|---|---|---|---|
| 13 | 分析指标 | 年龄 | |
| 14 | 序号 | 年龄段 | 一月平均产量 |
| 15 | 1 | 25以下 | |
| 16 | 2 | 26 | |
| 17 | 3 | 27 | |
| 18 | 4 | 28 | |
| 19 | 5 | 29 | |
| 20 | 6 | 30 | |
| 21 | 7 | 31以上 | |

图 13.9 按年龄统计

④分析与建议：根据分析结果，写出提高企业产量的相关建议。

## 13.4 薪酬管理

### 13.4.1 工资计算

根据 A 公司的规定，工资由基本工资、岗位工资、加班工资及各项扣款组成。

1）基本工资根据职称类别的不同而不同，具体要求如表 13.2 所示。

表 13.2 基本工资表

| 职称代码 | 职称类别 | 基本工资（元） |
|---|---|---|
| 01 | 初级工 | 600 |
| 02 | 中级工 | 800 |
| 03 | 高级工 | 1200 |
| 04 | 技师 | 1600 |
| 05 | 高级技师 | 2000 |

2）岗位工资相当于计件工资，是根据员工的生产件数来设定的，如果员工的生产件数每月超过 70 件，则按每件 30 元计算，否则按每件 25 元计算。

3）对于扣款，有事假扣款、病假扣款和旷工扣款，扣款合计＝病假扣款+事假扣款+旷工扣款。事假扣款额为员工每日基本工资的 70%乘以事假天数，病假扣款额为员工每日基本工资的 50%乘以病假天数，旷工扣款额为每日基本工资，其中每月按 22 天算，以基本工资为计算基数。

4）如遇加班，则发放双倍工资。

按照上述要求，计算 A 公司一月所有员工的分项工资，如图 13.10 所示。

| | A | B | C | D | E | F | G | H | I | J | K | L | M | N |
|---|---|---|---|---|---|---|---|---|---|---|---|---|---|---|
| 1 | 职工号 | 姓名 | 性别 | 职称代码 | 职称 | 生产部门 | 生产件数 | 基本工资 | 岗位工资 | 病假扣款 | 事假扣款 | 旷工扣款 | 扣款合计 | 加班工资 |
| 2 | NMG001 | 张三1 | 女 | 03 | | 第1车间 | | | | | | | | |
| 3 | NMG002 | 李四1 | 男 | 01 | | 第1车间 | | | | | | | | |
| 4 | NMG003 | 王五1 | 女 | 03 | | 第1车间 | | | | | | | | |
| 5 | NMG004 | 张三2 | 女 | 03 | | 第1车间 | | | | | | | | |
| 6 | NMG005 | 李四2 | 女 | 04 | | 第1车间 | | | | | | | | |

图 13.10　员工工资分项计算表

5）工资中的奖金由超额工作量计算得到，如果件数超过 70 件，每超过 1 件，奖励 10 元。此外，每个员工每月都有补贴，包括误餐补贴和交通补贴，误餐补贴每人 100 元，交通补贴每人 150 元。计算应发合计，公式为：应发合计＝基本工资+岗位工资+奖金+加班工资+误餐补贴+交通补贴。

### 13.4.2　税费计算

A 公司还需要为每位员工代缴三险一金。三险一金的缴纳比例如表 13.3 所示，其中个人部分需要从职工工资中扣除，如个人的基本工资为 1000 元，个人需要缴纳的养老保险为 1000×8%＝80（元），以此类推。计算其他险种和住房公积金。

**表 13.3　三险一金缴纳比例表**

| 项　　目 | 缴 纳 比 例 | |
|---|---|---|
| | 单　　位 | 个　　人 |
| 养老保险 | 20% | 8% |
| 医疗保险 | 10% | 2% |
| 失业保险 | 2% | 1% |
| 住房公积金 | 12% | 12% |

A 公司还需要计算应纳税所得额，为个人代扣代缴个人所得税。其中，应纳税所得额＝应发合计－三险一金－起征点。最新税法中规定，超过起征点 5000 元的工资部分需要缴纳个人所得税，使用的是超额累进税率，其计算规则如表 13.4 所示。假设某员工的应纳税所得额为 7479.16 元，对照税率表得知：税率为 10%，速算扣除数为 210 元。个人所得税的计算公式为：应纳税额=应纳税所得额×税率－速算扣除数。代入公式计算可得，个人所得税应纳税额=7479.16×10%−210= 537.92（元）。

**表 13.4　个人所得税超额累进税率表**

| 级　　数 | 全月应纳税所得额 | | 税　　率 | 速算扣除数（元） |
|---|---|---|---|---|
| | 下限（元） | 上限（元） | | |
| 一 | 0 | 3000 | 3% | 0 |
| 二 | 3000 | 12000 | 10% | 210 |
| 三 | 12000 | 25000 | 20% | 1410 |
| 四 | 25000 | 35000 | 25% | 2660 |
| 五 | 35000 | 55000 | 30% | 4410 |
| 六 | 55000 | 80000 | 35% | 7160 |
| 七 | 80000 | | 45% | 15160 |

最终，实发工资＝应发合计－三险一金－应纳税额。可根据上述过程，设计表格计算各项扣款，并最终得到每位员工的实发工资。

### 13.4.3 工资查询

查询某位员工的工资。当选择某员工的姓名时，显示该员工的详情，显示的详情如表 13.5 所示。

表 13.5 工资查询表设计

| 姓　　名： | | | | | | |
|---|---|---|---|---|---|---|
| | | | | | | |
| 部门 | | 基本工资 | | 事假天数 | | 应发工资 | |
| 性别 | | 岗位工资 | | 事假扣款 | | 所得税 | |
| 职称 | | 奖金 | | 旷工天数 | | | |
| | | 加班工资 | | 旷工扣款 | | | |
| | | 应发合计 | | 扣款合计 | | 实发工资 | |

使用 VBA 程序实现员工工资信息查找，得到最高与最低工资。添加“查找”按钮，当单击“查找”按钮时，光标定位至该员工对应图 13.10 所示表格中的记录。添加“工资最高”按钮，当单击“工资最高”按钮时，在单元格中显示最高实发工资，同时，在表 13.5 的记录中显示该员工的详情。添加“工资最低”按钮，当单击“工资最低”按钮时，在单元格中显示最低实发工资，同时在表 13.5 的记录中显示该员工的详情。

### 13.4.4 薪资数据分析

为满足企业的管理需要，A 企业要对员工工资情况进行汇总分析，主要包括以下四方面：

1）依据生产部门和职称类别进行薪资的统计分析。

2）依据性别进行薪资的统计分析。

3）依据年龄段或基本工资段进行薪资的统计分析。

4）依据月份进行薪资的统计分析。

实现时可使用数据透视图和数据透视表完成相应指标的统计分析（具体图表类型根据要求自行确定）；不同的统计分析，需要设计不同的表格和分析字段。表 13.6 为按生产部门和职称类别分析薪资情况表。

表 13.6 按生产部门及职称类别分析薪资情况表

单位：元

| 求和项:实发工资合计 | 列　标　签 | | | | |
|---|---|---|---|---|---|
| 行标签 | 第 1 车间 | 第 2 车间 | 第 3 车间 | 第 4 车间 | 总计 |
| 初级工 | 2815.00 | 11704.55 | 19890.91 | 13435.52 | 47845.98 |
| 高级工 | 16454.09 | 11734.18 | 3671.00 | 15279.45 | 47138.73 |
| 高级技师 | 29733.44 | 37835.62 | 45924.55 | 32773.49 | 146267.09 |
| 技师 | 9611.84 | 15387.82 | 3621.60 | 22212.49 | 50833.75 |
| 中级工 | | 10336.64 | 21818.25 | 15272.16 | 47427.05 |
| 总计 | 58614.36 | 86998.80 | 94926.31 | 98973.12 | 339512.60 |

其对应的数据透视图如图 13.11 所示。

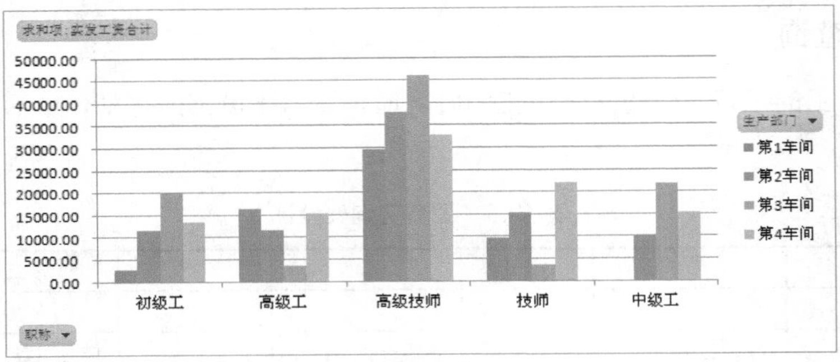


图 13.11　按生产部门及职称类别分析薪资情况图

## 13.4.5　工资条的制作

根据表 13.5 制作每个员工的工资条。实现方案可参考 12.2 节中的拓展实训：考场座位表的制作过程。

# 第 14 章

# 财务会计应用

会计具有反映和监督两项职能。其中，会计反映主要是对具体的资金进行管理和监督，并达到提高资金管理效果的目的，也称会计核算。会计核算主要是指对会计主体已经发生或已经完成的经济活动进行的事后核算，也就是会计工作中记账、算账、报账的总称。合理地组织会计核算形式是做好会计工作的一个重要条件，对于保证会计工作质量，提高会计工作效率，正确、及时地编制会计报表，满足相关会计信息使用者的需求具有重要意义。

B 公司是一家小型销售商，公司正式职工约有 20 人，规模不大，其主要业务种类是采购与销售，年均销售额约几千万元。公司内部有会计部、人力资源部和办公室等。对于这样规模不大的公司，适合用 Excel 进行账务处理。本章将以 B 公司简化的业务为例，练习如何建立会计账簿，如何简化凭证输入，如何生成总账、明细账，如何进行报表制作，最后对 Excel 中的财务函数进行说明和介绍。

## 14.1 Excel 财务系统设计

为 B 公司建立单位信息首页，如图 14.1 所示。输入企业基本信息后，后续所有相关内容使用单元格引用，自动填入企业信息。

图 14.1　单位信息首页

为 Excel 财务系统设计主页面，如图 14.2 所示，包括科目设置、凭证录入、凭证打印、总分类账、明细账、资产负债表、利润表及现金流量表等功能模块。当单击“使用说明”按钮时，实现表格跳转，直接链接至相应的“使用说明”工作表，可查看系统的使用说明书。以此类推，为各个功能模块设置超链接。

图 14.2　Excel 财务系统主页面

建立工作表“科目”，录入企业用的会计科目，包括五大类：资产类、负债类、所有者权益类、成本类及损益类。分别录入各个类别的总账科目与明细科目。设计的表格示例如图 14.3 所示，显示了损益类的总账科目与部分明细科目。使用窗口冻结功能，可便于查看标题。

| 序号 | 科目代码 | 总账科目 | 明细科目1 | 明细科目2 | 明细科目3 | 明细科目4 | 明细科目5 | 明细科目6 | 明细科目7 |
|---|---|---|---|---|---|---|---|---|---|
| 五、损益类 | | | | | | | | | |
| 72 | 5101 | 主营业务收入 | A产品 | B产品 | C产品 | D产品 | E产品 | | |
| 73 | 5102 | 其他业务收入 | 废旧物资收入 | 租赁收入 | 让售 | 加工 | 其他 | | |
| 74 | 5201 | 投资收益 | | | | | | | |
| 75 | 5203 | 补贴收入 | | | | | | | |
| 76 | 5301 | 营业外收入 | 非流动资产处 | 政府补助 | 盘盈利得 | 罚没收入 | 其他 | | |
| 77 | 5401 | 主营业务成本 | 精细胶粉 | 毛丝 | 裂解油 | 碳黑 | 口圈 | | |
| 78 | 5402 | 主营业务税金及附加 | 消费税 | 营业税 | 城市维护建设 | 资源税 | 土地增值税 | 城镇土地使用 | 房产税 |
| 79 | 5405 | 其他业务支出 | 废旧物资支出 | 租赁支出 | 让售 | 加工 | 其他 | | |
| 80 | 5501 | 销售费用 | 工资 | 社保 | 房租费 | 水电费 | 办公费 | 差旅费 | 交通费 |
| 81 | 5502 | 管理费用 | 工资 | 福利费 | 工会费 | 教育费 | 办公费 | 差旅费 | 通讯费 |
| 82 | 5503 | 财务费用 | 利息费用 | 汇兑净损失 | 金融机构手续 | 其他 | | | |
| 83 | 5601 | 营业外支出 | 坏账损失 | 无法收回的长 | 无法收回的长 | 自然灾害等不 | 税收滞纳金 | | |
| 84 | 5701 | 所得税 | | | | | | | |
| 85 | 5801 | 以前年度损益调整 | | | | | | | |

图 14.3　表格示例（损益类的总账科目与部分明细科目）

为所有科目建立“余额”工作表，记录各个科目的期初余额。设计的“余额”工作表如图 14.4 所示。其中，总账科目、明细科目可从下拉列表中选择，总账科目代码自动生成，总账科目的期初余额（初始余额）使用相应的公式计算得到。

| 总账科目 | 科目代码 | 明细科目 | 初始余额 |
|---|---|---|---|
| 银行存款 | 1002 | 信合 | 0.15 |
| 银行存款 | 1002 | 农行 | 55,820.60 |
| 银行存款 | 1002 | 工商银行 | 51.50 |
| 银行存款 | 1002 | 农商行 | 184.37 |
| | | | 56,056.62 |
| 其他应收款 | 1133 | 张三 | 1,080,000.00 |
| 其他应收款 | 1133 | 李四 | 100,000.00 |
| 其他应收款 | 1133 | 王五 | 150,000.00 |
| 其他应收款 | 1133 | 赵六 | 80.00 |
| | | | 1,330,080.00 |

图 14.4　“余额”工作表

完成基础数据的录入后，对工作簿及工作表进行保护。

1）对相关工作表进行密码保护，设置密码“123456”；

2）对工作簿进行密码保护，设置密码“654321”。

## 14.2　会计凭证的录入与打印

会计凭证是记录经济业务发生或者完成情况的书面证明，是登记账簿的依据。每个企业都必须按一定的程序填制和审核会计凭证，根据审核无误的会计凭证进行账簿登记，如实反映企业的经济业务。

下面建立“凭证录入”工作表，用于录入会计凭证数据。为 B 公司设计的记账凭证表格如图 14.5 所示。录入凭证时，需要在每行会计分录前输入“凭证号”，会计科目可在下拉菜单中选择或手动输入，先录入总账科目再录入明细科目，录入明细科目时系统会自动根据已录入总账科目调出与之对应的预设明细科目。“项目”列只能从“工资”“办公费”中选择，“部门”列只能从“办公室”“人力资源部”“会计部”中选择。

记 账 凭 证

公司名称：B公司　　试算平衡：借贷平衡

| 凭证字 | 凭证号 | 年 | 月 | 日 | 摘要 | 总账科目 | 明细科目 | 借方金额 | 贷方金额 | 单价 | 数量 | 客户或供应商 | 项目 | 部门 | 附件张数 |
|---|---|---|---|---|---|---|---|---|---|---|---|---|---|---|---|
| 记 | 1 | 2019 | 12 | 31 | 现款销售 | 主营业务收入 | | | 1,344,744.46 | | | | | | 1 |
| 记 | 1 | 2019 | 12 | 31 | 现款销售 | 应交税金 | 应交增值税-销项税额 | | 215,159.11 | | | | | | 1 |
| 记 | 1 | 2019 | 12 | 31 | 现款销售 | 银行存款 | 农行基本户 | 1,559,903.57 | | | | | | | 1 |
| 记 | 2 | 2019 | 12 | 31 | 交纳税金 | 应交税金 | 应交增值税-未交增值税 | 38,156.28 | | | | | | | 1 |
| 记 | 2 | 2019 | 12 | 31 | 交纳税金 | 应交税金 | 应交增值税-已交税金 | | 38,156.28 | | | | | | 1 |
| 记 | 2 | 2019 | 12 | 31 | 交纳税金 | 应交税金 | 应交增值税-已交税金 | 38,156.28 | | | | | | | |
| 记 | 2 | 2019 | 12 | 31 | 交纳税金 | 应交税金 | 应交地方教育附加费 | 572.34 | | | | | | | - |
| 记 | 2 | 2019 | 12 | 31 | 交纳税金 | 应交税金 | 应交教育附加费 | 1,144.69 | | | | | | | 1 |
| 记 | 2 | 2019 | 12 | 31 | 交纳税金 | 应交税金 | 应交城市维护建设税 | 1,907.81 | | | | | | | 1 |

图 14.5　记账凭证表格

在录入数据后，还需要对数据进行查询，要求完成以下凭证的查询：

1）查询凭证号为 3 的凭证；

2）查询 2019 年 12 月 15 日至 2019 年 12 月 31 日的凭证；

3）查询总账科目为“银行存款”的凭证；

4）查询银行存款支出大于 10000 元的凭证；

5）查询“会计部”的各项费用支出。

设计“凭证打印”工作表，如图 14.6 所示。可根据“凭证录入”工作表的信息，生成相应的用于打印的记账凭证。“凭证打印”工作表中，除凭证号需要使用数值调节钮设置或用户输入外，其余单元格的内容均为自动生成。此外，还需要对用户的输入进行控制，当录入的凭证号超过“凭证录入”工作表的范围时，提示录入的凭证号超限。当凭证号录入到最后一张时，提示已到达最后一张。

设计“凭证打印”工作表主要用到数据有效性、超链接、公式、数值调节钮控件等。

记 账 凭 证

2019年12月

公司名称：B公司　　凭证号：1张　　附件：1 张

| 摘要 | 会计科目 | | 借方金额 | 贷方金额 |
|---|---|---|---|---|
| | 总账科目 | 明细科目 | | |
| 现款销售 | 主营业务收入 | - | - | 1,344,744.46 |
| 现款销售 | 应交税金 | 应交增值税-销项税额 | - | 215,159.11 |
| 现款销售 | 银行存款 | 农行基本户 | 1,559,903.57 | - |
| - | - | - | - | - |
| - | - | - | - | - |
| - | - | - | - | - |
| - | - | - | - | - |
| - | - | - | - | - |
| 合计：壹佰伍拾伍万玖仟玖佰零叁元伍角柒分 | | | 1,559,903.57 | 1,559,903.57 |

会计主管：李四　　过账：　　复核：李四　　制单：陈清华

注：打印凭证纸张规格设置为宽21cm、高14cm

共 张,打印第 1张

图 14.6 “凭证打印”工作表

为方便打印所有记账凭证，根据图 14.6 所示的凭证打印格式制作所有凭证，实现一次批量打印。这主要使用宏录制与 VBA 程序实现，实现过程可参考 12.2 节中的拓展实训：考场座位表的制作过程。

## 14.3 余额表与分类账

根据保存的凭证信息，可了解企业的经济往来。通过使用余额表，可以对某月企业的余额进行查看。科目余额表是基本的会计做账表格，用于记录各个科目的余额，一般包括期初余额、本期发生额、期末余额。制作科目余额表主要是为了方便制作财务报表。根据已有信息，利用 Excel 的相应功能设计总账余额表与明细余额表，记录本期发生额与累计发生额。

具体编制科目余额表时，所有已制单的单据（凭证）的余额=期初余额+（或−）本期发生额（包括借方发生额和贷方发生额）=期末余额。

自动生成的总账科目余额表（部分）如图 14.7 所示。

科目余额表

单位：B公司　　财务期间：2019年12月　　第1至83号凭证　　单位：元

| 代码 | 科目名称 | 年初余额 | 期初余额 | 本期发生额 借方 | 本期发生额 贷方 | 累计发生额 借方 | 累计发生额 贷方 | 方向 | 期末数 |
|---|---|---|---|---|---|---|---|---|---|
| 5501 | 销售费用 | - | - | - | - | - | - | 借 | - |
| | 商品维修费 | | | - | - | - | - | 借 | - |
| | 广告费和业务宣传费 | | | - | - | - | - | 借 | - |
| 5502 | 管理费用 | - | -0.00 | 118,904.49 | 118,904.49 | 164,545.87 | 164,545.87 | 借 | -0.00 |
| | 开办费 | | | - | - | - | - | 借 | - |
| | 业务招待费 | | | 29,314.33 | 29,314.33 | 33,321.33 | 33,321.33 | 借 | - |
| | 研究费用 | | | - | - | - | - | 借 | - |
| 5503 | 财务费用 | - | - | - | - | 58.50 | 58.50 | 借 | - |
| | 利息费用 | | | - | - | - | - | 借 | - |
| 5601 | 营业外支出 | - | - | - | - | - | - | 借 | - |
| | 坏账损失 | | | - | - | - | - | 借 | - |
| | 无法收回的长期债券投资损失 | | | - | - | - | - | 借 | - |
| | 无法收回的长期股权投资损失 | | | - | - | - | - | 借 | - |
| | 自然灾害等不可抗力因素造成的损失 | | | - | - | - | - | 借 | - |
| | 税收滞纳金 | | | - | - | - | - | 借 | - |
| 5701 | 所得税 | - | - | - | - | - | - | 借 | - |
| 5801 | 以前年度损益调整 | - | - | - | - | - | - | 借 | - |
| | 合计 | 60,585,040.26 | 70,878,341.68 | 14,190,303.77 | 14,190,303.77 | 27,155,604.10 | 27,155,604.10 | | 73,134,764.66 |

| | |
|---|---|
| 期初余额是否平衡 | 试算平衡 |
| 本期发生是否平衡 | 试算平衡 |
| 期末余额是否平衡 | 试算平衡 |

图 14.7　总账科目余额表（部分）

总分类账和明细分类账，统称分类账，是按照账户对经济业务进行分类核算和监督的账簿。同样地，也可使用 Excel 为企业建立年度总分类账与明细分类账（也称明细账），效果如图 14.8 和图 14.9 所示。

总　分　类　账

第 01 页

总账科目编号：1001

总账科目名称：现金

编制单位：B公司　　2019年

| 2019年 月 | 日 | 凭证 种类 | 号数 | 摘要 | 对方科目 | | 借方金额 | √ | 贷方金额 | √ | 借或贷 | 余额 |
|---|---|---|---|---|---|---|---|---|---|---|---|---|
| | | | | 上年结转 | | | | | | | 借 | 2,063.38 |
| 1 | 14 | 记 | 15 | 小车费用 | | | - | | 2,000.00 | | 借 | 63.38 |
| | | | | 本月合计 | | | - | | 2,000.00 | | | |
| | | | | 本年累计 | | | - | | 2,000.00 | | | |

制表：陈清华

图 14.8　总分类账

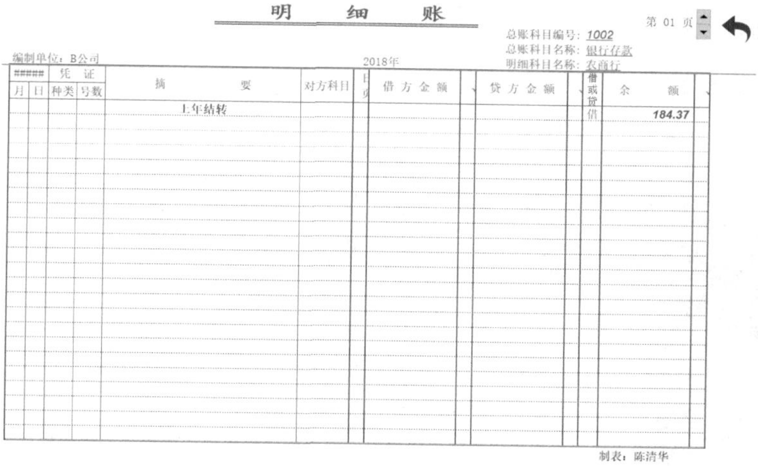

明细账
第 01 页
总账科目编号: 1002
总账科目名称: 银行存款
明细科目名称: 农商行
编制单位: B公司
2018年
凭证
月 日 种类 号数
摘要
对方科目
借方金额
贷方金额
借或贷
余额
上年结转
借
184.37
制表：陈清华


图 14.9 明细账

总分类账能全面、总括地反映和记录经济业务引起的资金运动和财务收支情况，并为编制会计报表提供数据。总分类账是根据总分类科目开设账户，按账户分类登记全部经济业务，进行总分类核算，提供总括核算资料的分类账簿。总分类账所提供的核算资料，是编制会计报表的主要依据，任何单位都必须设置总分类账。明细账是按明细分类账户开设的、用来分类登记某类经济业务详细情况、提供明细核算资料的账簿。

制作总分类账和明细账要使用的 Excel 功能类似。

## 14.4 财务报表制作

财务报表是反映企业或预算单位一定时期资金、利润状况的会计报表。我国财务报表的种类、格式、编报要求，均由统一的会计制度规定，要求企业定期编报。

财务报表包括资产负债表、损益表、现金流量表或财务状况变动表、附表和附注。财务报表是财务报告的主要部分。财务报表的编制，是通过对日常会计核算记录的数据加以归集、整理来实现的。

下面就以资产负债表、损益表、现金流量表为例说明 Excel 如何使用已有数据记录自动编制相应的报表。

（1）资产负债表

资产负债表也称财务状况表，表示企业在某一特定日期（通常为各会计期末）的财务状况（资产、负债和业主权益的状况）的主要会计报表。资产负债表利用会计平衡原则，将合乎会计原则的“资产、负债、股东权益”科目分为“资产”和“负债及股东权益”两大块，在经过分录、转账、分类账、试算、调整等会计程序后，以特定日期的静态企业情况为基准，浓缩成一张报表。资产负债表除了有为企业内部除错、掌握企业经营方向、防止出现弊端等功能外，也可让阅读者在最短时间内了解企业经营状况。使用 Excel 设计并自动生成、更新的资产负债表如图 14.10 所示。

资产负债表

编制单位：B公司　　2019年12月　　单位：元

| | | | | | | | |
|---|---|---|---|---|---|---|---|
| 短期投资 | 2 | - | - | 应付票据 | 33 | - | - |
| 应收票据 | 3 | - | - | 应付账款 | 34 | 6,195,919.00 | - |
| 应收账款 | 4 | 507,082.90 | - | 预收账款 | 35 | 256,163.00 | - |
| 预付账款 | 5 | 458,176.22 | 457,426.22 | 应付职工薪酬 | 36 | 10,152.79 | - |
| 应收股利 | 6 | - | - | 应交税金 | 37 | -49,977.02 | -68,719.68 |
| 应收利息 | 7 | - | - | 应付利息 | 38 | - | - |
| 其他应收款 | 8 | 1,332,333.20 | 1,330,080.00 | 应付利润 | 39 | - | - |
| 存货 | 9 | 11,060,021.66 | 6,098,610.70 | 其他应付款 | 40 | 1,952,182.35 | 1,831,976.35 |
| 原材料 | 10 | 5,498,570.91 | 978,951.24 | 其他流动负债 | 41 | - | - |
| 在产品 | 11 | 0.00 | - | 流动负债合计 | 42 | 8,364,440.12 | 1,763,256.67 |
| 库存商品 | 12 | 5,561,450.75 | 5,119,659.46 | 非流动负债： | 43 | | |
| 周转材料 | 13 | | | 长期借款 | 44 | - | - |
| 其他流动资产 | 14 | - | - | 长期应付款 | 45 | - | - |
| 流动资产合计 | 15 | 14,074,930.18 | 7,944,236.92 | 递延收益 | 46 | - | - |
| 非流动资产： | 16 | | | 其他非流动负债 | 47 | - | - |
| 长期债券投资 | 17 | - | - | 非流动负债合计 | 48 | - | - |
| 长期股权投资 | 18 | - | - | 负债合计 | 49 | 8,364,440.12 | 1,763,256.67 |
| 固定资产原值 | 19 | 18,973,123.80 | 18,973,123.80 | | 50 | | |
| 累计折旧 | 20 | 852,740.46 | 679,855.46 | | 51 | | |
| 固定资产账面价值 | 21 | 18,120,383.34 | 18,293,268.34 | | 52 | | |
| 在建工程 | 22 | 370,681.12 | 226,512.18 | | 53 | | |
| 工程物资 | 23 | - | - | | 54 | | |
| 固定资产清理 | 24 | - | - | | 55 | | |
| 生物性生物资产 | 25 | - | - | 所有者权益(或股东权益)： | 56 | | |
| 无形资产 | 26 | 3,148,647.23 | 3,148,647.23 | 实收资本(或股本) | 57 | 28,000,000.00 | 28,000,000.00 |
| 开发支出 | 27 | - | - | 资本公积 | 58 | - | - |
| 长期待摊费用 | 28 | - | - | 盈余公积 | 59 | - | - |
| 其他非流动资产 | 29 | - | - | 未分配利润 | 60 | -649,798.25 | -150,592.00 |
| 非流动资产合计 | 30 | 21,639,711.69 | 21,668,427.75 | 所有者权益(或股东权益)合计 | 61 | 27,350,201.75 | 27,849,408.00 |
| 资产总计 | 31 | 35,714,641.87 | 29,612,664.67 | 负债和所有者权益(或股东权益)总计 | 62 | 35,714,641.87 | 29,612,664.67 |

单位负责人：王五　　财务负责人：张三　　复核：李四　　制表：陈清华

**报表期末数 平**

**报表年初数 平**

图 14.10　资产负债表

（2）损益表

损益表也称损益计算书，是反映会计期间的收入、支出及净收益的会计报表。损益表的编制以收入与费用的配比原则为基础，即将某一会计期间的营业收入与应由当期收入摊销的费用（包括非常项目和非营业性收支净额）相配比，以正确确定当期的净收益。

使用 Excel 设计并自动生成、更新的损益表如图 14.11 所示。

损益表

编制单位：B公司　　2019年12月　　单位：元

| 项目 | 行次 | 本月数 | 本年累计数 |
|---|---|---|---|
| 一、营业收入 | 1 | 1,344,744.46 | 2,522,189.21 |
| 减：营业成本 | 2 | 1,614,741.08 | 2,841,697.99 |
| 税金及附加 | 3 | 14,570.27 | 15,093.10 |
| 其中：消费税 | 4 | - | - |
| 营业税 | 5 | - | - |
| 城市维护建设税 | 6 | - | - |
| 资源税 | 7 | - | - |
| 土地增值税 | 8 | - | - |
| 城镇土地使用税、房产税、车船税、印花税 | 9 | 14,570.27 | 15,093.10 |
| 教育费附加、矿产资源补偿费、排污费 | 10 | - | - |
| 销售费用 | 11 | - | - |
| 其中：商品维修费 | 12 | - | - |
| 广告费和业务宣传费 | 13 | - | - |
| 管理费用 | 14 | 118,904.49 | 164,545.87 |
| 其中：开办费 | 15 | - | - |
| 业务招待费 | 16 | 29,314.33 | 33,321.33 |
| 研究费用 | 17 | - | - |
| 财务费用 | 18 | - | 58.50 |
| 其中：利息费用（收入以-填列） | 19 | - | - |
| 加：投资收益(亏损以"-"号填列) | 20 | - | - |
| 二、营业利润（亏损以-号填列） | 21 | -403,471.38 | -499,206.25 |
| 加：营业外收入 | 22 | - | - |
| 其中：政府补助 | 23 | - | - |
| 减：营业外支出 | 24 | - | - |
| 其中：坏账损失 | 25 | - | - |
| 无法收回的长期债券投资损失 | 26 | - | - |
| 无法收回的长期股权投资损失 | 27 | - | - |
| 自然灾害等不可抗力因素造成的损失 | 28 | - | - |
| 税收滞纳金 | 29 | - | - |
| 三、利润总额(亏损总额以-号填列) | 30 | -403,471.38 | -499,206.25 |
| 减：所得税费用 | 31 | - | - |
| 四、净利润(亏损以-号填列) | 32 | -403,471.38 | -499,206.25 |

单位负责人：王五　　制表人：陈清华

621.49　　2,071,639.88　　-499,206.25

图 14.11　损益表

（3）现金流量表

现金流量表所表达的是在一固定时期（通常是每月或每季度）内，一家机构的现金（包含银行存款）的增减变动情形。

现金流量表主要反映资产负债表中各个项目对现金流量的影响，现金流量按其用途划分为经营活动产生的现金流量、投资活动产生的现金流量及融资活动产生的现金流量三类。现金流量表可用于分析一家机构在短期内有没有足够现金去应付开销。

使用 Excel 设计并自动生成、更新的现金流量表如图 14.12 所示。

现 金 流 量 表

编制单位：B公司　　2019年12月　　单位：元

| | | | | | |
|---|---|---|---|---|---|
| 二、投资活动产生的现金流量： | | | 投资损失（减：收益） | 69 | - |
| 收回投资所收到的现金 | 22 | - | 递延税款贷项（减：借项） | 70 | |
| 取得投资收益所收到的现金 | 23 | - | 存货的减少（减：增加） | 71 | -4,961,410.96 |
| 处置固定资产、无形资产和其他长期资产所收回的现金净额 | 25 | - | 经营性应收项目的减少（减：增加） | 72 | -510,086.10 |
| 收到的其他与投资活动有关的现金 | 28 | - | 经营性应付项目的增加（减：减少） | 73 | 6,601,183.45 |
| 现金流入小计 | 29 | - | 其他 | 74 | -28,716.06 |
| 购建固定资产、无形资产和其他长期资产所支付的现金 | 30 | 115,452.88 | 经营活动产生的现金流量净额 | 75 | 774,649.08 |
| 投资所支付的现金 | 31 | - | | | |
| 支付的其他与投资活动有关的现金 | 35 | - | | | |
| 现金流出小计 | 36 | 115,452.88 | | | |
| 投资活动产生的现金流量净额 | 37 | -115,452.88 | 2、不涉及现金收支的投资和筹资活动： | | |
| 三、筹资活动产生的现金流量： | | | 债务转为资本 | 76 | |
| 吸收投资所收到的现金 | 38 | - | 一年内到期的可转换公司债券 | 77 | |
| 取得借款所收到的现金 | 40 | - | 融资租入固定资产 | 78 | |
| 收到的其他与筹资活动有关的现金 | 43 | | | | |
| 现金流入小计 | 44 | - | | | |
| 偿还债务所支付的现金 | 45 | | | | |
| 分配股利、利润和偿付利息所支付的现金 | 46 | - | 3、现金及现金等价物净增加情况 | | |
| 支付的其他与筹资活动有关的现金 | 52 | - | 现金的期末余额 | 79 | 717,316.20 |
| 现金流出小计 | 53 | - | 减：现金的期初余额 | 80 | 58,120.00 |
| 筹资活动产生的现金流量净额 | 54 | - | 加：现金等价物的期末余额 | 81 | |
| 四、汇率变动对现金的影响 | 55 | | 减：现金等价物的期初余额 | 82 | |
| 五、现金及现金等价物净增加额 | 56 | 659,196.20 | 现金及现金等价物净增加额 | 83 | 659,196.20 |

企业负责人：王五　　主管会计：张三　　制表：陈清华　　报送日期：

图 14.12　现金流量表

## 14.5　财务函数

Excel 提供了多类财务函数，这些函数大体上可分为四类：投资计算函数、折旧计算函数、偿还率计算函数、债券及其他金融函数。这些函数为财务分析提供了极大的便利。利用这些函数，可以进行一般的财务计算，如确定贷款的支付额、投资的未来值或净现值，以及债券或息票的价值等。在 Excel 中要使用财务函数，可单击“公式”→“财务”下拉按钮，如图 14.13 所示，在下拉列表中选择。

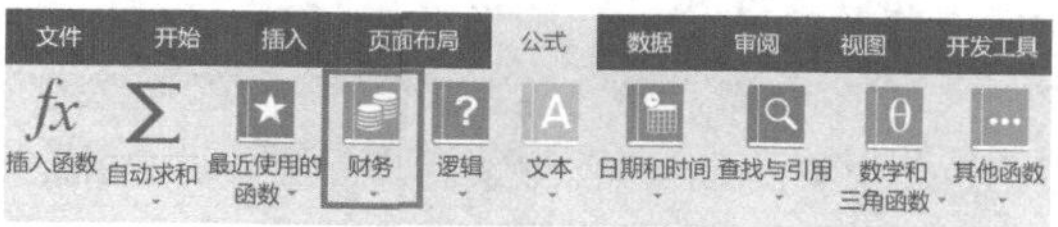


图 14.13　“财务”下拉按钮

财务函数非常有用，尤其是对那些从事会计工作，经常用 Excel 制作财务表格的人员，学好这些函数可提高工作效率。本节对财务函数进行简单介绍。

### 14.5.1　财务分析

通过财务函数中的效益函数可对企业的盈利情况进行分析。已知每种产品的盈利额，要求求出全年的总盈利额，如图 14.14 所示。

| | A | B | C | D | E | F |
|---|---|---|---|---|---|---|
| 1 | 产品名称 | 开始日期 | 截止日期 | 盈利额（万元） | 占全年比例（%） | 全年的总盈利额（万元） |
| 2 | 产品1 | 2019-01-26 | 2019-05-24 | 100 | | |
| 3 | 产品2 | 2019-06-06 | 2019-08-13 | 500 | | |
| 4 | 产品3 | 2019-08-12 | 2019-10-05 | 2000 | | |
| 5 | 产品4 | 2019-05-12 | 2019-09-28 | 300 | | |
| 6 | 产品5 | 2019-02-10 | 2019-06-08 | 5000 | | |
| 7 | 产品6 | 2019-04-17 | 2019-06-04 | 600 | | |

图 14.14　产品盈利情况表（部分）

在计算过程中，需要用到效益函数 YEARFRAC(start_date,end_date,basis)来判别某一特定条件下全年效益与债务的比例。该函数中，参数 start_date 为开始日期；参数 end_date 为终止日期。这两个参数应使用 DATE 函数来输入日期，或者将日期作为其他公式或函数的结果输入。例如，使用函数 DATE(2019,5,23)输入 2019 年 5 月 23 日。如果日期以文本的形式输入，则会出现问题。参数 basis 表示日计数基准类型，不同的数值代表不同的意义，如表 14.1 所示。

表 14.1　basis 参数数值的意义

| basis | 意　义 |
|---|---|
| 0 或省略 | US(NASD)30/360 |
| 1 | 实际天数/实际天数 |
| 2 | 实际天数/360 |
| 3 | 实际天数/365 |
| 4 | 欧洲 30/360 |

图 14.14 中单元格 E2 的公式为：

```
=YEARFRAC([@开始日期],[@终止日期],1)
```

F2 单元格中输入：

```
=D2/E2
```

## 14.5.2　年金现值计算

（1）固定年金计算

假设 B 公司有 10 年的还款计划，如图 14.15 所示，设计了固定年金与本金计算表。

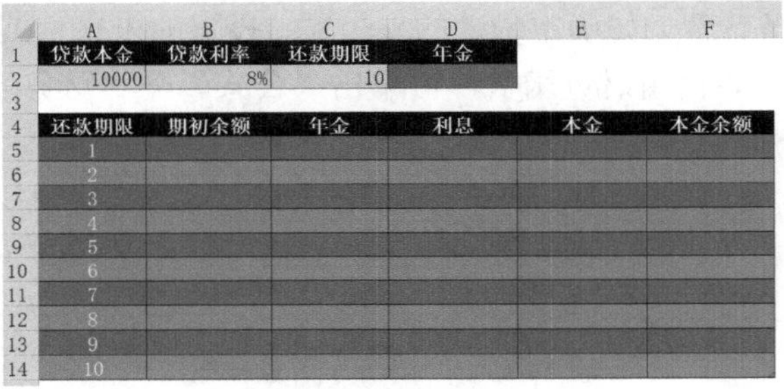


图 14.15　固定年金与本金计算表

表格中需要计算年金，可使用函数 PMT。PMT 函数即年金函数，它基于固定利率及等额分期付款方式，返回贷款的每期付款额。其语法格式为 PMT(Rate, Nper, Pv, [Fv], [Type])。其中，参数 Rate 为贷款利率（期利率）；参数 Nper 为该项贷款的付款总期数（总年数或还租期数）；参数 Pv 为现值（租赁本金），或一系列未来付款的当前值的累积和，也称为本金；参数 Fv 为未来值（余值），或在最后一次付款后希望得到的现金余额，如果省略 Fv，则假设其值为 0，也就是一笔贷款的未来值为 0；参数 Type 的值为数字 0 或 1，用以指定各期的付款时间是在期初还是期末。1 代表期初（先付：每期的第一天付），不输入或输入 0 代表期末（后付：每期的最后一天付）。

因此，对应的 D2 单元格的公式可写为：

```
=-PMT(B2,C2,A2)
```

可以使用本金计算表，添加对应的公式对结果进行核算，结果如图 14.16 所示。10 年后，贷款本金余额为 0。

| 还款期限 | 期初余额 | 年金 | 利息 | 本金 | 本金余额 |
|---|---|---|---|---|---|
| 1 | ¥10,000.00 | ¥1,490.29 | ¥800.00 | ¥690.29 | ¥9,309.71 |
| 2 | ¥9,309.71 | ¥1,490.29 | ¥744.78 | ¥745.52 | ¥8,564.19 |
| 3 | ¥8,564.19 | ¥1,490.29 | ¥685.13 | ¥805.16 | ¥7,759.03 |
| 4 | ¥7,759.03 | ¥1,490.29 | ¥620.72 | ¥869.57 | ¥6,889.45 |
| 5 | ¥6,889.45 | ¥1,490.29 | ¥551.16 | ¥939.14 | ¥5,950.32 |
| 6 | ¥5,950.32 | ¥1,490.29 | ¥476.03 | ¥1,014.27 | ¥4,936.05 |
| 7 | ¥4,936.05 | ¥1,490.29 | ¥394.88 | ¥1,095.41 | ¥3,840.63 |
| 8 | ¥3,840.63 | ¥1,490.29 | ¥307.25 | ¥1,183.04 | ¥2,657.59 |
| 9 | ¥2,657.59 | ¥1,490.29 | ¥212.61 | ¥1,277.69 | ¥1,379.90 |
| 10 | ¥1,379.90 | ¥1,490.29 | ¥110.39 | ¥1,379.90 | ¥0.00 |

图 14.16 10 年还款计划

（2）固定年金的还款期数计算

假设 B 公司借款 1 万元，准备每期还款 1000 元，则需要还款多少期？为计算还款期数，设计了如图 14.17 所示的固定年金还款期数计算表。

| | A | B | C | D | E | F |
|---|---|---|---|---|---|---|
| 1 | 贷款本金 | 利率 | 偿还年金 | 期数 | | |
| 2 | 10000 | 8% | 1000 | | | |
| 3 | | | | | | |
| 4 | 期数 | 期初余额 | 贷款利息 | 还款金额 | 还款本金 | 剩余金额 |
| 5 | | | | | | |
| 6 | | | | | | |
| 7 | | | | | | |
| 8 | | | | | | |
| 9 | | | | | | |

图 14.17 固定年金还款期数计算表

可以使用 NPER 函数计算还款期数。NPER 基于固定利率及等额分期付款方式，返回某项投资的总期数。该函数的语法格式为 NPER(Rate, Pmt, Pv, [Fv], [Type])，其中参数 Rate 为必选项，表示各期利率。参数 Pmt 为必选项，表示各期应支付的金额在整个年金期间保持不变。通常 Pmt 包括本金和利息，但不包括其他费用或税款。参数 Pv 为必选项，表示现值或一系列未来付款的当前值的累积和。参数 Fv 为可选项，表示未来值，或在最后一次付款后希望得到的现金余额。如果省略 Fv，则假定其值为 0（如贷款的未来值是 0）。参数 Type 为可选项，其值为数字 0 或 1，用以指定各期的付款时间是在期初还是期末，其值为 0 或省略该参数表示期末。因此，D2 单元格的公式可写为：

```
=NPER(B2,-C2,A2)
```

最后，对该结果进行演算，演算过程如图 14.18 所示，需要 20 多期。

| | A | B | C | D | E | F |
|---|---|---|---|---|---|---|
| 1 | 贷款本金 | 利率 | 偿还年金 | 期数 | | |
| 2 | 10000 | 8% | 1000 | 20.9123719 | | |
| 3 | 期数 | 期初余额 | 贷款利息 | 还款金额 | 还款本金 | 剩余金额 |
| 4 | 1 | 10000.00 | 800.00 | 1000 | 200.00 | 9800.00 |
| 5 | 2 | 9800.00 | 784.00 | 1000 | 216.00 | 9584.00 |
| 6 | 3 | 9584.00 | 766.72 | 1000 | 233.28 | 9350.72 |
| 7 | 4 | 9350.72 | 748.06 | 1000 | 251.94 | 9098.78 |
| 8 | 5 | 9098.78 | 727.90 | 1000 | 272.10 | 8826.68 |
| 9 | 6 | 8826.68 | 706.13 | 1000 | 293.87 | 8532.81 |
| 10 | 7 | 8532.81 | 682.63 | 1000 | 317.37 | 8215.44 |
| 11 | 8 | 8215.44 | 657.24 | 1000 | 342.76 | 7872.67 |
| 12 | 9 | 7872.67 | 629.81 | 1000 | 370.19 | 7502.49 |
| 13 | 10 | 7502.49 | 600.20 | 1000 | 399.80 | 7102.69 |
| 14 | 11 | 7102.69 | 568.22 | 1000 | 431.78 | 6670.90 |
| 15 | 12 | 6670.90 | 533.67 | 1000 | 466.33 | 6204.57 |
| 16 | 13 | 6204.57 | 496.37 | 1000 | 503.63 | 5700.94 |
| 17 | 14 | 5700.94 | 456.08 | 1000 | 543.92 | 5157.02 |
| 18 | 15 | 5157.02 | 412.56 | 1000 | 587.44 | 4569.58 |
| 19 | 16 | 4569.58 | 365.57 | 1000 | 634.43 | 3935.14 |
| 20 | 17 | 3935.14 | 314.81 | 1000 | 685.19 | 3249.95 |
| 21 | 18 | 3249.95 | 260.00 | 1000 | 740.00 | 2509.95 |
| 22 | 19 | 2509.95 | 200.80 | 1000 | 799.20 | 1710.75 |
| 23 | 20 | 1710.75 | 136.86 | 1000 | 863.14 | 847.61 |
| 24 | 21 | 847.61 | 67.81 | 915.415712 | 847.61 | 0.00 |

图 14.18 还款期数演算过程

（3）固定年金的现值计算

假设 B 公司计划支出 500 元，每年支出 100 元，共计 5 年，则这笔资金的现值为多少？

为计算资金现额，设计了如图 14.19 所示的推算表。

| | A | B | C | D | E |
|---|---|---|---|---|---|
| 1 | 年利率 | 期数(年) | 每期获得 | 现值 | |
| 2 | 4% | 5 | 100 | | |
| 3 | | | | | |
| 4 | 期数 | 存款期初 | 存款利息 | 本利合计 | 每期支出 |
| 5 | 1 | | | | 100 |
| 6 | 2 | | | | 100 |
| 7 | 3 | | | | 100 |
| 8 | 4 | | | | 100 |
| 9 | 5 | | | | 100 |

图 14.19　现值计算及推算表

可使用 Excel 的财务函数 PV，它用于返回投资的现值。现值为一系列未来付款的当前值的累积和。例如，借入方的借入款即贷出方贷出款的现值。PV 函数的语法格式为 PV(Rate, Nper, Pmt, Fv, Type)。参数说明如下：

1）Rate 为各期利率。例如，如果按 12%的年利率借入一笔贷款来购买汽车，并按月偿还贷款，则月利率为 12%/12（1%）。可以在公式中输入 12%/12、1%或 0.01 作为 Rate 的值。

2）Nper 为总投资（或贷款）期，即该项投资（或贷款）的付款期（偿款期）数。例如，对于一笔 5 年期按月偿还的汽车贷款，偿款期数为 5×12（60）。可以在公式中输入 60 作为 Nper 的值。

3）Pmt 为各期所应支付的金额，其数值在整个年金期间保持不变。通常 Pmt 包括本金和利息，但不包括其他费用及税款。例如，10000 元的年利率为 12%的 4 年期汽车贷款的月偿还额为 263.33 元。可以在公式中输入“-263.33”作为 Pmt 的值。如果省略 Pmt，则必须包含 Fv 参数。

4）Fv 为未来值，或在最后一次支付后希望得到的现金余额。如果省略 Fv，则假设其值为 0（一笔贷款的未来值为 0）。例如，如果需要在 12 年后支付 60000 元，则 60000 元就是未来值。可以根据保守估计的利率来确定每月的存款额。如果省略 Fv，则必须包含 Pmt 参数。

5）Type 的取值为数字 0 或 1，用以指定各期的付款时间是在期初还是期末。

本示例中 D2 单元格的公式为：

```
=-PV([年利率], [期数(年)],[每期获得],0,0)
```

现值计算及推算结果如图 14.20 所示。

| | A | B | C | D | E |
|---|---|---|---|---|---|
| 1 | 年利率 | 期数(年) | 每期获得 | 现值 | |
| 2 | 4% | 500% | 100 | ¥445.18 | |
| 3 | | | | | |
| 4 | 期数 | 存款期初 | 存款利息 | 本利合计 | 每期支出 |
| 5 | 1 | ¥445.18 | ¥17.81 | ¥462.99 | 100 |
| 6 | 2 | ¥362.99 | ¥14.52 | ¥377.51 | 100 |
| 7 | 3 | ¥277.51 | ¥11.10 | ¥288.61 | 100 |
| 8 | 4 | ¥188.61 | ¥7.54 | ¥196.15 | 100 |
| 9 | 5 | ¥96.15 | ¥3.85 | ¥100.00 | 100 |

图 14.20　现值计算及推算结果

## 14.5.3　等额还本付息计算

假设 B 公司有 100000 元的贷款，贷款期限为 5 年，贷款利率为 4%。企业决定使用等额还本付息的方式进行每月还款。试计算每月应还款多少。

为计算每月还款数，设计了如图 14.21 所示的还款表。其中，每月还款数可使用 PMT 函数计算。

| 贷款本金 | 贷款利率 | 还贷期限 | 每月还款数 |
|---|---|---|---|
| 100,000.00 | 6% | 5 | |

| 还款期限（月） | 贷款本金 | 每月还款数 | 贷款利息 | 累计利息 | 还款本金 | 累积本金 | 本金余额 |
|---|---|---|---|---|---|---|---|
| 1 | | | | | | | |
| 2 | | | | | | | |
| 3 | | | | | | | |
| 4 | | | | | | | |
| 5 | | | | | | | |

图 14.21　还款表（等额还本付息）

D2 单元格的公式为：

```
=-PMT(B2/12,C2*12,A2)
```

## 14.5.4　等额分期存款计算

假设 B 公司 10 个月后需要完成某一采购计划（约需要 12 万元），现决定每月存入 10000 元。试问 10 个月后存款是否可以满足该采购计划。为了解决这个问题，设计了如图 14.22 所示的固定利率等额分期存入的未来值计算表。

| 每期存入 | 期数 | 固定利率 | 未来值 |
|---|---|---|---|
| 10000 | 10 | 4.00% | ¥124,863.51 |

| 期数 | 每期存入 | 期初合计1 | 期初合计2 | 本期利息 | 本期合计1 | 本期合计2 | 本期合计3 |
|---|---|---|---|---|---|---|---|
| 1 | 10000.00 | 10000.00 | 10000.00 | 400.00 | 10400.00 | 10400.00 | 10400.00 |
| 2 | 10000.00 | 20400.00 | 20400.00 | 816.00 | 21216.00 | 21216.00 | 21216.00 |
| 3 | 10000.00 | 31216.00 | 31216.00 | 1248.64 | 32464.64 | 32464.64 | 32464.64 |
| 4 | 10000.00 | 42464.64 | 42464.64 | 1698.59 | 44163.23 | 44163.23 | 44163.23 |
| 5 | 10000.00 | 54163.23 | 54163.23 | 2166.53 | 56329.75 | 56329.75 | 56329.75 |
| 6 | 10000.00 | 66329.75 | 66329.75 | 2653.19 | 68982.94 | 68982.94 | 68982.94 |
| 7 | 10000.00 | 78982.94 | 78982.94 | 3159.32 | 82142.26 | 82142.26 | 82142.26 |
| 8 | 10000.00 | 92142.26 | 92142.26 | 3685.69 | 95827.95 | 95827.95 | 95827.95 |
| 9 | 10000.00 | 105827.95 | 105827.95 | 4233.12 | 110061.07 | 110061.07 | 110061.07 |
| 10 | 10000.00 | 120061.07 | 120061.07 | 4802.44 | 124863.51 | 124863.51 | 124863.51 |

说明：固定期限固定年金复利计息的未来收益。
说明：期初计算的是每期期初存入本金后的合计，本期合计是在期初合计的基础上加上本期利息

图 14.22　固定利率等额分期存入的未来值计算表

可使用 FV 函数，它基于固定利率及等额分期付款方式，返回某项投资的未来值。其语法格式为 FV(Rate, Nper, Pmt, Pv, Type)。其中，参数 Pv 为现值，即从该项投资开始计算时已经入账的款项，或一系列未来付款的当前值的累积和，也称为本金。如果省略 Pv，则假设其值为 0，并且必须包括 Pmt 参数。其余参数与 PV 函数类似，不再详述。

因此，D2 单元格的公式如下：

```
=-FV(C2,B2,A2,0,1)
```

单元格 F4、G4 及 H4 可以使用不同的公式进行演算，结果相同。

# 第15章

# 电商数据分析

我国汽车行业从 20 世纪 80 年代起步，历经多年的发展，市场不断扩大。21 世纪初，二手车市场开始取得快速发展，但规模较小。伴随着科学技术的进步，国民消费水平及观念的转变，二手车市场的规模和交易量不断扩大，其巨大的市场空间及发展潜力也逐渐突显出来。

二手车市场的稳健发展，有益于整个汽车产业链的发展，有益于汽车产业链的优化和延伸，有助于把控和整合汽车行业市场，促进汽车行业市场健康有序的发展。

如火如荼的电商行业，如今已经大面积渗透进二手车市场中，出现了一批汽车资讯网站、网上二手车交易市场等专业性的网站。本章主要基于已获取的二手车数据，通过数据分析，对二手车市场进行初步分析、研究，形成数据分析报告，并提出建议。

## 15.1 二手车数据源准备

从网络上获取公开发布的二手车交易信息，共搜集了 18 个汽车品牌的数据（约计 36000 条）、8 个城市汽车的数据（约计 7400 条）、汽车价格数据（约计 16000 条）。这些从网络上获取的数据记录为后续的数据分析提供了可靠的数据源。部分二手车数据信息如表 15.1 所示。

表 15.1 二手车数据信息（前 5 条）

| 品牌 | 型号 | 表里程数 | 销售类型 | 价格（万元） | 上牌时间 | 排量（升） | 变速箱 | 城市 |
|---|---|---|---|---|---|---|---|---|
| 吉利 | 博越 | 1.6 万公里 | 到店服务 | 10.17 | May-18 | 1.8 | 自动 | 上海 |
| 日产 | 天籁 | 6.8 万公里 | 到店服务 | 13.89 | Aug-16 | 2 | 自动 | 上海 |
| 福特 | 锐界 | 8.5 万公里 | 到店服务 | 16.81 | Oct-15 | 2 | 自动 | 上海 |
| 福特 | 锐界 | 6.5 万公里 | 到店服务 | 18.81 | May-16 | 2 | 自动 | 上海 |

在获取数据之后，还需要对数据进行整理。对于不符合要求的数据、重复的数据，要剔除。考虑使用“圈释无效数据”功能来查看，使用数据筛选功能进行筛选，或者用公式来进行甄别。同时，对于某些不必要的信息可进行进一步处理，如字段“表里程数”中，单位“万公里”可以去除，方便分析。在 Excel 中提供了相应的函数，使用如下公式即可实现。

```
=LEFT([@表里程数],LEN([@表里程数])-3)
```

当然也可以使用其他函数或方式来完成。

在爬取网络上二手车市场数据的基础上，还利用问卷的形式对消费者购买二手车的看法、购买渠道等进行了调查。问卷共设计了 14 个问题，其中 11 道单选题，1 道排序题，2 道多选题。所设计的问卷主要分为四个部分：第一部分是参与问卷调查的对象的基本资料，第二部分是调查对象对于二手车市场的了解程度，第三部分是调查对象对于购买二手车的关注程度，第四部分是调查对象对于二手车市场提出的意见。开展问卷调查主要是为了了解不同年龄段、不同职业、不同性别的人对二手车市场的需求及使用现状，针对目前二手车市场存在的问题和不足提出可行性建议。二手车问卷调查结果如图 15.1 所示。

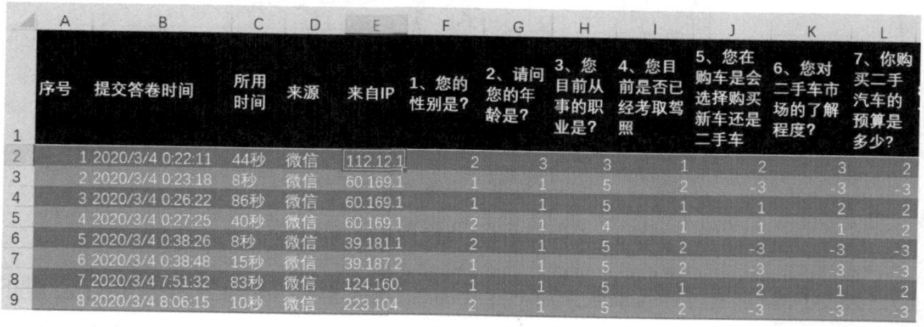

| | A | B | C | D | E | F | G | H | I | J | K | L |
|---|---|---|---|---|---|---|---|---|---|---|---|---|
| 1 | 序号 | 提交答卷时间 | 所用时间 | 来源 | 来自IP | 1、您的性别是? | 2、请问您的年龄是? | 3、您目前从事的职业是? | 4、您目前是否已经考取驾照 | 5、您在购车是会选择购买新车还是二手车 | 6、您对二手车市场的了解程度? | 7、你购买二手汽车的预算是多少? |
| 2 | 1 | 2020/3/4 0:22:11 | 44秒 | 微信 | 112.12.1 | 2 | 3 | 3 | 1 | 2 | 3 | 2 |
| 3 | 2 | 2020/3/4 0:23:18 | 8秒 | 微信 | 60.169.1 | 1 | 1 | 5 | 2 | -3 | -3 | -3 |
| 4 | 3 | 2020/3/4 0:26:22 | 86秒 | 微信 | 60.169.1 | 1 | 1 | 5 | 1 | 1 | 2 | 2 |
| 5 | 4 | 2020/3/4 0:27:25 | 40秒 | 微信 | 60.169.1 | 2 | 1 | 4 | 1 | 1 | 1 | 2 |
| 6 | 5 | 2020/3/4 0:38:26 | 8秒 | 微信 | 39.181.1 | 2 | 1 | 5 | 2 | -3 | -3 | -3 |
| 7 | 6 | 2020/3/4 0:38:48 | 15秒 | 微信 | 39.187.2 | 1 | 1 | 5 | 2 | -3 | -3 | -3 |
| 8 | 7 | 2020/3/4 7:51:32 | 83秒 | 微信 | 124.160. | 1 | 1 | 5 | 1 | 2 | 1 | 2 |
| 9 | 8 | 2020/3/4 8:06:15 | 10秒 | 微信 | 223.104. | 2 | 1 | 5 | 2 | -3 | -3 | -3 |

图 15.1 二手车问卷调查结果

本次问卷调查共收集 253 份问卷，回收率为 100%。剔除回答不完整的 39 份，得到有效问卷 214 份。因此，本章分析所用数据样本总量为 214 份。

## 15.2 二手车基本信息分析

### 15.2.1 二手车品牌分析

为分析每个品牌在市场中所占的百分比，根据收集的数据绘制了饼图。饼图易于显示每组数据相对于总数的大小，能够更好、更快地分析热门的品牌有哪些，帮助客户选购二手车。排名前十的二手车品牌占比饼图如图 15.2 所示。

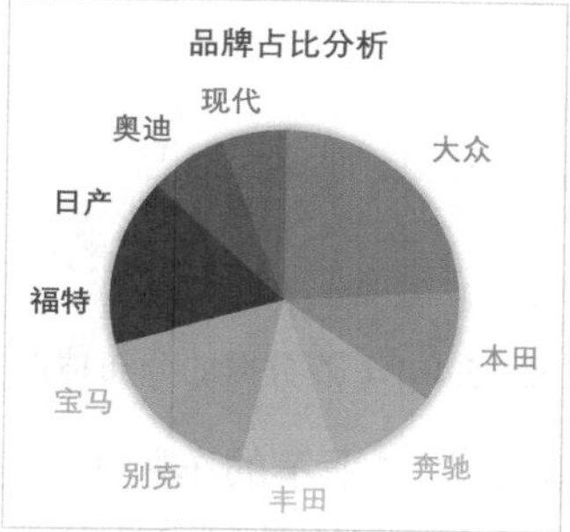


图 15.2 排名前十的二手车品牌占比饼图

根据图 15.2，从网站上爬取的排名前十的二手车品牌都是日常生活中常见的汽车品牌。其中以大众这一汽车品牌数量最多，遥遥领先于其他品牌。比较令人意外的是，奔驰、宝马、奥迪等中高端汽车品牌也位居前十，对于有意向购买这些品牌二手车的买家来说，不失为一个好消息。

### 15.2.2 二手车里程分析

为了解所有在售的二手车里程数的分布情况，根据获取的数据绘制了直方图。直方图可以清晰地展示二手车里程数的整体情况。实现时，首先使用 COUNTIFS 函数对二手车里程数进行分段统计，在统计结果的基础上，使用直方图进行可视化，结果如图 15.3 所示。

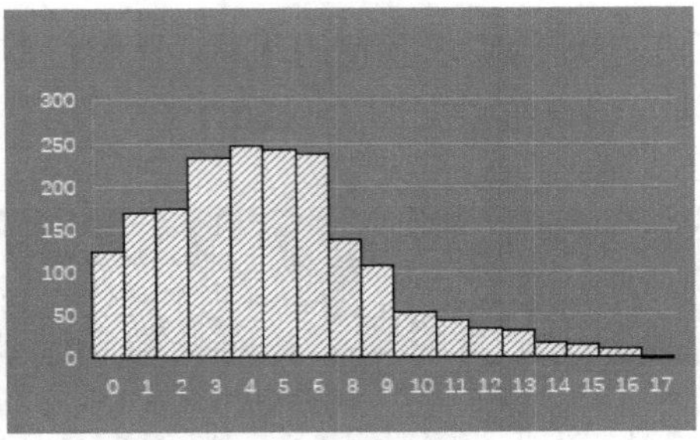


图 15.3　二手车里程数的分布情况

根据图 15.3，二手车里程数结果近似符合正态分布，里程数为 3 万～7 万公里的占大多数，为 7 万～18 万公里的占少数。里程数在 6 万公里以上，随着里程数的增加，二手车的数量也是逐渐减少的。其中里程数为 1 万～7 万公里的二手车数量最多，而在 1 万公里以内的二手车数量较少，这可能是因为这一部分汽车的可使用性较高。

### 15.2.3　二手车车龄分析

下面对市面上的二手车的车龄进行分析。根据获取的车龄数据绘制箱形图。使用箱形图最大的优点就是可以分组描绘出车龄数据的分布情况（见图 15.4）。通过分段分析，可以更加清楚每个车龄区间的数据分布情况。为得到相应的分段统计结果，需要对车龄字段进行统计，可使用 IF 函数对其所属区间进行计算。

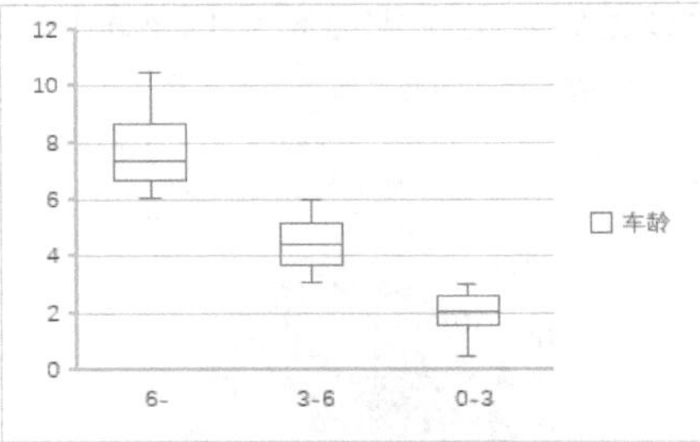


图 15.4　车龄数据的分布情况

从图 15.4 可以看出，0～3 年车龄的二手车的车龄主要集中在 2 年附近。箱体的大小，也说明了车龄分布的离散程度。箱体越小，说明数据分布越集中。0～3 年车龄的数据分布较集中。3～6 年车龄的二手车中 50%的车的车龄集中在 4～5 年，6 年以上车龄的二手车中 50%的车的车龄集中在 6.8～8.4 年，且中位数大约为 7.2 年，数据分布呈现一个偏态。显然，车龄数据在不同车龄区间分布不同。

### 15.2.4　二手车品牌在不同城市的占比分析

图 15.5 显示了二手车品牌在不同城市的占比情况，特别关注 4 个一线城市。从图 15.5 中可以看出不同二手车品牌在不同城市的售卖情况。以大众品牌为例，其在上海售卖的二手车最多。

为得到图 15.5，需要使用条件统计函数获得具体的数值，并使用条形图显示这些数值。

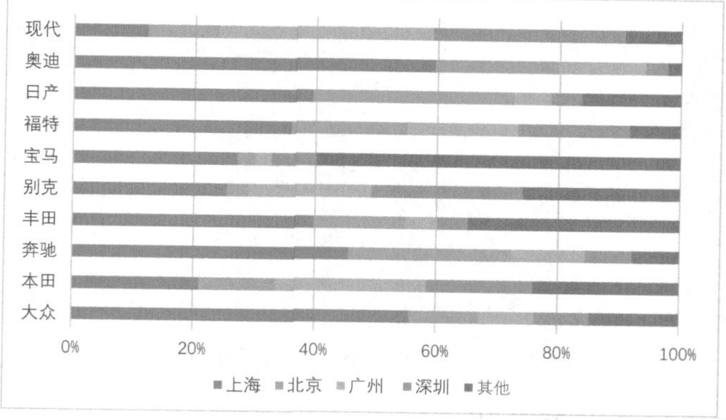


图 15.5　不同二手车品牌在不同城市的占比情况分析

### 15.2.5　二手车地理位置分布分析

热力图可以用来显示城市的二手车分布，颜色越暖表示在售二手车越多，颜色越冷表示该位置上在售二手车较少。

此外，我们还可以结合地图显示不同系列数据的区别。比如，显示中国几个城市在售二手车的平均价格情况。为获得平均价格的地图显示结果，首先需要对数据进行统计，统计数据至少包含如表 15.2 所示的结果。使用的函数为 AVERAGEIF、COUNTIF。

**表 15.2　地理位置分布分析数据源**

| 城　　市 | 平均价格（万元） | 销售数量（辆） |
|---|---|---|
| 北京 | 21.55621 | 1996 |
| 上海 | 17.4526 | 1767 |
| 日照 | 11.37388 | 353 |
| 南充 | 11.80222 | 217 |
| 玉环 | 16.7749 | 584 |
| 广州 | 17.91044 | 990 |
| … | … | … |

接着，可以使用 Excel 中的“三维地图”功能，在平面地图或三维地图上添加图表、图例等显示不同城市在售二手车的平均价格。这里不再详述。

## 15.3　二手车数据相关性分析

### 15.3.1　车龄与里程数的关系分析

图 15.6 显示了车龄与里程数的关系，其中横坐标为车龄（年），纵坐标为里程数（万公里）。从图 15.6 中可以看出，随着车龄的增加，车的里程数也在增加。在图 15.6 中添加了趋势线，一定程度上反映了二手车车龄与里程数间的线性关系。

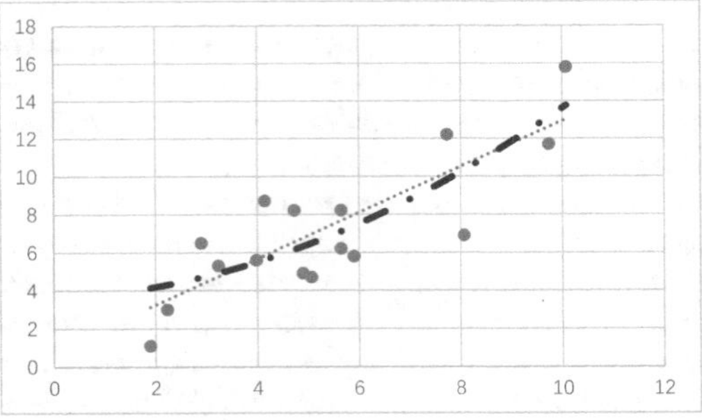


图 15.6　二手车车龄与里程数的关系

### 15.3.2　里程数与价格的关系分析

图 15.7 显示了里程数与价格的关系。在进行数据分析之前，先进行数据筛选，仅对品牌为“奥迪 A4L”的车型进行分析。从图 15.7 中可以看出，随着里程数（横坐标）的增加，二手车的价格（纵坐标）降低了。在图 15.7 中也添加了趋势线，反映了里程数与价格之间的线性关系。

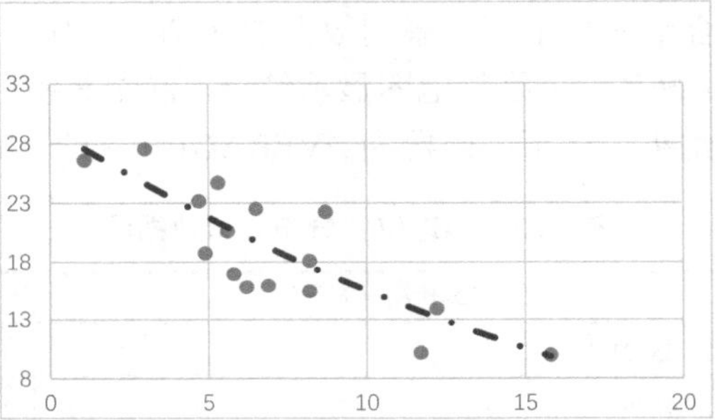


图 15.7　里程数与价格的关系

### 15.3.3　里程数、车龄对价格的影响分析

当需要分析三维数据间的关系时，可使用气泡图。图 15.8 显示了当品牌为“奥迪 A4L”时，里程数、车龄对二手车价格的影响。其中，横坐标为车龄（年），纵坐标为里程数（万公里），气泡大小表示二手车的在售价格（万元）。显然，里程数和车龄对二手车价格的影响均是负面的。对不同的品牌，里程数和车龄对二手车价格的影响不同。

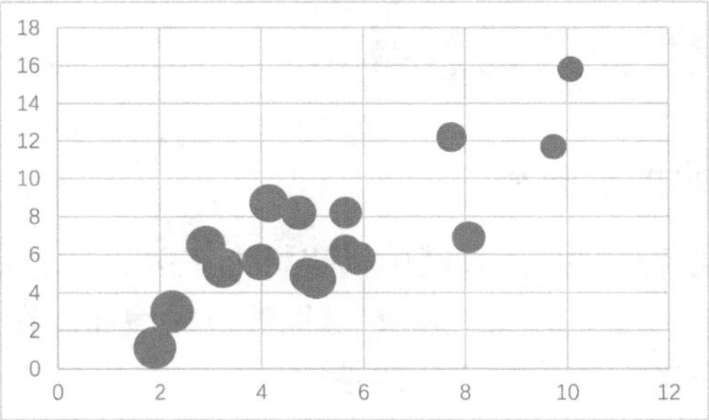


图 15.8　里程数、车龄对二手车价格的影响分析

## 15.4 二手车主观数据分析

### 15.4.1 二手车购买预算分析

根据对二手车购买预算的调查数据绘制如图 15.9 所示的饼图。由图 15.9 可知，二手车购买预算在 5 万元以下的受访者占比为 8%，在 5 万元～10 万元的受访者占比为 33%，在 10 万元～20 万元的受访者占比为 55%，在 20 万元以上的受访者占比为 4%。对于问卷受访者来说，平均价格在 5 万元～10 万元、10 万元～20 万元之间的车最受欢迎。结合数据来看，地域的不同使得消费者购买二手车的预算有所差异，由于一线城市的收入水平较高，这些城市的受访者购买二手车的预算以 10 万元～20 万元为主。

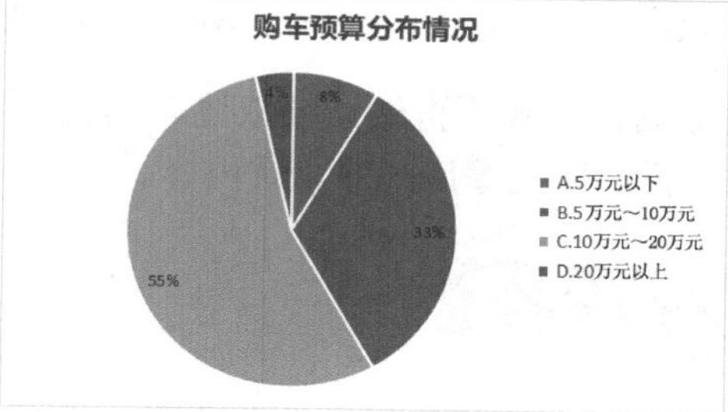


图 15.9 二手车购买预算分布情况

此外，使用饼图还可对受访者的年龄构成、职业成分等信息进行分析与可视化展现。此处不再详述。

### 15.4.2 购买二手车关注程度分析

根据对购买二手车关注程度调查数据绘制雷达图，如图 15.10 所示。受访者在考虑购买二手车时，销售价格是最主要因素，其次是对于使用年限、保值率、安全性能、品牌型号、油耗、尾气排量、里程数的考虑。这说明影响购买二手车的因素中，销售价格的影响最大。

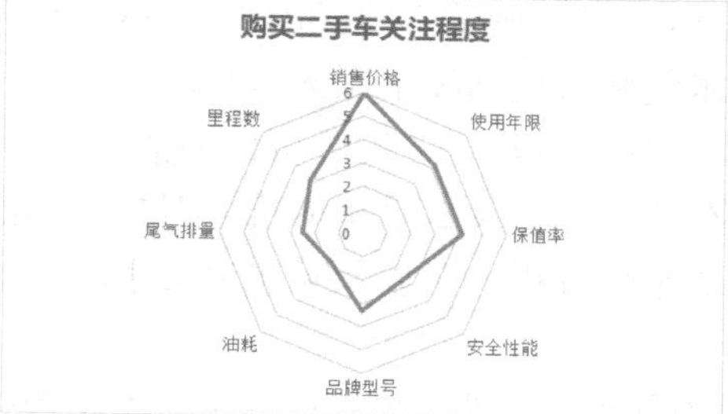


图 15.10 购买二手车关注程度分析

### 15.4.3 二手车电商平台市场发展的建议分析

二手车电商平台市场发展的建议分布情况如图 15.11 所示。其中建议完善电子商务法规的受访者有 137 人，建议积极引入第三方评估检测机构的受访者有 79 人，建议与第三方认证中心合作，完善支付安全的受访者有 72 人，建议完善商品运输体制的受访者有 57 人，建议建立信用体制的受访者有 42 人，建议简化网上交易手续的受访者有 36 人。由数据可知，目前大众群体对于电商平台的依赖程度日益增加，而电子商务法规的完善则是消费者对于电商平台信任的基础。

图 15.11 使用柱形图对支持每个建议的受访者人数进行了统计，显然，大部分受访者认为，现有的二手车电商平台需要完善相关的法规，以保障买卖双方及中介方各自的权益。

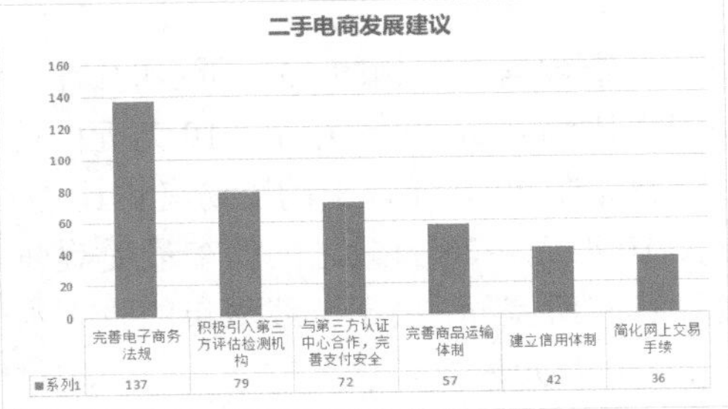


图 15.11　二手车电商平台市场发展的建议分布情况

对于调查结果中的其他数据，本章不再做详细叙述。读者可参考爬取的大量数据及问卷调查结果进行全面、系统的分析，以支撑后续的总结内容。

## 15.5　二手车数据分析总结

过去消费者对二手车的兴趣不大，且销售二手车的利润不高，所以很少有经销商会重视二手车业务。然而，现在二手车行业仿佛一匹黑马，在互联网时代下忽地杀出重围，快速地带动各个行业的高速发展。对于刚刚考取驾照的新手，由于驾车经验和驾驶技术不足，其驾驶的汽车难免在路上剐蹭，这样汽车的美容护理是一笔不小的开支，而买二手车，在此方面则可以忽略不计。另外，某些特定年代车型的二手车还具有一定的收藏意义。因此，对于二手车数据的分析具有重要的现实意义。

在所有数据分析的基础上得出以下结论：

1）目前的二手车车源主要集中在一、二线城市，需求大多集中在三、四线城市，这就使得三、四线城市形成了一个巨大的需求市场，而二手车电商平台的发展，大大切合了消费者的需求。所以二手车电商平台也应设置相应的服务和营销中心，提供金融租赁、保养维修、评估检测等服务，利用自身的技术优势来提高线下服务水平。

2）对二手车数据的基本信息分析与相关性分析，为消费者购买二手车提供了参考。比如在品牌、价格的选择上，二手车所在城市及二手车的价格对二手车的销售也有重要影响。此外，通过对网络二手车市场数据的整体分析，可以预见未来二手车市场仍然具有很大的发展空间，前景广阔。

3）通过对问卷调查结果的分析，发现消费者对购买二手车最担心的是无法掌握真实车源、车况，而二手车的价格和买卖双方的诚信问题也是消费者担忧的主要因素。对此，可以让二手车公司请专业评估师进行相关鉴定，也可以请独立的第三方机构进行鉴定评估。而诚信问题，除自身的道德约束外，还要完善相关的法律法规，保证二手车市场的有序经营。

4）通过对网络上二手车市场数据的分析，发现知名品牌二手车受到消费者的青睐，且在以后必将成为市场主体。目前的市场机制还不够完善，政府需要对现有二手车市场进行升级改造，建立健全二手车行业统一标准，培育二手车经营公司，鼓励品牌经销商开展二手车业务，提倡企业进行规模化和多元化经营。

# 附录 A

# 练习题参考答案

## 第 1 章　Excel 在不同业务领域中的应用练习题参考答案

1．C

2．C

3．略

## 第 2 章　Excel 的基本使用练习题参考答案

一、不定项选择题

1．D

2．AB

3．ABC

4．AB

5．ABCD

6．ABC

二、填空题

1．工作表，单元格，单元格

2．标题栏，菜单栏，工具栏，编辑栏，工作表区，状态栏

3．3，255

## 第 3 章　数据采集练习题参考答案

1．D

2．B

3．C

4．D

5．=COUNTIF(F:F,F1)=1

## 第 4 章　数据分类与处理练习题参考答案

1．B

2．B

3．C

4．C

5．C

6．B

7．D

8．B

9．B

10．D

## 第 5 章　数据统计练习题参考答案

1．C

2．D

3．ROUND(<数>,<四舍五入数位(+或-)> )

4．D

5．D

6．C

7．1）=LARGE($B$2:$B$5,1)　　2）=MIN($C$2:$C$5)　　3）=LARGE($B$2:$B$5,2)

## 第 6 章　数据分析练习题参考答案

1．B

2．D

3．C

4．B

5．B

6．B

## 第 7 章　数据报表制作练习题参考答案

一、判断题

1．错

2．对

二、单选题

1．D

2．A

三、多选题

1．BCD

2．BC

3．ABCD

四、简答题

可以

## 第 8 章　VBA 编程基础练习题参考答案

1．A

2．C A

3. A
4. B
5. A
6. B
7. A
8. 参考代码如下：

```
Sub kk()
  For i = 1 To 8
    For j = Asc("A") To Asc("H")
      c = Chr(j) & i
      Range(c).Interior.ColorIndex = i
    Next j
  Next i
End Sub
```

9. 参考代码如下：

```
Sub avg()
  rs = InputBox("输入学生的人数：")
  zf = 0
  For k = 1 To rs
    f = InputBox("输入考试成绩" & k)
    zf = zf + f
  Next
  MsgBox (rs & "位学生的平均分是：" & zf / rs)
End Sub
```

## 第 9 章 VBA 对象使用基础练习题参考答案

1. Open、Clicked、SelectChanged
2. 从单元格 A1 到单元格 B5 的区域；从 A 列到 C 列的区域；第 1、3、8 行
3. &，+，字符串型
4. 参考代码如下：

```
Sub myMin()
  Dim myR As Range
  Set myR = Worksheets("Sheet1").Range("A1:D10")
  b = Application.WorksheetFunction.Min(myR)
  MsgBox b
End Sub
```

5. 参考代码如下：

```
Sub myColoring()
  For i = 1 To 8
    For j = Asc("A") To Asc("H")
      c = Chr(j) & i
      Range(c).Interior.ColorIndex = i
    Next j
  Next i
End Sub
```

6. 参考代码如下：

```
xm = InputBox("请输入姓名：")
```

```
For I = 1 To 50
  If Range("A" & I) = xm Then
    cj1 = Range("B" & I)
    cj2 = Range("C" & I)
    cj3 = Range("D" & I)
    zcj = cj1 + cj2 + cj3
    MsgBox "该生成绩分别为: " & cj1 & cj2 & cj3 & "   总成绩为: " & zcj
  End If
Next
```

### 第 10 章　Excel 常用对象练习题参考答案

1．C1:C20，绝对值小于 10，行号，将 Cnt 行 3 列单元格的值送给对象变量

2．Open，BeforeClose，SheetActivate

3．进入 VBA 编辑环境，在当前工程中插入一个模块，建立如下自定义函数：

```
Function age(id As String)
  id = Trim(id)
  If Len(id) = 18 Then
    age = Year(Date) - Val(Mid(id, 7, 4))
  Else
    age = Year(Date) - Val("19" + Mid(id, 7, 2))
  End If
End Function
```

在“年龄”列第一个单元格输入计算公式“=age(X)”，其中 X 是对应的身份证号单元格地址，并将公式填充到该列的其他单元格。

4．按工作表数循环；将工作表名传入单元格；光标定位；在 A 列传回所有工作表的名称

5．参考代码如下：

```
Sub auto_Open()
    If Application.InputBox("请输入密码: ") = 123 Then
        Exit Sub
    Else
        Application.Quit
    End If
End Sub
```

### 第 11 章　控件练习题参考答案

1．按钮，复选框，列表框

2．参考步骤如下：

① 进入 VBA 编辑环境，打开“工程资源管理器”窗口，插入一个用户窗体。

② 在窗体上放置两个命令按钮和一个文本框。

③ 右击命令按钮，选择“属性”命令，设置 Caption 属性值分别为“显示”“清除”。

④ 双击“显示”命令按钮，输入如下代码：

```
Me.TextBox1.SetFocus
Me.TextBox1.Text = "你好！欢迎学习 VBA"
```

⑤ 双击“清除”命令按钮，编写如下代码：

```
Me.TextBox1.Text = ""
```

⑥ 双击用户窗体，为其 Activate 事件编写如下代码：

Me.Caption = "欢迎！"

3．建立一个工具栏 Custom，停靠在窗口上方，设置临时属性；在工具栏上建立一个组合框；在组合框中添加列表项；当用户改变组合框控件的内容时要运行的过程 STOQ

4．Userform1.show，Userform1.hide，Unload me

## 第 12 章 宏与宏录制练习题参考答案

1．xlsm

2．快捷键、菜单、命令按钮、工具栏等。

3．1）录制的宏无判断或循环能力。

2）人机交互能力差，即用户无法输入，计算机无法给出提示。

3）无法显示对话框。

4．自动化，效率，获得函数、语句和方法

5．“开发工具”，“停止录制”，“停止录制”

6．“开发工具”，“宏”，“编辑”

7．“开发工具”，“宏”，“执行”

8．1）用宏录制获得选中某一行、删除当前行的代码。

2）添加循环语句，扫描每一行数据。

3）添加条件语句。如果当前行的 A 列内容为空，则删除该行。

# 参考文献


[1] 段悦. Office Excel 软件在办公自动化中的有效应用[J]. 电脑编程技巧与维护，2017（10）：68-70.

[2] 李小遐. Office 自动化技术在办公中的应用[J]. 无线互联科技，2015，（2）：94-96.

[3] 李小遐. Excel VBA 在办公自动化中的应用[J]. 电子测试，2014（22）：105-106+95.

[4] 冯陈芙. Excel VBA 在高校教务管理中的应用[J]. 办公自动化，2015（3）：57-60.

[5] 李芳. 浅析 Excel 在财务管理中的应用[J]. 江汉石油职工大学学报，2005，18（2）：60-61.

[6] 陈筱青. Excel 在财务管理工作中的应用[J]. 重庆三峡学院学报，2015（2）：53-55.

[7] 张斓. Excel 在小微企业进销存管理中的应用[J]. 会计之友，2013，（23）：53-54，55.

[8] 项萍. Excel 在企业管理中的应用[J]. 科技创新与生产力，2011，（11）：74-76，78.

[9] 朱雪君. Excel 在人力资源管理中的应用[J]. 中小企业管理与科技旬刊，2014（3）：282-283.